Go语言高级编程

Advanced Go Programming

柴树杉 曹春晖／著

人 民 邮 电 出 版 社
北 京

图书在版编目（C I P）数据

Go语言高级编程 / 柴树杉，曹春晖著. -- 北京 ：
人民邮电出版社，2019.7（2024.5重印）
ISBN 978-7-115-51036-5

Ⅰ. ①G… Ⅱ. ①柴… ②曹… Ⅲ. ①程序语言－程序
设计 Ⅳ. ①TP312

中国版本图书馆CIP数据核字(2019)第057919号

内 容 提 要

本书从实践出发讲解 Go 语言的进阶知识。本书共 6 章，第 1 章简单回顾 Go 语言的发展历史；第 2 章和第 3 章系统地介绍 CGO 编程和 Go 汇编语言的用法；第 4 章对 RPC 和 Protobuf 技术进行深入介绍，并讲述如何打造一个自己的 RPC 系统；第 5 章介绍工业级环境的 Web 系统的设计和相关技术；第 6 章介绍 Go 语言在分布式领域的一些编程技术。书中还涉及 CGO 和汇编方面的知识，其中 CGO 能够帮助读者继承优秀的软件遗产，而在深入学习 Go 运行时，汇编对于理解各种语法设计的底层实现是必不可少的知识。此外，本书还包含一些紧跟潮流的内容，介绍开源界流行的 gRPC 及其相关应用，并讲述 Go Web 框架中的基本实现原理和大型 Web 项目中的技术要点，引导读者对 Go 语言进行更深入的应用。

本书适合对 Go 语言的应用已经有一些心得，并希望能够深入理解底层实现原理或者是希望能够在 Web 开发方面结合 Go 语言来实现进阶学习的技术人员学习和参考。

◆ 著　　　　柴树杉　曹春晖
　责任编辑　杨海玲
　责任印制　焦志炜

◆ 人民邮电出版社出版发行　　北京市丰台区成寿寺路 11 号
　邮编　100164　　电子邮件　315@ptpress.com.cn
　网址　http://www.ptpress.com.cn
　北京天宇星印刷厂印刷

◆ 开本：800×1000　1/16
　印张：24　　　　　　　　2019 年 7 月第 1 版
　字数：585 千字　　　　　2024 年 5 月北京第 22 次印刷

定价：89.00 元

读者服务热线：(010)81055410　印装质量热线：(010)81055316
反盗版热线：(010)81055315
广告经营许可证：京东市监广登字 20170147 号

序一

互联网时代的来临，改变甚至颠覆了很多东西。从前，一台主机就能搞定一切；而在互联网时代，后台由大量分布式系统构成，任何单个后台服务器节点的故障都不会影响整个系统的正常运行。以七牛云、阿里云和腾讯云为代表的云厂商的出现和崛起，标志着云时代的到来。在云时代，掌握分布式编程已经成为软件工程师的基本技能，而基于 Go 语言构建的 Docker、Kubernetes 等系统正是将云时代推向顶峰的关键力量。

今天，Go 语言已历经十年，最初的追随者也已经逐渐成长为 Go 语言资深用户。随着资深用户的不断积累，Go 语言相关教程随之增加，在内容层面主要涵盖 Go 语言基础编程、Web 编程、并发编程和内部源码剖析等诸多领域。

本书作者是国内第一批 Go 语言实践者和 Go 语言代码贡献者，创建了 Go 语言中国讨论组，并组织了早期 Go 语言相关中文文档的翻译工作。作者从 2011 年开始分享 Go 语言和 C/C++语言混合编程技术。本书汇集了作者多年来学习和使用 Go 语言的经验，内容涵盖 CGO 特性、Go 汇编语言、RPC 实现、Protobuf 插件实现、Web 框架实现、分布式系统等高阶主题。其中，CGO 特性实现了 Go 语言对 C 语言和 C++语言混合编程的支持，使 Go 语言可以无缝继承 C/C++世界数十年来积累的巨大软件资产。Go 汇编语言更是提供了直接调用底层机器指令的方法，让我们可以最大限度地提升程序中热点代码的性能。

目前，国内互联网公司的新兴项目已经在逐渐向 Go 语言生态转移，大型分布式系统的开发实战经验也是大家关心的热点。这些高阶或前沿特性正是本书所关注的课题，在这些方面作者通过不断钻研和实践积累了很多宝贵经验。

总体来说，本书适合有一定 Go 语言经验，并想深入了解 Go 语言各种高级用法的开发人员。对于 Go 语言新手，建议在阅读本书前先阅读一些基础 Go 语言编程图书，例如 D&K 的 *The Go Programming Language*。

最后，感谢作者在 Go 语言领域的笔耕不辍和突出贡献，时代需要的正是这样对于新兴技术不断关注、钻研和推动的布道者。七牛云作为一家技术领先的科技公司，也将在这条布道者的道路上不断前进，为推动科技的发展、中国企业的云落地和行业的数字化转型贡献自己的力量。

许式伟，七牛云 CEO
2019 年 5 月于上海

序二

说起Go语言，大家会不自觉地将其与C语言比较，普遍认为"Go = C + GC + Goroutine"，同时也将其称为"云计算时代的C语言"，在开发效率和运行效率之间取得了绝佳的平衡。Go语言既适应互联网应用的极速开发，又能在高并发、高性能的开发场景中如鱼得水。从近几年的发展趋势来看，Go语言已经成为云计算、云存储以及区块链时代最重要的编程语言。

我大概是从2010年开始接触Go语言，当时Go也刚开源没多久，相关的资料只有官方文档和源代码，通过一次偶然的机会，我认识了柴树杉，我们一起组织和翻译了Go的官方文档以及源代码注释，为Go语言在国内的推广做了微薄的贡献。

历经数年的发展，Go语言已今非昔比，在各领域都不乏成功案例。说到Go语言最先想到的开源项目就是Docker和Kubernetes，而在国内几乎所有的著名互联网公司都在使用Go。最早使用Go的七牛，以及头条、滴滴、美团、小米、链家等后起之秀都在使用Go语言重构，BAT更不用说，在这些公司的业务中，Go 都能在某方面占有重要的位置。例如：百度的BFE（统一接入前端）使用Go语言重构，日请求量达千亿级，百度内部还针对Go语言单独开发了一系列开发工具，例如，GDP（Go Develop Platform）是百度Go业务开发平台，面向全百度的在线业务支撑平台。

我在读本书的时候，深深地体会到两位作者扎实的基本功和丰富的实战经验。本书面向想要深入了解Go语言各种高级用法的开发人员，适合有一定Go语言基础的人阅读。

本书的第1章是语言基础，主要介绍了Go语言的发展历史。作者从简单的"Hello, World"程序，详细分析了Go语言各个前辈的演变过程，从而帮读者更直观地了解Go语言的发展历程。还通过简单的生产者/消费者模型，通俗易懂地诠释了Go语言的并发编程哲学的口号："Do not communicate by sharing memory；instead，share memory by communicating."（不要通过共享内存来通信，而应通过通信来共享内存）。

第2章和第3章主要从CGO和汇编入手，详细讲解了如何通过Go语言来调用C/C++实现的类库，从而丰富Go语言的基础库。同时了解Go语言汇编可以更容易地理解Go语言中动态栈、接口等高级特性的实现原理。

随着微服务架构的盛行，各种RPC相关的架构也脱颖而出，第4章从Go语言标准库自带的RPC入手，一步步地实现了一个Watch（监视）功能的接口。除了标准库里面的RPC，这一章还详细讲解了谷歌推出的gRPC框架，并基于gRPC实现了一个双向流特性的发布和订阅系统。

第5章主要以典型的开源Web框架为例，深入解释Router（路由）和Middleware（中间件）的执行过程以及相关原理，通过熟读和理解这一章的内容，读者可以使用标准的HTTP库实现自己的轻量级Web框架。同时这一章也介绍了实际Web开发过程中的一些问题，以及在Go语言中如何面对并解决这些问题。

众所周知，Go语言在高并发、通信交互复杂、重业务逻辑的分布式系统中非常适用，具有开发体验好、服务稳定、性能高等优势。因此，本书最后的第 6 章通过解决分布式开发过程中的问题，来讲解 Go 语言在分布式开发过程中的实践。

最后，希望读者能通过本书了解 Go 语言的一些高级用法，并可以应用在自己的实际项目中。同时希望读者在享受 Go 语言开发带来的乐趣并获得收获的同时，能回馈融入社区，一起推动社区的建设和发展。

边江，百度资深工程师
2019 年 5 月于北京

前言

我从 2016 年就开始计划写作本书。2016 年底因为开始学习 *The Go Programming Language* 临时搁置了写作。到了 2018 年决定重启，经过约半年的艰苦写作，2018 年 8 月本书初稿终于完成。在本书初稿完成之际，Go 1.11 也正式发布。Go 1.11 开始对 WebAssembly 和模块提供支持，这两个改进将成为“后 Go 1 时代”最大的亮点。

其中 WebAssembly 是第一个 Web 汇编语言和虚拟机标准，Go 语言对 WebAssembly 的支持是 Go 语言团队和 GopherJS 开源社区共同努力的成果。根据 Ending 定律，一切可编译为 WebAssembly 的，终将被编译为 WebAssembly。由于篇幅和时间的原因，本书没有涉及 Go 语言和 WebAssembly 相关的主题。感兴趣的读者可以参考作者编写的《WebAssembly 标准入门》，其中有专门章节讨论 Go 语言在 WebAssembly 平台的使用。

模块化也称为包依赖管理，是管理任何大型工程必备的工具。Go 语言自发布 10 年来一直缺乏官方的模块化工具。同样在 2018 年，作为 Go 语言团队的技术领导人 Russ Cox 终于出手，重新设计了称为最小版本选择的包依赖管理的规则并提交了提案。模块化的特性已经被试验性地集成到 Go 1.11 中，并将在后续版本中逐渐转化为正式特性。模块化的特性将彻底解决大型 Go 语言工程的管理问题，至此 Go 1 除了缺少泛型等特性已经近乎完美。

在后 Go 1 时代过去之后将是新兴的 Go 2 时代！大约在 2012 年前后，作者曾乐观估计 Go 2 将在 2020 年前后到来，并可能带来大家期盼已久的泛型特性。最近官方已经发布了 Go 2 的设计草案，其中包含了令人惊喜的泛型特性和更好的错误处理流程等诸多改进。需要说明的是，官方已经通过博文表明 Go 2 将保持对 Go 1 软件资产的最大兼容。在本书即将出版之际，作者乐观预测 Go 2 将在 2020 年正式进入开发流程，并在 2022 年前后进入工业级生产环境使用，而 Go 1 将在 2030 年前后逐渐退出历史舞台。为了在 Go 2 到来时轻装上阵，我们更需要提前夯实在 Go 1 中尚未学习的基础知识，而本书正是在为此目标做准备。

本书第 1 章简单回顾 Go 语言的发展历史；第 2 章和第 3 章系统介绍 CGO 编程和 Go 汇编语言的用法；第 4 章对 RPC 和 Protobuf 技术进行深入介绍，并讲述如何打造一个自己的 RPC 系统；第 5 章介绍工业级环境的 Web 系统的设计和相关技术；最后的第 6 章介绍 Go 语言在分布式领域的一些编程技术。

最后，我们也是 Go 语言爱好者和学习者，虽然我们尽了最大努力，但是不足之处依然难免。欢迎大家提出改进意见。

柴树杉
2019 年 5 月于武汉光谷

致 谢

首先感谢“Go 语言之父”和每一位为 Go 语言提交过代码的朋友。感谢 fango（樊虹剑）的第一本以 Go 语言为主题的网络小说《胡文 Go.ogle》和第一本中文 Go 语言图书《Go 语言·云动力》，是你的分享带动了大家学习 Go 语言的热情。感谢韦光京对 Windows 平台支持 CGO 特性所做出的开创性工作，不然本书可能不会有专门讲解 CGO 的章节。感谢许式伟和谢孟军为 Go 语言在中国的推广所做出的巨大贡献。感谢为本书提交过 Issue 或 PR 的朋友（特别是 fuwensun、lewgun 等），你们的关注和支持是我们写作本书的最大动力。最后感谢人民邮电出版社的杨海玲编辑，没有她，本书就不可能出版。谢谢大家！

资源与支持

本书由异步社区出品，社区（https://www.epubit.com/）为您提供相关资源和后续服务。

配套资源

本书提供源代码下载，要获得以上配套资源，请在异步社区本书页面中点击 配套资源 ，跳转到下载界面，按提示进行操作即可。注意：为保证购书读者的权益，该操作会给出相关提示，要求输入提取码进行验证。

提交勘误

作者和编辑尽最大努力来确保书中内容的准确性，但难免会存在疏漏。欢迎您将发现的问题反馈给我们，帮助我们提升图书的质量。

当您发现错误时，请登录异步社区，按书名搜索，进入本书页面，点击“提交勘误”，输入勘误信息，点击“提交”按钮即可。本书的作者和编辑会对您提交的勘误进行审核，确认并接受后，您将获赠异步社区的 100 积分。积分可用于在异步社区兑换优惠券、样书或奖品。

详细信息　写书评　提交勘误

页码：　页内位置（行数）：　勘误印次：

字数统计

提交

扫码关注本书

扫描下方二维码，您将会在异步社区微信服务号中看到本书信息及相关的服务提示。

与我们联系

我们的联系邮箱是 contact@epubit.com.cn。

如果您对本书有任何疑问或建议，请您发邮件给我们，并请在邮件标题中注明本书书名，以便我们更高效地做出反馈。

如果您有兴趣出版图书、录制教学视频，或者参与图书翻译、技术审校等工作，可以发邮件给我们；有意出版图书的作者也可以到异步社区在线提交投稿（直接访问 www.epubit.com/selfpublish/submission 即可）。

如果您来自学校、培训机构或企业，想批量购买本书或异步社区出版的其他图书，也可以发邮件给我们。

如果您在网上发现有针对异步社区出品图书的各种形式的盗版行为，包括对图书全部或部分内容的非授权传播，请您将怀疑有侵权行为的链接发邮件给我们。您的这一举动是对作者权益的保护，也是我们持续为您提供有价值的内容的动力之源。

关于异步社区和异步图书

“异步社区”是人民邮电出版社旗下 IT 专业图书社区，致力于出版精品 IT 技术图书和相关学习产品，为作译者提供优质出版服务。异步社区创办于 2015 年 8 月，提供大量精品 IT 技术图书和电子书，以及高品质技术文章和视频课程。更多详情请访问异步社区官网 https://www.epubit.com。

“异步图书”是由异步社区编辑团队策划出版的精品 IT 专业图书的品牌，依托于人民邮电出版社近 30 年的计算机图书出版积累和专业编辑团队，相关图书在封面上印有异步图书的 LOGO。异步图书的出版领域包括软件开发、大数据、AI、测试、前端、网络技术等。

异步社区

微信服务号

目录

第1章 语言基础

我不知道，你过去10年为什么不快乐。但相信我，抛掉过去的沉重，使用Go语言，体会最初的快乐！

——469856321

搬砖民工也会建成自己的“罗马帝国”。

——小张

本章首先简要介绍Go语言的发展历史，并较详细地分析“Hello, World”程序在各个祖先语言中的演化过程。然后，对以数组、字符串和切片为代表的基础结构，以函数、方法和接口体现的面向过程和鸭子对象的编程，以及Go语言特有的并发编程模型和错误处理哲学做简单介绍。最后，针对macOS、Windows、Linux几个主流的开发平台，推荐几种较友好的Go语言编辑器和集成开发环境，因为好的工具可以极大地提高我们的效率。

1.1 Go语言创世纪

Go语言最初由谷歌公司的Robert Griesemer、Ken Thompson和Rob Pike这3位技术大咖于2007年开始设计发明，设计新语言的最初动力来自对超级复杂的C++ 11特性的吹捧报告的鄙视，最终的目标是设计网络和多核时代的C语言。到2008年中期，在语言的大部分特性设计已经完成并开始着手实现编译器和运行时，Russ Cox作为主力开发者加入。到2009年，Go语言已经逐步趋于稳定。同年9月，Go语言正式发布并开源了代码。

Go语言很多时候被描述为“类C语言”，或者“21世纪的C语言”。从各种角度看，Go语言确实是从C语言继承了相似的表达式语法、控制流结构、基础数据类型、调用参数传值、指针等诸多编程思想，并彻底继承和发扬了C语言简单直接的暴力编程哲学等。图1-1给出的是*The Go Programming Language*中给出的Go语言的基因图谱，我们可以从中看到有哪些编程语言对Go语言产生了影响。

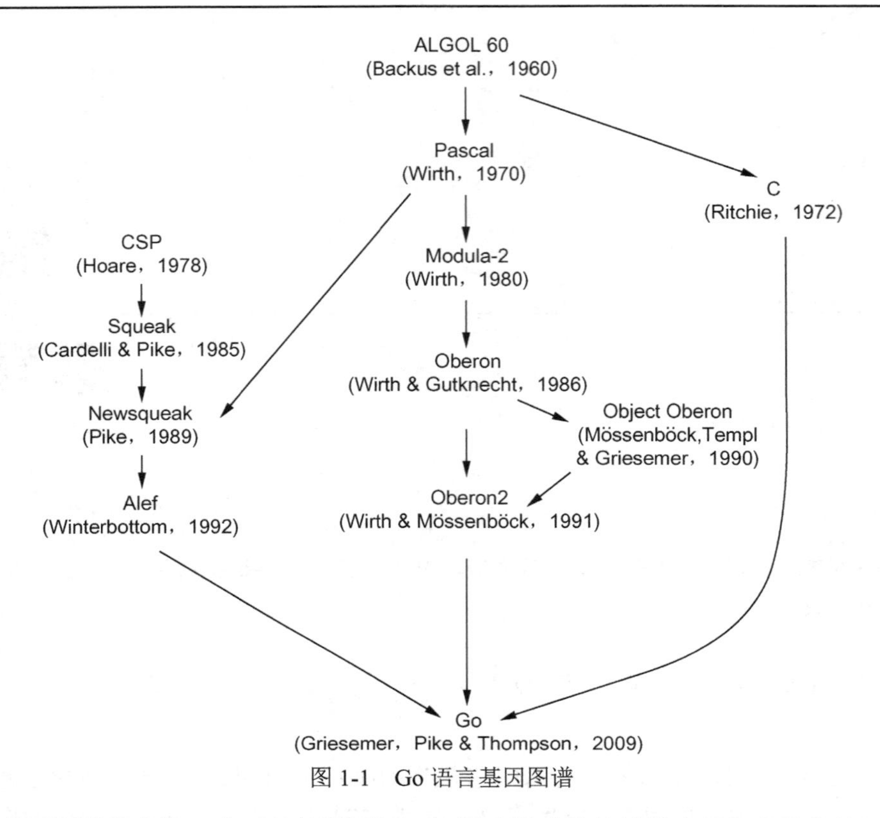

图 1-1 Go 语言基因图谱

首先看基因图谱的左边一支。可以明确看出 Go 语言的并发特性是由贝尔实验室的 Hoare 于 1978 年发布的 CSP 理论演化而来。其后，CSP 并发模型在 Squeak/Newsqueak 和 Alef 等编程语言中逐步完善并走向实际应用，最终这些设计经验被消化并吸收到了 Go 语言中。业界比较熟悉的 Erlang 编程语言的并发编程模型也是 CSP 理论的另一种实现。

再看基因图谱的中间一支。中间一支主要包含了 Go 语言中面向对象和包特性的演化历程。Go 语言中包和接口以及面向对象等特性则继承自 Niklaus Wirth 所设计的 Pascal 语言以及其后衍生的相关编程语言。其中包的概念、包的导入和声明等语法主要来自 Modula-2 编程语言，面向对象特性所提供的方法的声明语法等则来自 Oberon 编程语言。最终 Go 语言演化出了自己特有的支持鸭子面向对象模型的隐式接口等诸多特性。

最后是基因图谱的右边一支，这是对 C 语言的致敬。Go 语言是对 C 语言最彻底的一次扬弃，不仅在语法上和 C 语言有着很多差异，最重要的是舍弃了 C 语言中灵活但是危险的指针运算。而且，Go 语言还重新设计了 C 语言中部分不太合理运算符的优先级，并在很多细微的地方都做了必要的打磨和改变。当然，C 语言中少即是多、简单直接的暴力编程哲学则被 Go 语言更彻底地发扬光大了（Go 语言居然只有 25 个关键字，语言规范还不到 50 页）。

Go 语言的其他特性零散地来自其他一些编程语言，例如，iota 语法是从 APL 语言借鉴的，词法作用域与嵌套函数等特性来自 Scheme 语言（和其他很多编程语言）。Go 语言中也有很多自己发明创新的设计。例如 Go 语言的切片为轻量级动态数组提供了有效的随机存取的性能，这可能会让人联想到链表的底层的共享机制。还有 Go 语言新发明的 defer 语句（Ken 发明）也是神来之笔。

1.1.1 来自贝尔实验室特有基因

作为 Go 语言标志性的并发编程特性则来自贝尔实验室的 Tony Hoare 于 1978 年发表的鲜为外界所知的关于并发研究的基础文献：顺序通信进程（Communicating Sequential Processes，CSP）。在最初的 CSP 论文中，程序只是一组没有中间共享状态的并发运行的处理过程，它们之间使用通道进行通信和控制同步。Tony Hoare 的 CSP 并发模型只是一个用于描述并发性基本概念的描述语言，它并不是一个可以编写可执行程序的通用编程语言。

CSP 并发模型最经典的实际应用是来自爱立信公司发明的 Erlang 编程语言。不过在 Erlang 将 CSP 理论作为并发编程模型的同时，同样来自贝尔实验室的 Rob Pike 以及其同事也在不断尝试将 CSP 并发模型引入当时的新发明的编程语言中。他们第一次尝试引入 CSP 并发特性的编程语言叫 Squeak（老鼠的叫声），是一个用于提供鼠标和键盘事件处理的编程语言，在这个语言中通道是静态创建的。然后是改进版的 Newsqueak 语言（新版老鼠的叫声），新提供了类似 C 语言语句和表达式的语法，还有类似 Pascal 语言的推导语法。Newsqueak 是一个带垃圾回收机制的纯函数式语言，它再次针对键盘、鼠标和窗口事件管理。但是在 Newsqueak 语言中通道已经是动态创建的，通道属于第一类值，可以保存到变量中。然后是 Alef 编程语言（Alef 也是 C 语言之父 Ritchie 比较喜爱的编程语言），Alef 语言试图将 Newsqueak 语言改造为系统编程语言，但是因为缺少垃圾回收机制而导致并发编程很痛苦（这也是继承 C 语言手工管理内存的代价）。在 Alef 语言之后还有一个名为 Limbo 的编程语言（地狱的意思），这是一个运行在虚拟机中的脚本语言。Limbo 语言是与 Go 语言最接近的祖先，它和 Go 语言有着最接近的语法。到设计 Go 语言时，Rob Pike 在 CSP 并发编程模型的实践道路上已经积累了几十年的经验，关于 Go 语言并发编程的特性完全是信手拈来，新编程语言的到来也是水到渠成了。

图 1-2 展示了 Go 语言库早期代码库日志，可以看出最直接的演化历程（在 Git 中用 `git log --before={2008-03-03} --reverse` 命令查看）。

图 1-2 Go 语言开发日志

从早期提交日志中也可以看出，Go 语言是从 Ken Thompson 发明的 B 语言、Dennis M. Ritchie 发明的 C 语言逐步演化过来的，它首先是 C 语言家族的成员，因此很多人将 Go 语言称为 21 世纪的 C 语言。

图 1-3 给出的是 Go 语言中来自贝尔实验室特有并发编程基因的演化过程。

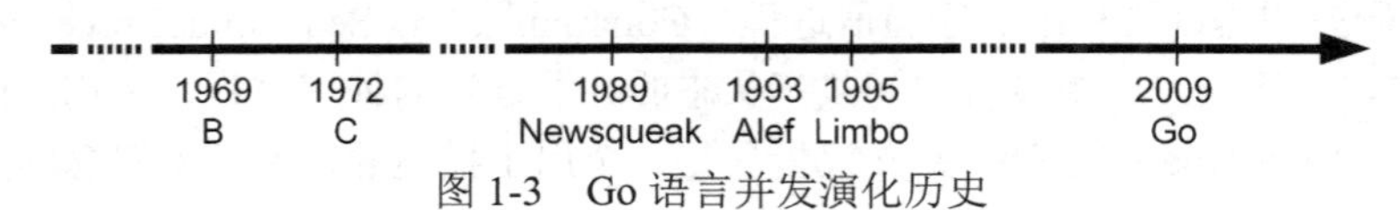

图 1-3 Go 语言并发演化历史

纵观整个贝尔实验室的编程语言的发展进程，从 B 语言、C 语言、Newsqueak、Alef、Limbo 语言一路走来，Go 语言继承了来自贝尔实验室的半个世纪的软件设计基因，终于完成了 C 语言革新的使命。纵观这几年来的发展趋势，Go 语言已经成为云计算、云存储时代最重要的基础编程语言。

1.1.2 你好，世界

按照惯例，介绍所有编程语言的第一个程序都是“Hello, World!”。虽然本书假设读者已经了解了 Go 语言，但是我们还是不想打破这个惯例（因为这个传统正是从 Go 语言的前辈 C 语言传承而来的）。下面的代码展示的 Go 语言程序输出的是中文“你好，世界!”。

```
package main

import "fmt"

func main() {
    fmt.Println("你好, 世界!")
}
```

将以上代码保存到 `hello.go` 文件中。因为代码中有非 ASCII 的中文字符，我们需要将文件的编码显式指定为无 BOM 的 UTF8 编码格式（源文件采用 UTF8 编码是 Go 语言规范所要求的）。然后进入命令行并切换到 `hello.go` 文件所在的目录。目前我们可以将 Go 语言当作脚本语言，在命令行中直接输入 `go run hello.go` 来运行程序。如果一切正常的话，应该可以在命令行看到输出“你好, 世界!”的结果。

现在，让我们简单介绍一下程序。所有的 Go 程序都由最基本的函数和变量构成，函数和变量被组织到一个个单独的 Go 源文件中，这些源文件再按照作者的意图组织成合适的 `package`，最终这些 `package` 有机地组成一个完整的 Go 语言程序。其中，函数用于包含一系列的语句（指明要执行的操作序列），以及执行操作时存放数据的变量。我们这个程序中函数的名字是 `main`。虽然 Go 语言对函数的名字没有太多的限制，但是 `main` 包中的 `main()` 函数默认是每一个可执行程序的入口。而 `package` 则用于包装和组织相关的函数、变量和常量。在使用一个 `package` 之前，我们需要使用 `import` 语句导入包。例如，我们这个程序中导入了 `fmt` 包（`fmt` 是 format 的缩写，表示格式化相关的包），然后我们才可以使用 `fmt` 包中的 `Println()` 函数。

而双引号包含的“你好, 世界!”则是 Go 语言的字符串面值常量。和 C 语言中的字符串不同，

Go 语言中的字符串内容是不可变更的。在以字符串作为参数传递给 `fmt.Println()` 函数时，字符串的内容并没有被复制——传递的仅是字符串的地址和长度（字符串的结构在 `reflect.StringHeader` 中定义）。在 Go 语言中，函数参数都是以复制的方式（不支持以引用的方式）传递（比较特殊的是，Go 语言闭包函数对外部变量是以引用的方式使用的）。

1.2 “Hello, World”的革命

1.1 节中简单介绍了 Go 语言的演化基因图谱，对其中来自贝尔实验室的特有并发编程基因做了重点介绍，最后引出了 Go 语言版的“Hello, World”程序。其实“Hello, World”程序是展示各种语言特性的最好的例子，是通向该语言的一个窗口。本节将沿着各个编程语言演化的时间轴（如图 1-3 所示），简单回顾一下“Hello, World”程序是如何逐步演化到目前的 Go 语言形式并最终完成它的使命的。

1.2.1 B 语言——Ken Thompson, 1969

首先是 B 语言，B 语言是“Go 语言之父”——贝尔实验室的 Ken Thompson 早年间开发的一种通用的程序设计语言，设计目的是为了用于辅助 UNIX 系统的开发。但是由于 B 语言缺乏灵活的类型系统导致使用比较困难。后来，Ken Thompson 的同事 Dennis Ritchie 以 B 语言为基础开发出了 C 语言，C 语言提供了丰富的类型，极大地增强了语言的表达能力。到目前为止，C 语言依然是世界上最常用的程序语言之一。而 B 语言自从被它取代之后，就只存在于各种文献之中，成为了历史。

目前见到的 B 语言版本的“Hello, World”，一般认为是来自 Brian W. Kernighan 编写的 B 语言入门教程（Go 核心代码库中第一个提交者的名字正是 Brian W. Kernighan），程序如下：

```
main() {
    extrn a, b, c;
    putchar(a); putchar(b); putchar(c);
    putchar('!*n');
}
a 'hell';
b 'o, w';
c 'orld';
```

由于 B 语言缺乏灵活的数据类型，只能分别以全局变量 `a/b/c` 来定义要输出的内容，并且每个变量的长度必须对齐到 4 字节（有一种写汇编语言的感觉）。然后通过多次调用 `putchar()` 函数输出字符，最后的 `'!*n'` 表示输出一个换行的意思。

总体来说，B 语言简单，功能也比较有限。

1.2.2 C 语言——Dennis Ritchie，1972—1989

C 语言是由 Dennis Ritchie 在 B 语言的基础上改进而来，它增加了丰富的数据类型，并最终实现了用它重写 UNIX 的伟大目标。C 语言可以说是现代 IT 行业最重要的软件基石，目前主流的操作系统几乎全部是由 C 语言开发的，许多基础系统软件也是 C 语言开发的。C 系家族的编程语言占据统

治地位达几十年之久，半个多世纪以来依然充满活力。

在 Brian W. Kernighan 于 1974 年左右编写的 C 语言入门教程中，出现了第一个 C 语言版本的“Hello, World”程序。这给后来大部分编程语言教程都以“Hello, World”为第一个程序提供了惯例。第一个 C 语言版本的“Hello, World”程序如下：

```
main()
{
    printf("hello, world");
}
```

关于这个程序，有几点需要说明：首先是 main()函数因为没有明确返回值类型，所以默认返回 int 类型；其次 printf()函数默认不需要导入函数声明即可以使用；最后 main()没有明确返回语句，但默认返回 0。在这个程序出现时，C 语言还远未标准化，我们看到的是早先的 C 语言语法：函数不用写返回值，函数参数也可以忽略，使用 printf()时不需要包含头文件等。

这个例子同样出现在了 1978 年出版的《C 程序设计语言（第 1 版）》中，作者正是 Brian W. Kernighan 和 Dennis M. Ritchie（简称 K&R）。书中的“Hello, World”末尾增加了一个换行输出：

```
main()
{
    printf("hello, world\n");
}
```

这个例子在字符串末尾增加了一个换行，C 语言的换行\n 比 B 语言的换行'!*n'看起来要简洁了一些。

在 K&R 的教程面世 10 年之后的 1988 年，《C 程序设计语言（第 2 版）》终于出版了。此时 ANSI C 语言的标准化草案已经初步完成，但正式版本的文档尚未发布。不过书中的“Hello, World”程序根据新的规范增加了#include <stdio.h>头文件包含语句，用于包含 printf()函数的声明（新的 C89 标准中，仅是针对 printf()函数而言，依然可以不用声明函数而直接使用）。

```
#include <stdio.h>

main()
{
    printf("hello, world\n");
}
```

然后到了 1989 年，ANSI C 语言第一个国际标准发布，一般被称为 C89。C89 是流行最广泛的一个 C 语言标准，目前依然被大量使用。《C 程序设计语言》也出版了新版本，并针对新发布的 C89 规范建议，给 main()函数的参数增加了 void 输入参数说明，表示没有输入参数的意思。

```
#include <stdio.h>

main(void)
{
    printf("hello, world\n");
}
```

至此，C 语言本身的进化基本完成。后面的 C92/C99/C11 都只是针对一些语言细节做了完善。因为各种历史因素，C89 依然是使用最广泛的标准。

1.2.3 Newsqueak——Rob Pike, 1989

Newsqueak 是 Rob Pike 发明的老鼠语言的第二代，是他用于实践 CSP 并发编程模型的战场。Newsqueak 是新的 Squeak 语言的意思，其中 squeak 是老鼠“吱吱吱”的叫声，也可以看作是类似鼠标点击的声音。Squeak 是一个提供鼠标和键盘事件处理的编程语言，Squeak 语言的通道是静态创建的。改进版的 Newsqueak 语言则提供了类似 C 语言语句和表达式的语法和类似 Pascal 语言的推导语法。Newsqueak 是一个带自动垃圾回收机制的纯函数式语言，它再次针对键盘、鼠标和窗口事件管理。但是在 Newsqueak 语言中通道是动态创建的，属于第一类值，因此可以保存到变量中。

Newsqueak 类似脚本语言，内置了一个 `print()` 函数，它的“Hello, World”程序看不出什么特色：

```
print("Hello,", "World", "\n");
```

从上面的程序中，除了猜测 `print()` 函数可以支持多个参数，我们很难看到 Newsqueak 语言相关的特性。由于 Newsqueak 语言和 Go 语言相关的特性主要是并发和通道，因此，我们这里通过一个并发版本的“素数筛”算法来略窥 Newsqueak 语言的特性。“素数筛”的原理如图 1-4 所示。

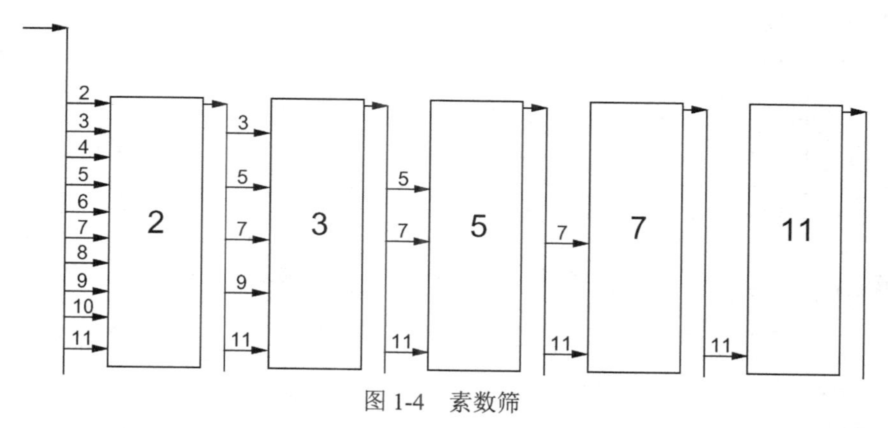

图 1-4 素数筛

Newsqueak 语言并发版本的“素数筛”程序如下：

```
// 向通道输出从 2 开始的自然数序列
counter := prog(c:chan of int) {
    i := 2;
    for(;;) {
        c <-= i++;
    }
};
```

```
// 针对 listen 通道获取的数列，过滤掉是 prime 倍数的数
// 新的序列输出到 send 通道
filter := prog(prime:int, listen, send:chan of int) {
    i:int;
    for(;;) {
        if((i = <-listen)%prime) {
            send <-= i;
        }
    }
};

// 主函数
// 每个通道第一个流出的数必然是素数
// 然后基于这个新的素数构建新的素数过滤器
sieve := prog() of chan of int {
    c := mk(chan of int);
    begin counter(c);
    prime := mk(chan of int);
    begin prog(){
        p:int;
        newc:chan of int;
        for(;;){
            prime <-= p =<- c;
            newc = mk();
            begin filter(p, c, newc);
            c = newc;
        }
    }();
    become prime;
};

// 启动素数筛
prime := sieve();
```

其中 `counter()` 函数用于向通道输出原始的自然数序列，每个 `filter()` 函数对象则对应每一个新的素数过滤通道，这些素数过滤通道根据当前的素数筛将输入通道流入的数列筛选后重新输出到输出通道。`mk(chan of int)` 用于创建通道，类似 Go 语言的 `make(chan int)` 语句；`begin filter(p, c, newc)` 关键字启动素数筛的并发体，类似 Go 语言的 `go filter(p, c, newc)` 语句；`become` 用于返回函数结果，类似 `return` 语句。

Newsqueak 语言中并发体和通道的语法与 Go 语言已经比较接近了，后置的类型声明和 Go 语言的语法也很相似。

1.2.4 Alef——Phil Winterbottom, 1993

在 Go 语言出现之前，Alef 语言是作者心中比较完美的并发语言，Alef 语法和运行时基本是无缝兼容 C 语言。Alef 语言中对线程和进程的并发体都提供了支持，其中 proc receive(c)用于启动一个进程，task receive(c)用于启动一个线程，它们之间通过通道 c 进行通信。不过由于 Alef 缺乏内存自动回收机制，导致并发体的内存资源管理异常复杂。而且 Alef 语言只在 Plan9 系统中提供过短暂的支持，其他操作系统并没有实际可以运行的 Alef 开发环境。而且 Alef 语言只有《Alef 语言规范》和《Alef 编程向导》两个公开的文档，因此在贝尔实验室之外关于 Alef 语言的讨论并不多。

由于 Alef 语言同时支持进程和线程并发体，而且在并发体中可以再次启动更多的并发体，导致 Alef 的并发状态异常复杂。同时 Alef 没有自动垃圾回收机制（Alef 保留的 C 语言灵活的指针特性，也导致自动垃圾回收机制实现比较困难），各种资源充斥于不同的线程和进程之间，导致并发体的内存资源管理异常复杂。Alef 语言全部继承了 C 语言的语法，可以认为是增强了并发语法的 C 语言。图 1-5 给出的是 Alef 语言文档中展示的一个可能的并发体状态。

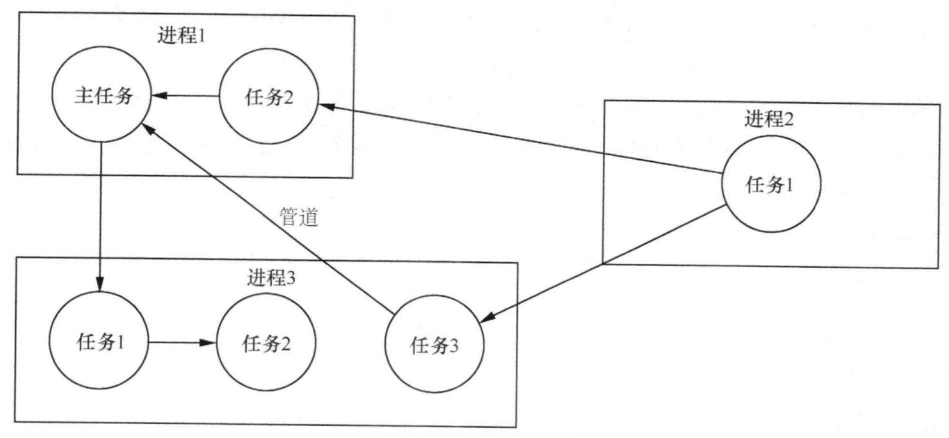

图 1-5 Alef 并发模型

Alef 语言并发版本的“Hello, World”程序如下：

```
#include <alef.h>

void receive(chan(byte*) c) {
    byte *s;
    s = <- c;
    print("%s\n", s);
    terminate(nil);
}

void main(void) {
    chan(byte*) c;
    alloc c;
    proc receive(c);
```

```
    task receive(c);
    c <- = "hello proc or task";
    c <- = "hello proc or task";
    print("done\n");
    terminate(nil);
}
```

程序开头的#include <alef.h>语句用于包含 Alef 语言的运行时库。Receive()是一个普通函数，用作程序中每个并发体的入口函数；main()函数中的 alloc c 语句先创建一个chan(byte*)类型的通道，类似 Go 语言的make(chan []byte)语句；然后分别以进程和线程的方式启动 receive()函数；启动并发体之后，main()函数向 c 通道发送了两个字符串数据；而进程和线程状态运行的 receive()函数会以不确定的顺序先后从通道收到数据后，分别打印字符串；最后每个并发体都通过调用 terminate(nil)来结束自己。

Alef 的语法和 C 语言基本保持一致，可以认为它是在 C 语言的语法基础上增加了并发编程相关的特性，可以看作是另一个维度的 C++语言。

1.2.5　Limbo——Sean Dorward, Phil Winterbottom, Rob Pike, 1995

Limbo（地狱）是用于开发运行在小型计算机上的分布式应用的编程语言，它支持模块化编程、编译期和运行时的强类型检查、进程内基于具有类型的通信通道、原子性垃圾收集和简单的抽象数据类型。Limbo 被设计为：即便是在没有硬件内存保护的小型设备上，也能安全运行。Limbo 语言主要运行在 Inferno 系统之上。

Limbo 语言版本的“Hello, World”程序如下：

```
implement Hello;

include "sys.m"; sys: Sys;
include "draw.m";

Hello: module
{
    init: fn(ctxt: ref Draw->Context, args: list of string);
};

init(ctxt: ref Draw->Context, args: list of string)
{
    sys = load Sys Sys->PATH;
    sys->print("hello, world\n");
}
```

从这个版本的“Hello, World”程序中，已经可以发现很多 Go 语言特性的雏形。第一句 implement Hello;基本对应 Go 语言的包声明语句 package Hello。然后是 include "sys.m"; sys: Sys;和 include "draw.m";语句用于导入其他模块，类似 Go 语言的 import "sys"和 import "draw"语句。Hello 包模块还提供了模块初始化函数 init()，并且函数的参数的类型也是后置的，不过 Go 语言的初始化函数是没有参数的。

1.2.6 Go 语言——2007—2009

贝尔实验室后来经历了多次动荡，包括 Ken Thompson 在内的 Plan9 项目原班人马最终加入了谷歌公司。在 Limbo 等前辈语言诞生 10 多年之后，在 2007 年底，Go 语言 3 个最初的作者因为偶然的因素聚集到一起批斗 C++（传说是 C++语言的布道师在谷歌公司到处鼓吹 C++11 各种强大的特性彻底惹恼了他们），他们终于抽出了 20%的自由时间创造了 Go 语言。最初的 Go 语言规范从 2008 年 3 月开始编写，最初的 Go 程序也是直接编译为 C 语言，然后再二次编译为机器码。到 2008 年 5 月，谷歌公司的领导们终于发现了 Go 语言的巨大潜力，从而开始全力支持这个项目（谷歌的创始人甚至还贡献了 func 关键字），让他们可以将全部工作时间投入到 Go 语言的设计和开发中。在 Go 语言规范初版完成之后，Go 语言的编译器终于可以直接生成机器码了。

1. hello.go——2008 年 6 月

下面是初期 Go 语言程序正式开始测试的版本：

```
package main

func main() int {
    print "hello, world\n";
    return 0;
}
```

其中内置的用于调试的 print 语句已经存在，不过是以命令的方式使用的。入口 main() 函数还和 C 语言中的 main() 函数一样返回 int 类型的值，而且需要 return 显式地返回值。每个语句末尾的分号也还存在。

2. hello.go——2008 年 6 月 27 日

下面是 2008 年 6 月的 Go 代码：

```
package main

func main() {
    print "hello, world\n";
}
```

入口函数 main() 已经去掉了返回值，程序默认通过隐式调用 exit(0) 来返回。Go 语言朝着简单的方向逐步进化。

3. hello.go——2008 年 8 月 11 日

下面是 2008 年 8 月的代码：

```
package main

func main() {
    print("hello, world\n");
}
```

用于调试的内置的 print 由开始的命令改为普通的内置函数，使语法更加简单一致。

4. hello.go——2008 年 10 月 24 日

下面是 2008 年 10 月的代码：

```
package main

import "fmt"

func main() {
    fmt.printf("hello, world\n");
}
```

作为 C 语言中招牌的 printf() 格式化函数已经移植到了 Go 语言中，函数放在 fmt 包中（fmt 是格式化单词 format 的缩写）。不过 printf() 函数名的开头字母依然是小写字母，采用大写字母表示导出的特性还没有出现。

5. hello.go——2009 年 1 月 15 日

下面是 2009 年 1 月的代码：

```
package main

import "fmt"

func main() {
    fmt.Printf("hello, world\n");
}
```

Go 语言开始采用是否大小写首字母来区分符号是否可以导出。大写字母开头表示导出的公共符号，小写字母开头表示包内部的私有符号。但需要注意的是，汉字中没有大小写字母的概念，因此以汉字开头的符号目前是无法导出的（针对该问题，中国用户已经给出相关建议，等 Go 2 之后或许会调整对汉字的导出规则）。

6. hello.go——2009 年 12 月 11 日

下面是 2009 年 12 月的代码：

```
package main

import "fmt"

func main() {
    fmt.Printf("hello, world\n")
}
```

Go 语言终于移除了语句末尾的分号。这是 Go 语言在 2009 年 11 月 10 日正式开源之后第一个比较重要的语法改进。从 1978 年 C 语言教程第一版引入的分号分隔的规则到现在，Go 语言的作者们花了整整 32 年终于移除了语句末尾的分号。在这 32 年的演化过程中必然充满了各种八卦故事，我想这一定是 Go 语言设计者深思熟虑的结果（现在 Swift 等新的语言也是默认忽略分号的，可见分号确实并不是那么重要）。

1.2.7 你好，世界!——V2.0

在经过半个世纪的涅槃重生之后，Go 语言不仅打印出了 Unicode 版本的“Hello, World”，而且可以方便地向全球用户提供打印服务。下面版本通过 http 服务向每个访问的客户端打印中文的“你好，世界!”和当前的时间信息。

```
package main

import (
    "fmt"
    "log"
    "net/http"
    "time"
)

func main() {
    fmt.Println("Please visit http://127.0.0.1:12345/")
    http.HandleFunc("/", func(w http.ResponseWriter, req *http.Request) {
        s := fmt.Sprintf("你好, 世界! -- Time: %s", time.Now().String())
        fmt.Fprintf(w, "%v\n", s)
        log.Printf("%v\n", s)
    })
    if err := http.ListenAndServe(":12345", nil); err != nil {
        log.Fatal("ListenAndServe: ", err)
    }
}
```

这里我们通过 Go 语言标准库自带的 `net/http` 包，构造了一个独立运行的 HTTP 服务。其中 `http.HandleFunc("/", ...)`针对根路径/请求注册了响应处理函数。在响应处理函数中，我们依然使用 `fmt.Fprintf()`格式化输出函数实现了通过 HTTP 协议向请求的客户端打印格式化的字符串，同时通过标准库的日志包在服务器端也打印相关字符串。最后通过 `http.ListenAndServe()`函数调用来启动 HTTP 服务。

至此，Go 语言终于完成了从单机单核时代的 C 语言到 21 世纪互联网时代多核环境的通用编程语言的蜕变。

1.3 数组、字符串和切片

在主流的编程语言中数组及其相关的数据结构是使用得最为频繁的，只有在它（们）不能满足时才会考虑链表、散列表（散列表可以看作是数组和链表的混合体）和更复杂的自定义数据结构。

Go 语言中数组、字符串和切片三者是密切相关的数据结构。这 3 种数据类型，在底层原始数据有着相同的内存结构，在上层，因为语法的限制而有着不同的行为表现。首先，Go 语言的数组是一种值类型，虽然数组的元素可以被修改，但是数组本身的赋值和函数传参都是以整体复制的方式处理的。Go 语言字符串底层数据也是对应的字节数组，但是字符串的只读属性禁止了在程序中对底层字节数组的元素的修改。字符串赋值只是复制了数据地址和对应的长度，而不会导致底层数据的复制。切片的行为更为灵活，切片的结构和字符串结构类似，但是解除了只读限制。切片的底层数据虽然也是对应数据类型的数组，但是每个切片还有独立的长度和容量信息，切片赋值和函数传参时也是将切片头信息部分按传值方式处理。因为切片头含有底层数据的指针，所以它的赋值也不会导致底层数据的复制。其实 Go 语言的赋值和函数传参规则很简单，除闭包函数以引用的方式对外部变量访问之外，其他赋值和函数传参都是以传值的方式处理。要理解数组、字符串和切片这 3 种不同的处理方式的原因，需要详细了解它们的底层数据结构。

1.3.1 数组

数组是一个由固定长度的特定类型元素组成的序列，一个数组可以由零个或多个元素组成。数组的长度是数组类型的组成部分。因为数组的长度是数组类型的一部分，不同长度或不同类型的数据组成的数组都是不同的类型，所以在 Go 语言中很少直接使用数组（不同长度的数组因为类型不同无法直接赋值）。和数组对应的类型是切片，切片是可以动态增长和收缩的序列，切片的功能也更加灵活，但是要理解切片的工作原理还是要先理解数组。

我们先看看数组有哪些定义方式:

```
var a [3]int                    // 定义长度为 3 的 int 型数组，元素全部为 0
var b = [...]int{1, 2, 3}       // 定义长度为 3 的 int 型数组，元素为 1, 2, 3
var c = [...]int{2: 3, 1: 2}    // 定义长度为 3 的 int 型数组，元素为 0, 2, 3
var d = [...]int{1, 2, 4: 5, 6} // 定义长度为 6 的 int 型数组，元素为 1, 2, 0, 0, 5, 6
```

第一种方式是定义一个数组变量的最基本的方式，数组的长度明确指定，数组中的每个元素都以零值初始化。

第二种方式是定义数组，可以在定义的时候顺序指定全部元素的初始化值，数组的长度根据初始化元素的数目自动计算。

第三种方式是以索引的方式来初始化数组的元素，因此元素的初始化值出现顺序比较随意。这种初始化方式和 `map[int]Type` 类型的初始化语法类似。数组的长度以出现的最大的索引为准，没有明确初始化的元素依然用零值初始化。

第四种方式是混合了第二种和第三种的初始化方式，前面两个元素采用顺序初始化，第三个和第四个元素采用零值初始化，第五个元素通过索引初始化，最后一个元素跟在前面的第五个元素之后采用顺序初始化。

数组的内存结构比较简单。例如，图 1-6 给出的是一个`[4]int{2,3,5,7}`数组值对应的内存结构。

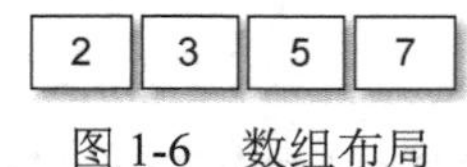

图 1-6 数组布局

Go 语言中数组是值语义。一个数组变量即表示整个数组，它并不是隐式地指向第一个元素的指针（例如 C 语言的数组），而是一个完整的值。当一个数组变量被赋值或者被传递的时候，实际上会复制整个数组。如果数组较大的话，数组的赋值也会有较大的开销。为了避免复制数组带来的开销，可以传递一个指向数组的指针，但是数组指针并不是数组。

```
var a = [...]int{1, 2, 3} // a 是一个数组
var b = &a                // b 是指向数组的指针
```

```
	fmt.Println(a[0], a[1])    // 打印数组的前两个元素
	fmt.Println(b[0], b[1])    // 通过数组指针访问数组元素的方式和通过数组类似

	for i, v := range b {      // 通过数组指针迭代数组的元素
		fmt.Println(i, v)
	}
```

其中 b 是指向数组 a 的指针，但是通过 b 访问数组中元素的写法和 a 是类似的。还可以通过 for range 来迭代数组指针指向的数组元素。其实数组指针类型除类型和数组不同之外，通过数组指针操作数组的方式和通过数组本身的操作类似，而且数组指针赋值时只会复制一个指针。但是数组指针类型依然不够灵活，因为数组的长度是数组类型的组成部分，指向不同长度数组的数组指针类型也是完全不同的。

可以将数组看作一个特殊的结构体，结构的字段名对应数组的索引，同时结构体成员的数目是固定的。内置函数 len()可以用于计算数组的长度，cap()函数可以用于计算数组的容量。不过对数组类型来说，len()和 cap()函数返回的结果始终是一样的，都是对应数组类型的长度。

我们可以用 for 循环来迭代数组。下面常见的几种方式都可以用来遍历数组：

```
for i := range a {
	fmt.Printf("a[%d]: %d\n", i, a[i])
}
for i, v := range b {
	fmt.Printf("b[%d]: %d\n", i, v)
}
for i := 0; i < len(c); i++ {
	fmt.Printf("c[%d]: %d\n", i, c[i])
}
```

用 for range 方式迭代的性能可能会更好一些，因为这种迭代可以保证不会出现数组越界的情形，每轮迭代对数组元素的访问时可以省去对下标越界的判断。

用 for range 方式迭代，还可以忽略迭代时的下标：

```
var times [5][0]int
for range times {
	fmt.Println("hello")
}
```

其中 times 对应一个[5][0]int 类型的数组，虽然第一维数组有长度，但是数组的元素[0]int 大小是 0，因此整个数组占用的内存大小依然是 0。不用付出额外的内存代价，我们就通过 for range 方式实现 times 次快速迭代。

数组不仅可以定义数值数组，还可以定义字符串数组、结构体数组、函数数组、接口数组、通道数组等：

```
// 字符串数组
var s1 = [2]string{"hello", "world"}
var s2 = [...]string{"你好", "世界"}
var s3 = [...]string{1: "世界", 0: "你好", }

// 结构体数组
```

```
var line1 [2]image.Point
var line2 = [...]image.Point{image.Point{X: 0, Y: 0}, image.Point{X: 1, Y: 1}}
var line3 = [...]image.Point{{0, 0}, {1, 1}}

// 函数数组
var decoder1 [2]func(io.Reader) (image.Image, error)
var decoder2 = [...]func(io.Reader) (image.Image, error){
    png.Decode,
    jpeg.Decode,
}

// 接口数组
var unknown1 [2]interface{}
var unknown2 = [...]interface{}{123, "你好"}

// 通道数组
var chanList = [2]chan int{}
```

我们还可以定义一个空的数组：

```
var d [0]int         // 定义一个长度为 0 的数组
var e = [0]int{}     // 定义一个长度为 0 的数组
var f = [...]int{}   // 定义一个长度为 0 的数组
```

长度为 0 的数组（空数组）在内存中并不占用空间。空数组虽然很少直接使用，但是可以用于强调某种特有类型的操作时避免分配额外的内存空间，例如用于通道的同步操作：

```
c1 := make(chan [0]int)
go func() {
    fmt.Println("c1")
    c1 <- [0]int{}
}()
<-c1
```

在这里，我们并不关心通道中传输数据的真实类型，其中通道接收和发送操作只是用于消息的同步。对于这种场景，我们用空数组作为通道类型可以减少通道元素赋值时的开销。当然，一般更倾向于用无类型的匿名结构体代替空数组：

```
c2 := make(chan struct{})
go func() {
    fmt.Println("c2")
    c2 <- struct{}{} // struct{}部分是类型，{}表示对应的结构体值
}()
<-c2
```

我们可以用 `fmt.Printf()` 函数提供的 `%T` 或 `%#v` 谓词语法来打印数组的类型和详细信息：

```
fmt.Printf("b: %T\n", b)  // b: [3]int
fmt.Printf("b: %#v\n", b) // b: [3]int{1, 2, 3}
```

在 Go 语言中，数组类型是切片和字符串等结构的基础。以上对于数组的很多操作都可以直接用

于字符串或切片中。

1.3.2 字符串

一个字符串是一个不可改变的字节序列，字符串通常是用来包含人类可读的文本数据。和数组不同的是，字符串的元素不可修改，是一个只读的字节数组。每个字符串的长度虽然也是固定的，但是字符串的长度并不是字符串类型的一部分。由于 Go 语言的源代码要求是 UTF8 编码，导致 Go 源代码中出现的字符串面值常量一般也是 UTF8 编码的。源代码中的文本字符串通常被解释为采用 UTF8 编码的 Unicode 码点（rune）序列。因为字节序列对应的是只读的字节序列，所以字符串可以包含任意的数据，包括字节值 0。我们也可以用字符串表示 GBK 等非 UTF8 编码的数据，不过这时候将字符串看作是一个只读的二进制数组更准确，因为 `for range` 等语法并不能支持非 UTF8 编码的字符串的遍历。

Go 语言字符串的底层结构在 `reflect.StringHeader` 中定义：

```
type StringHeader struct {
    Data uintptr
    Len  int
}
```

字符串结构由两个信息组成：第一个是指向字符串底层的字节数组的地址；第二个是字符串的字节的长度。字符串其实是一个结构体，因此字符串的赋值操作也就是 `reflect.StringHeader` 结构体的复制过程，并不会涉及底层字节数组的复制。1.3.1 节中提到的`[2]string` 字符串数组对应的底层结构和`[2]reflect.StringHeader` 对应的底层结构是一样的，可以将字符串数组看作一个结构体数组。

我们可以看看字符串`"hello, world"`本身对应的内存结构，如图 1-7 所示。

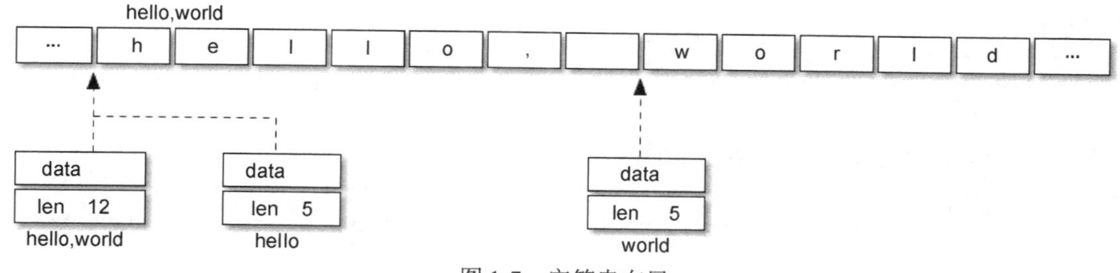

图 1-7 字符串布局

分析可以发现，`"hello, world"`字符串底层数据和以下数组是完全一致的：

```
var data = [...]byte{
    'h', 'e', 'l', 'l', 'o', ',', ' ', 'w', 'o', 'r', 'l', 'd',
}
```

字符串虽然不是切片，但是支持切片操作，不同位置的切片底层访问的是同一块内存数据（因为字符串是只读的，所以相同的字符串面值常量通常对应同一个字符串常量）：

```
s := "hello, world"
```

```
hello := s[:5]
world := s[7:]

s1 := "hello, world"[:5]
s2 := "hello, world"[7:]
```

字符串和数组类似，内置的 len() 函数返回字符串的长度。也可以通过 reflect.StringHeader 结构访问字符串的长度（这里只是为了演示字符串的结构，并不是推荐的做法）：

```
fmt.Println("len(s):", (*reflect.StringHeader)(unsafe.Pointer(&s)).Len)   // 12
fmt.Println("len(s1):", (*reflect.StringHeader)(unsafe.Pointer(&s1)).Len) // 5
fmt.Println("len(s2):", (*reflect.StringHeader)(unsafe.Pointer(&s2)).Len) // 5
```

根据 Go 语言规范，Go 语言的源文件都采用 UTF8 编码。因此，Go 源文件中出现的字符串面值常量一般也是 UTF8 编码的（对于转义字符，则没有这个限制）。提到 Go 字符串时，一般都会假设字符串对应的是一个合法的 UTF8 编码的字符序列。可以用内置的 print 调试函数或 fmt.Print() 函数直接打印，也可以用 for range 循环直接遍历 UTF8 解码后的 Unicode 码点值。

下面的"hello, 世界"字符串中包含了中文字符，可以通过打印转型为字节类型来查看字符底层对应的数据：

```
fmt.Printf("%#v\n", []byte("hello, 世界"))
```

输出的结果是：

```
[]byte{0x48, 0x65, 0x6c, 0x6c, 0x6f, 0x2c, 0x20, 0xe4, 0xb8, 0x96, 0xe7, \
0x95, 0x8c}
```

分析可以发现，0xe4, 0xb8, 0x96 对应中文“世”，0xe7, 0x95, 0x8c 对应中文“界”。我们也可以在字符串面值中直接指定 UTF8 编码后的值（源文件中全部是 ASCII 码，可以避免出现多字节的字符）。

```
fmt.Println("\xe4\xb8\x96") // 打印“世”
fmt.Println("\xe7\x95\x8c") // 打印“界”
```

图 1-8 展示了“hello, 世界”字符串的内存结构布局。

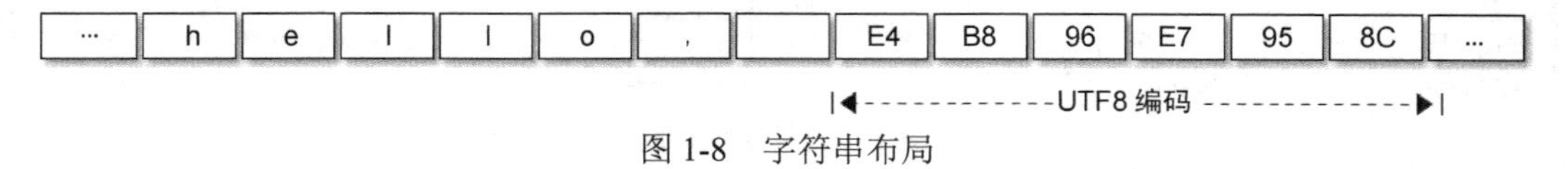

图 1-8　字符串布局

Go 语言的字符串中可以存放任意的二进制字节序列，而且即使是 UTF8 字符序列也可能会遇到错误的编码。如果遇到一个错误的 UTF8 编码输入，将生成一个特别的 Unicode 字符 '\uFFFD'，这个字符在不同的软件中的显示效果可能不太一样，在印刷中这个符号通常是一个黑色六角形或钻石形状，里面包含一个白色的问号“�”。

下面的字符串中，我们故意损坏了第一字符的第二和第三字节，因此第一字符将会打印为“�”，第二和第三字节则被忽略，后面的“abc”依然可以正常解码打印（错误编码不会向后扩散是 UTF8 编码的优秀特性之一）。

```
fmt.Println("\xe4\x00\x00\xe7\x95\x8cabc") // �界abc
```

不过在 for range 迭代这个含有损坏的 UTF8 字符串时，第一字符的第二和第三字节依然会被单独迭代到，不过此时迭代的值是损坏后的 0：

```
for i, c := range "\xe4\x00\x00\xe7\x95\x8cabc" {
    fmt.Println(i, c)
}
// 0 65533  // \uFFF，对应�
// 1 0      // 空字符
// 2 0      // 空字符
// 3 30028  // 界
// 6 97     // a
// 7 98     // b
// 8 99     // c
```

如果不想解码 UTF8 字符串，想直接遍历原始的字节码，可以将字符串强制转为[]byte 字节序列后再进行遍历（这里的转换一般不会产生运行时开销）：

```
for i, c := range []byte("世界abc") {
    fmt.Println(i, c)
}
```

或者是采用传统的下标方式遍历字符串的字节数组：

```
const s = "\xe4\x00\x00\xe7\x95\x8cabc"
for i := 0; i < len(s); i++ {
    fmt.Printf("%d %x\n", i, s[i])
}
```

Go 语言除了 for range 语法对 UTF8 字符串提供了特殊支持外，还对字符串和[]rune 类型的相互转换提供了特殊的支持。

```
fmt.Printf("%#v\n", []rune("世界"))                    // []int32{19990, 30028}
fmt.Printf("%#v\n", string([]rune{'世', '界'}))  // 世界
```

从上面代码的输出结果可以发现[]rune 其实是[]int32 类型，这里的 rune 只是 int32 类型的别名，并不是重新定义的类型。rune 用于表示每个 Unicode 码点，目前只使用了 21 个位。

字符串相关的强制类型转换主要涉及[]byte 和[]rune 两种类型。每个转换都可能隐含重新分配内存的代价，最坏的情况下它们运算的时间复杂度都是 $O(n)$。不过字符串和[]rune 的转换要更为特殊一些，因为一般这种强制类型转换要求两个类型的底层内存结构要尽量一致，显然它们底层对应的[]byte 和[]int32 类型是完全不同的内存结构，因此这种转换可能隐含重新分配内存的操作。

下面分别用伪代码简单模拟 Go 语言对字符串内置的一些操作，这样对每个操作的处理的时间复杂度和空间复杂度都会有较明确的认识。

for range 对字符串的迭代模拟实现如下：

```
func forOnString(s string, forBody func(i int, r rune)) {
```

```
    for i := 0; len(s) > 0; {
        r, size := utf8.DecodeRuneInString(s)
        forBody(i, r)
        s = s[size:]
        i += size
    }
}
```

for range 迭代字符串时，每次解码一个 Unicode 字符，然后进入 for 循环体，遇到崩溃的编码并不会导致迭代停止。

[]byte(s)转换模拟实现如下：

```
func str2bytes(s string) []byte {
    p := make([]byte, len(s))
    for i := 0; i < len(s); i++ {
        c := s[i]
        p[i] = c
    }
    return p
}
```

模拟实现中新创建了一个切片，然后将字符串的数组逐一复制到切片中，这是为了保证字符串只读的语义。当然，在将字符串转换为[]byte 时，如果转换后的变量没有被修改，编译器可能会直接返回原始的字符串对应的底层数据。

string(bytes)转换模拟实现如下：

```
func bytes2str(s []byte) (p string) {
    data := make([]byte, len(s))
    for i, c := range s {
        data[i] = c
    }

    hdr := (*reflect.StringHeader)(unsafe.Pointer(&p))
    hdr.Data = uintptr(unsafe.Pointer(&data[0]))
    hdr.Len = len(s)

    return p
}
```

因为 Go 语言的字符串是只读的，无法以直接构造底层字节数组的方式生成字符串。在模拟实现中通过 unsafe 包获取字符串的底层数据结构，然后将切片的数据逐一复制到字符串中，这同样是为了保证字符串只读的语义不受切片的影响。如果转换后的字符串在生命周期中原始的[]byte 的变量不发生变化，编译器可能会直接基于[]byte 底层的数据构建字符串。

[]rune(s)转换模拟实现如下：

```
func str2runes(s []byte) []rune {
```

```
    var p []int32
    for len(s) > 0 {
        r, size := utf8.DecodeRune(s)
        p = append(p, int32(r))
        s = s[size:]
    }
    return []rune(p)
}
```

因为底层内存结构的差异，所以字符串到[]rune 的转换必然会导致重新分配[]rune 内存空间，然后依次解码并复制对应的 Unicode 码点值。这种强制转换并不存在前面提到的字符串和字节切片转换时的优化情况。

string(runes)转换模拟实现如下：

```
func runes2string(s []int32) string {
    var p []byte
    buf := make([]byte, 3)
    for _, r := range s {
        n := utf8.EncodeRune(buf, r)
        p = append(p, buf[:n]...)
    }
    return string(p)
}
```

同样因为底层内存结构的差异，[]rune 到字符串的转换也必然会导致重新构造字符串。这种强制转换并不存在前面提到的优化情况。

1.3.3 切片

简单地说，切片（slice）就是一种简化版的动态数组。因为动态数组的长度不固定，所以切片的长度自然也就不能是类型的组成部分了。数组虽然有适用的地方，但是数组的类型和操作都不够灵活，因此在 Go 代码中数组使用得并不多。而切片则使用得相当广泛，理解切片的原理和用法是 Go 程序员的必备技能。

我们先看看切片的结构定义，即 reflect.SliceHeader：

```
type SliceHeader struct {
    Data uintptr
    Len  int
    Cap  int
}
```

由此可以看出切片的开头部分和 Go 字符串是一样的，但是切片多了一个 Cap 成员表示切片指向的内存空间的最大容量（对应元素的个数，而不是字节数）。图 1-9 给出了 x := []int{2,3,5,7,11}和 y := x[1:3]两个切片对应的内存结构。

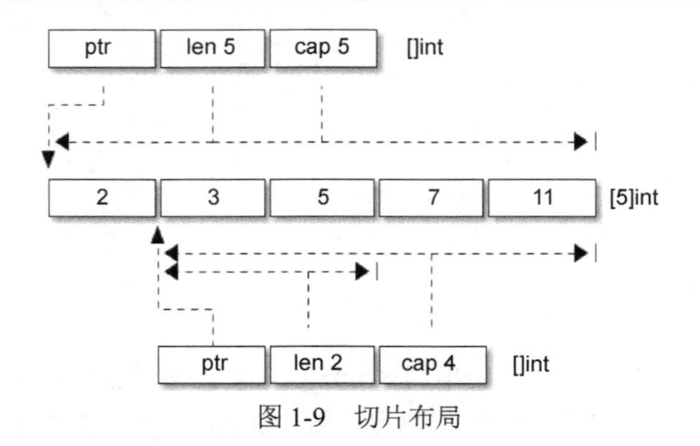

图 1-9　切片布局

让我们看看切片有哪些定义方式：

```
var (
    a []int               // nil 切片，和 nil 相等，一般用来表示一个不存在的切片
    b = []int{}           // 空切片，和 nil 不相等，一般用来表示一个空的集合
    c = []int{1, 2, 3}    // 有 3 个元素的切片，len 和 cap 都为 3
    d = c[:2]             // 有 2 个元素的切片，len 为 2，cap 为 3
    e = c[0:2:cap(c)]     // 有 2 个元素的切片，len 为 2，cap 为 3
    f = c[:0]             // 有 0 个元素的切片，len 为 0，cap 为 3
    g = make([]int, 3)    // 有 3 个元素的切片，len 和 cap 都为 3
    h = make([]int, 2, 3) // 有 2 个元素的切片，len 为 2，cap 为 3
    i = make([]int, 0, 3) // 有 0 个元素的切片，len 为 0，cap 为 3
)
```

和数组一样，内置的 `len()` 函数返回切片中有效元素的长度，内置的 `cap()` 函数返回切片容量大小，容量必须大于或等于切片的长度。也可以通过 `reflect.SliceHeader` 结构访问切片的信息（只是为了说明切片的结构，并不是推荐的做法）。切片可以和 `nil` 进行比较，只有当切片底层数据指针为空时切片本身才为 `nil`，这时候切片的长度和容量信息将是无效的。如果有切片的底层数据指针为空，但是长度和容量不为 0 的情况，那么说明切片本身已经被损坏了（例如，直接通过 `reflect.SliceHeader` 或 `unsafe` 包对切片作了不正确的修改）。

遍历切片的方式和遍历数组的方式类似：

```
for i := range a {
    fmt.Printf("a[%d]: %d\n", i, a[i])
}
for i, v := range b {
    fmt.Printf("b[%d]: %d\n", i, v)
}
for i := 0; i < len(c); i++ {
    fmt.Printf("c[%d]: %d\n", i, c[i])
}
```

其实除了遍历之外，只要是切片的底层数据指针、长度和容量没有发生变化，对切片的遍历、元素的读取和修改就和数组一样。在对切片本身进行赋值或参数传递时，和数组指针的操作方式类似，但是只复制切片头信息（reflect.SliceHeader），而不会复制底层的数据。对于类型，和数组的最大不同是，切片的类型和长度信息无关，只要是相同类型元素构成的切片均对应相同的切片类型。

如前所述，切片是一种简化版的动态数组，这是切片类型的灵魂。除构造切片和遍历切片之外，添加切片元素、删除切片元素都是切片处理中经常遇到的操作。

1. 添加切片元素

内置的泛型函数 append() 可以在切片的尾部追加 N 个元素：

```
var a []int
a = append(a, 1)                 // 追加一个元素
a = append(a, 1, 2, 3)           // 追加多个元素，手写解包方式
a = append(a, []int{1,2,3}...)   // 追加一个切片，切片需要解包
```

不过要注意的是，在容量不足的情况下，append() 操作会导致重新分配内存，可能导致巨大的内存分配和复制数据的代价。即使容量足够，依然需要用 append() 函数的返回值来更新切片本身，因为新切片的长度已经发生了变化。

除了在切片的尾部追加，还可以在切片的开头添加元素：

```
var a = []int{1,2,3}
a = append([]int{0}, a...)        // 在开头添加一个元素
a = append([]int{-3,-2,-1}, a...) // 在开头添加一个切片
```

在开头一般都会导致内存的重新分配，而且会导致已有的元素全部复制一次。因此，从切片的开头添加元素的性能一般要比从尾部追加元素的性能差很多。

由于 append() 函数返回新的切片，也就是它支持链式操作，因此我们可以将多个 append() 操作组合起来，实现在切片中间插入元素：

```
var a []int
a = append(a[:i], append([]int{x}, a[i:]...)...)       // 在第 i 个位置插入 x
a = append(a[:i], append([]int{1,2,3}, a[i:]...)...)   // 在第 i 个位置插入切片
```

每个添加操作中的第二个 append() 调用都会创建一个临时切片，并将 a[i:] 的内容复制到新创建的切片中，然后将临时创建的切片再追加到 a[:i]。

用 copy() 和 append() 组合可以避免创建中间的临时切片，同样是完成添加元素的操作：

```
a = append(a, 0)       // 切片扩展一个空间
copy(a[i+1:], a[i:])   // a[i:]向后移动一个位置
a[i] = x               // 设置新添加的元素
```

第一句中的 append() 用于扩展切片的长度，为要插入的元素留出空间。第二句中的 copy() 操作将要插入位置开始之后的元素向后挪动一个位置。第三句真实地将新添加的元素赋值到对应的位置。操作语句虽然冗长了一点，但是相比前面的方法，可以减少中间创建的临时切片。

用 copy() 和 append() 组合也可以实现在中间位置插入多个元素（也就是插入一个切片）：

```
a = append(a, x...)          // 为 x 切片扩展足够的空间
copy(a[i+len(x):], a[i:])    // a[i:]向后移动 len(x)个位置
```

```
copy(a[i:], x)                // 复制新添加的切片
```

稍显不足的是，在第一句扩展切片容量的时候，扩展空间部分的元素复制是没有必要的。没有专门的内置函数用于扩展切片的容量，append()本质是用于追加元素而不是扩展容量，扩展切片容量只是 append()的一个副作用。

2. 删除切片元素

根据要删除元素的位置，有从开头位置删除、从中间位置删除和从尾部删除 3 种情况，其中删除切片尾部的元素最快：

```
a = []int{1, 2, 3}
a = a[:len(a)-1]   // 删除尾部 1 个元素
a = a[:len(a)-N]   // 删除尾部 N 个元素
```

删除开头的元素可以直接移动数据指针：

```
a = []int{1, 2, 3}
a = a[1:] // 删除开头 1 个元素
a = a[N:] // 删除开头 N 个元素
```

删除开头的元素也可以不移动数据指针，而将后面的数据向开头移动。可以用 append()原地完成（所谓原地完成是指在原有的切片数据对应的内存区间内完成，不会导致内存空间结构的变化）：

```
a = []int{1, 2, 3}
a = append(a[:0], a[1:]...) // 删除开头 1 个元素
a = append(a[:0], a[N:]...) // 删除开头 N 个元素
```

也可以用 copy()完成删除开头的元素：

```
a = []int{1, 2, 3}
a = a[:copy(a, a[1:])] // 删除开头 1 个元素
a = a[:copy(a, a[N:])] // 删除开头 N 个元素
```

对于删除中间的元素，需要对剩余的元素进行一次整体挪动，同样可以用 append()或 copy()原地完成：

```
a = []int{1, 2, 3, ...}

a = append(a[:i], a[i+1:]...) // 删除中间 1 个元素
a = append(a[:i], a[i+N:]...) // 删除中间 N 个元素

a = a[:i+copy(a[i:], a[i+1:])]  // 删除中间 1 个元素
a = a[:i+copy(a[i:], a[i+N:])]  // 删除中间 N 个元素
```

删除开头的元素和删除尾部的元素都可以认为是删除中间元素操作的特殊情况。

3. 切片内存技巧

在本节开头的数组部分我们提到过有类似[0]int 的空数组，空数组一般很少用到。但是对于切片来说，len 为 0 但是 cap 容量不为 0 的切片则是非常有用的特性。当然，如果 len 和 cap 都

为 0 的话，则变成一个真正的空切片，虽然它并不是一个 nil 的切片。在判断一个切片是否为空时，一般通过 len 获取切片的长度来判断，一般很少将切片和 nil 做直接的比较。

例如下面的 TrimSpace() 函数用于删除[]byte 中的空格。函数实现利用了长度为 0 的切片的特性，实现高效而且简洁。

```
func TrimSpace(s []byte) []byte {
    b := s[:0]
    for _, x := range s {
        if x != ' ' {
            b = append(b, x)
        }
    }
    return b
}
```

其实类似的根据过滤条件原地删除切片元素的算法都可以采用类似的方式处理（因为是删除操作，所以不会出现内存不足的情形）：

```
func Filter(s []byte, fn func(x byte) bool) []byte {
    b := s[:0]
    for _, x := range s {
        if !fn(x) {
            b = append(b, x)
        }
    }
    return b
}
```

切片高效操作的要点是要降低内存分配的次数，尽量保证 append() 操作不会超出 cap 的容量，降低触发内存分配的次数和每次分配内存的大小。

4. 避免切片内存泄漏

如前所述，切片操作并不会复制底层的数据。底层的数组会被保存在内存中，直到它不再被引用。但是有时候可能会因为一个小的内存引用而导致底层整个数组处于被使用的状态，这会延迟垃圾回收器对底层数组的回收。

例如，FindPhoneNumber() 函数加载整个文件到内存，然后搜索第一个出现的电话号码，最后结果以切片方式返回。

```
func FindPhoneNumber(filename string) []byte {
    b, _ := ioutil.ReadFile(filename)
    return regexp.MustCompile("[0-9]+").Find(b)
}
```

这段代码返回的[]byte 指向保存整个文件的数组。由于切片引用了整个原始数组，导致垃圾回收器不能及时释放底层数组的空间。一个小的需求可能导致需要长时间保存整个文件数据。这虽然不是传统意义上的内存泄漏，但是可能会降低系统的整体性能。

要解决这个问题，可以将感兴趣的数据复制到一个新的切片中（数据的传值是Go语言编程的一个哲学，虽然传值有一定的代价，但是换取的好处是切断了对原始数据的依赖）：

```
func FindPhoneNumber(filename string) []byte {
    b, _ := ioutil.ReadFile(filename)
    b = regexp.MustCompile("[0-9]+").Find(b)
    return append([]byte{}, b...)
}
```

类似的问题在删除切片元素时可能会遇到。假设切片里存放的是指针对象，那么下面删除末尾的元素后，被删除的元素依然被切片底层数组引用，从而导致不能及时被垃圾回收器回收（这要依赖回收器的实现方式）：

```
var a []*int{ ... }
a = a[:len(a)-1]    // 被删除的最后一个元素依然被引用，可能导致垃圾回收器操作被阻碍
```

保险的方式是先将指向需要提前回收内存的指针设置为 `nil`，保证垃圾回收器可以发现需要回收的对象，然后再进行切片的删除操作：

```
var a []*int{ ... }
a[len(a)-1] = nil // 垃圾回收器回收最后一个元素内存
a = a[:len(a)-1]  // 从切片删除最后一个元素
```

当然，如果切片存在的周期很短的话，可以不用刻意处理这个问题。因为如果切片本身已经可以被垃圾回收器回收的话，切片对应的每个元素自然也就可以被回收了。

5. 切片类型强制转换

为了安全，当两个切片类型`[]T`和`[]Y`的底层原始切片类型不同时，Go语言是无法直接转换类型的。不过安全都是有一定代价的，有时候这种转换是有它的价值的——可以简化编码或者是提升代码的性能。例如在64位系统上，需要对一个`[]float64`切片进行高速排序，我们可以将它强制转换为`[]int`整数切片，然后以整数的方式进行排序（因为`float64`遵循IEEE 754浮点数标准特性，所以当浮点数有序时对应的整数也必然是有序的）。

下面的代码通过两种方法将`[]float64`类型的切片转换为`[]int`类型的切片：

```
// +build amd64 arm64

import "sort"

var a = []float64{4, 2, 5, 7, 2, 1, 88, 1}

func SortFloat64FastV1(a []float64) {
    // 强制类型转换
    var b []int = ((*[1 << 20]int)(unsafe.Pointer(&a[0])))[:len(a):cap(a)]

    // 以int方式给float64排序
```

```
    sort.Ints(b)
}

func SortFloat64FastV2(a []float64) {
    // 通过 reflect.SliceHeader 更新切片头部信息实现转换
    var c []int
    aHdr := (*reflect.SliceHeader)(unsafe.Pointer(&a))
    cHdr := (*reflect.SliceHeader)(unsafe.Pointer(&c))
    *cHdr = *aHdr

    // 以 int 方式给 float64 排序
    sort.Ints(c)
}
```

第一种强制转换是先将切片数据的开始地址转换为一个较大的数组的指针，然后对数组指针对应的数组重新做切片操作。中间需要 `unsafe.Pointer` 来连接两个不同类型的指针传递。需要注意的是，Go 语言实现中非 0 大小数组的长度不得超过 2 GB，因此需要针对数组元素的类型大小计算数组的最大长度范围（`[]uint8` 最大 2 GB，`[]uint16` 最大 1 GB，依此类推，但是`[]struct{}`数组的长度可以超过 2 GB）。

第二种转换操作是分别取两个不同类型的切片头信息指针，任何类型的切片头部信息底层都对应 `reflect.SliceHeader` 结构，然后通过更新结构体方式来更新切片信息，从而实现 `a` 对应的`[]float64` 切片到 `c` 对应的`[]int` 切片的转换。

通过基准测试，可以发现用 `sort.Ints` 对转换后的`[]int` 排序的性能要比用 `sort.Float64s` 排序的性能高一点。不过需要注意的是，这个方法可行的前提是要保证`[]float64` 中没有 `NaN` 和 `Inf` 等非规范的浮点数（因为浮点数中 `NaN` 不可排序，正 0 和负 0 相等，但是整数中没有这类情形）。

1.4 函数、方法和接口

函数对应操作序列，是程序的基本组成元素。Go 语言中的函数有具名和匿名之分：具名函数一般对应于包级的函数，是匿名函数的一种特例。当匿名函数引用了外部作用域中的变量时就成了闭包函数，闭包函数是函数式编程语言的核心。方法是绑定到一个具体类型的特殊函数，Go 语言中的方法是依托于类型的，必须在编译时静态绑定。接口定义了方法的集合，这些方法依托于运行时的接口对象，因此接口对应的方法是在运行时动态绑定的。Go 语言通过隐式接口机制实现了鸭子面向对象模型。

1.4.1 函数

在 Go 语言中，函数是第一类对象，可以将函数保存到变量中。函数主要有具名和匿名之分，包级函数一般都是具名函数，具名函数是匿名函数的一种特例。当然，Go 语言中每个类型还可以有自己的方法，方法其实也是函数的一种。

```
// 具名函数
func Add(a, b int) int {
    return a+b
}

// 匿名函数
var Add = func(a, b int) int {
    return a+b
}
```

Go 语言中的函数可以有多个参数和多个返回值，参数和返回值都是以传值的方式和被调用者交换数据。在语法上，函数还支持可变数量的参数，可变数量的参数必须是最后出现的参数，可变数量的参数其实是一个切片类型的参数。

```
// 多个参数和多个返回值
func Swap(a, b int) (int, int) {
    return b, a
}

// 可变数量的参数
// more 对应[]int 切片类型
func Sum(a int, more ...int) int {
    for _, v := range more {
        a += v
    }
    return a
}
```

当可变参数是一个空接口类型时，调用者是否解包可变参数会导致不同的结果：

```
func main() {
    var a = []interface{}{123, "abc"}

    Print(a...) // 123 abc
    Print(a)    // [123 abc]
}

func Print(a ...interface{}) {
    fmt.Println(a...)
}
```

第一个 `Print` 调用时传入的参数是 `a...`，等价于直接调用 `Print(123, "abc")`。第二个 `Print` 调用传入的是未解包的 `a`，等价于直接调用 `Print([]interface{}{123, "abc"})`。

不仅函数的参数可以有名字，也可以给函数的返回值命名：

```go
func Find(m map[int]int, key int) (value int, ok bool) {
    value, ok = m[key]
    return
}
```

如果返回值命名了，可以通过名字来修改返回值，也可以通过 defer 语句在 return 语句之后修改返回值：

```go
func Inc() (v int) {
    defer func(){ v++ } ()
    return 42
}
```

其中 defer 语句延迟执行了一个匿名函数，因为这个匿名函数捕获了外部函数的局部变量 v，这种函数我们一般称为闭包。闭包对捕获的外部变量并不是以传值方式访问，而是以引用方式访问。

闭包的这种以引用方式访问外部变量的行为可能会导致一些隐含的问题：

```go
func main() {
    for i := 0; i < 3; i++ {
        defer func(){ println(i) } ()
    }
}
// Output:
// 3
// 3
// 3
```

因为是闭包，在 for 迭代语句中，每个 defer 语句延迟执行的函数引用的都是同一个 i 迭代变量，在循环结束后这个变量的值为 3，因此最终输出的都是 3。

修复的思路是在每轮迭代中为每个 defer 语句的闭包函数生成独有的变量。可以用下面两种方式：

```go
func main() {
    for i := 0; i < 3; i++ {
        i := i // 定义一个循环体内局部变量 i
        defer func(){ println(i) } ()
    }
}

func main() {
    for i := 0; i < 3; i++ {
        // 通过函数传入 i
        // defer 语句会马上对调用参数求值
        defer func(i int){ println(i) } (i)
    }
}
```

第一种方法是在循环体内部再定义一个局部变量，这样每次迭代 defer 语句的闭包函数捕获的都是不同的变量，这些变量的值对应迭代时的值。第二种方式是将迭代变量通过闭包函数的参数传入，defer 语句会马上对调用参数求值。两种方式都是可以工作的。不过一般来说,在 for 循环内部执行 defer 语句并不是一个好的习惯，此处仅为示例，不建议使用。

Go 语言中，如果以切片为参数调用函数，有时候会给人一种参数采用了传引用的方式的假象：因为在被调用函数内部可以修改传入的切片的元素。其实，任何可以通过函数参数修改调用参数的情形，都是因为函数参数中显式或隐式传入了指针参数。函数参数传值的规范更准确说是只针对数据结构中固定的部分传值，例如字符串或切片对应结构体中的指针和字符串长度结构体传值，但是并不包含指针间接指向的内容。将切片类型的参数替换为类似 reflect.SliceHeader 结构体就能很好理解切片传值的含义了：

```
func twice(x []int) {
    for i := range x {
        x[i] *= 2
    }
}

type IntSliceHeader struct {
    Data []int
    Len  int
    Cap  int
}

func twice(x IntSliceHeader) {
    for i := 0; i < x.Len; i++ {
        x.Data[i] *= 2
    }
}
```

因为切片中的底层数组部分通过隐式指针传递（指针本身依然是传值的，但是指针指向的却是同一份的数据），所以被调用函数可以通过指针修改调用参数切片中的数据。除数据之外，切片结构还包含了切片长度和切片容量信息，这两个信息也是传值的。如果被调用函数中修改了 Len 或 Cap 信息，就无法反映到调用参数的切片中，这时候我们一般会通过返回修改后的切片来更新之前的切片。这也是内置的 append() 必须要返回一个切片的原因。

Go 语言中，函数还可以直接或间接地调用自己，也就是支持递归调用。Go 语言函数的递归调用深度在逻辑上没有限制，函数调用的栈是不会出现溢出错误的，因为 Go 语言运行时会根据需要动态地调整函数栈的大小。每个 Goroutine 刚启动时只会分配很小的栈（4 KB 或 8 KB，具体依赖实现），根据需要动态调整栈的大小，栈最大可以达到 GB 级（依赖具体实现，在目前的实现中，32 位体系结构为 250 MB，64 位体系结构为 1 GB）。在 Go 1.4 以前，Go 的动态栈采用的是分段式的动态栈，通俗地说就是采用一个链表来实现动态栈，每个链表的节点内存位置不会发生变化。但是链表实现的动态栈对某些导致跨越链表不同节点的热点调用的性能影响较大，因为相邻的链表节点在内存位置一般不是相邻的，这会增加 CPU 高速缓存命中失败的概率。为了解决热点调用的 CPU 缓存命中率问题，Go 1.4 之后改用连续的动态栈实现，也就是采用一个类似动态数组的结构来表示栈。不过连续动态栈也带来了新的问题：当连续栈动态增长时，需要将之前的数据移动到新的内存空间，这会导致之前栈中全部变量的地址发生变化。虽然 Go 语言运行时会自动更新引用了地址变化的栈变量的指针，但最重要的一点是要明白 Go 语言中指针不再是固定不变的（因此不能随意将指针保存到数值变量中，Go 语言的地址也不能随意保存到不在垃圾回收器控制的环境中，因此使用 CGO 时不能在 C 语言中长期持有 Go 语言对象的地址）。

因为Go语言函数的栈会自动调整大小，所以普通Go程序员已经很少需要关心栈的运行机制了。在 Go 语言规范中甚至故意没有讲到栈和堆的概念。我们无法知道函数参数或局部变量到底是保存在栈中还是堆中，我们只需要知道它们能够正常工作就可以了。看看下面这个例子：

```
func f(x int) *int {
    return &x
}

func g() int {
    x = new(int)
    return *x
}
```

第一个函数直接返回了函数参数变量的地址——这似乎是不可以的，因为如果参数变量在栈上，函数返回之后栈变量就失效了，返回的地址自然也应该失效了。但是 Go 语言的编译器和运行时比我们聪明得多，它会保证指针指向的变量在合适的地方。第二个函数，内部虽然调用 `new()` 函数创建了`*int` 类型的指针对象，但是依然不知道它具体保存在哪里。对于有 C/C++编程经验的程序员需要强调的是：不用关心 Go 语言中函数栈和堆的问题，编译器和运行时会帮我们搞定；同样不要假设变量在内存中的位置是固定不变的，指针随时可能会变化，特别是在你不期望它变化的时候。

1.4.2 方法

方法一般是面向对象编程（Object-Oriented Programming，OOP）的一个特性，在 C++语言中方法对应一个类对象的成员函数，是关联到具体对象上的虚表中的。但是 Go 语言的方法却是关联到类型的，这样可以在编译阶段完成方法的静态绑定。一个面向对象的程序会用方法来表达其属性对应的操作，这样使用这个对象的用户就不需要直接去操作对象，而是借助方法来做这些事情。面向对象编程进入主流开发领域一般认为是从 C++开始的，C++就是在兼容 C 语言的基础之上支持了类等面向对象的特性。然后 Java 编程则号称是纯粹的面向对象语言，因为 Java 中函数是不能独立存在的，每个函数都必然是属于某个类的。

面向对象编程更多的只是一种思想，很多号称支持面向对象编程的语言只是将经常用到的特性内置到语言中了而已。Go 语言的祖先 C 语言虽然不是一个支持面向对象的语言，但是 C 语言的标准库中的 File 相关的函数也用到了面向对象编程的思想。下面我们实现一组 C 语言风格的 File 函数：

```
// 文件对象
type File struct {
    fd int
}

// 打开文件
func OpenFile(name string) (f *File, err error) {
    // ...
}

// 关闭文件
func CloseFile(f *File) error {
    // ...
}

// 读文件数据
func ReadFile(f *File, offset int64, data []byte) int {
    // ...
}
```

其中 OpenFile()类似于构造函数，用于打开文件对象，CloseFile()类似于析构函数，用于关闭文件对象，ReadFile()则类似于普通的成员函数，这 3 个函数都是普通函数。CloseFile()和 ReadFile()作为普通函数，需要占用包级空间中的名字资源。不过 CloseFile()和 ReadFile()函数只是针对 File 类型对象的操作，这时候我们更希望这类函数和操作对象的类型紧密绑定在一起。

Go 语言中的做法是将函数 CloseFile()和 ReadFile()的第一个参数移动到函数名的开头：

```
// 关闭文件
func (f *File) CloseFile() error {
    // ...
}

// 读文件数据
func (f *File) ReadFile(offset int64, data []byte) int {
    // ...
}
```

这样的话，函数 CloseFile()和 ReadFile()就成了 File 类型独有的方法了（而不是 File 对象方法）。它们也不再占用包级空间中的名字资源，同时 File 类型已经明确了它们的操作对象，因此方法名字一般简化为 Close 和 Read：

```
// 关闭文件
func (f *File) Close() error {
    // ...
}

// 读文件数据
func (f *File) Read(offset int64, data []byte) int {
    // ...
}
```

将第一个函数参数移动到函数前面，从代码角度看虽然只是一个小的改动，但是从编程哲学角度看，Go 语言已经是进入面向对象语言的行列了。我们可以给任何自定义类型添加一个或多个方法。每种类型对应的方法必须和类型的定义在同一个包中，因此是无法给 `int` 这类内置类型添加方法的（因为方法的定义和类型的定义不在一个包中）。对于给定的类型，每个方法的名字必须是唯一的，同时方法和函数一样也不支持重载。

方法由函数演变而来，只是将函数的第一个对象参数移动到了函数名前面了而已。因此我们依然可以按照原始的过程式思维来使用方法。通过称为方法表达式的特性可以将方法还原为普通类型的函数：

```
// 不依赖具体的文件对象
// func CloseFile(f *File) error
var CloseFile = (*File).Close

// 不依赖具体的文件对象
// func ReadFile(f *File, offset int64, data []byte) int
var ReadFile = (*File).Read

// 文件处理
f, _ := OpenFile("foo.dat")
ReadFile(f, 0, data)
CloseFile(f)
```

在有些场景更关心一组相似的操作。例如，`Read()`读取一些数组，然后调用 `Close()`关闭。此时的环境中，用户并不关心操作对象的类型，只要能满足通用的 `Read()`和 `Close()`行为就可以了。不过在方法表达式中，因为得到的 `ReadFile()`和 `CloseFile()`函数参数中含有 `File` 这个特有的类型参数，这使得 `File` 相关的方法无法与其他不是 `File` 类型但是有着相同 `Read()`和 `Close()`方法的对象无缝适配。这种小困难难不倒 Go 语言程序员，我们可以通过结合闭包特性来消除方法表达式中第一个参数类型的差异：

```
// 先打开文件对象
f, _ := OpenFile("foo.dat")

// 绑定到了 f 对象
// func Close() error
var Close = func Close() error {
    return (*File).Close(f)
}
```

```
// 绑定到了 f 对象
// func Read(int64 offset, data []byte) int
var Read = func Read(int64 offset, data []byte) int {
    return (*File).Read(f, offset, data)
}

// 文件处理
Read(0, data)
Close()
```

这刚好是方法值也要解决的问题。我们用方法值特性可以简化实现：

```
// 先打开文件对象
f, _ := OpenFile("foo.dat")

// 方法值：绑定到了 f 对象
// func Close() error
var Close = f.Close

// 方法值：绑定到了 f 对象
// func Read(int64 offset, data []byte) int
var Read = f.Read

// 文件处理
Read(0, data)
Close()
```

Go 语言不支持传统面向对象中的继承特性，而是以自己特有的组合方式支持了方法的继承。Go 语言中，通过在结构体内置匿名的成员来实现继承：

```
import "image/color"

type Point struct{ X, Y float64 }

type ColoredPoint struct {
    Point
    Color color.RGBA
}
```

虽然我们可以将 `ColoredPoint` 定义为一个有 3 个字段的扁平结构的结构体，但是这里将 `Point` 嵌入 `ColoredPoint` 来提供 `X` 和 `Y` 这两个字段：

```
var cp ColoredPoint
cp.X = 1
fmt.Println(cp.Point.X) // "1"
cp.Point.Y = 2
fmt.Println(cp.Y)       // "2"
```

通过嵌入匿名的成员，不仅可以继承匿名成员的内部成员，而且可以继承匿名成员类型所对应的方法。我们一般会将 `Point` 看作基类，把 `ColoredPoint` 看作 `Point` 的继承类或子类。不过这种方式继承的方法并不能实现 C++中虚函数的多态特性。所有继承来的方法的接收者参数依然是那个匿名成员本身，而不是当前的变量。

```
type Cache struct {
    m map[string]string
    sync.Mutex
}

func (p *Cache) Lookup(key string) string {
    p.Lock()
    defer p.Unlock()

    return p.m[key]
}
```

`Cache` 结构体类型通过嵌入一个匿名的 `sync.Mutex` 来继承它的方法 `Lock()` 和 `Unlock()`。但是在调用 `p.Lock()` 和 `p.Unlock()` 时，`p` 并不是方法 `Lock()` 和 `Unlock()` 的真正接收者，而是会将它们展开为 `p.Mutex.Lock()` 和 `p.Mutex.Unlock()` 调用。这种展开是编译期完成的，并没有运行时代价。

在传统的面向对象语言（例如 C++或 Java）的继承中，子类的方法是在运行时动态绑定到对象的，因此基类实现的某些方法看到的 `this` 可能不是基类类型对应的对象，这个特性会导致基类方法运行的不确定性。而在 Go 语言通过嵌入匿名的成员来"继承"的基类方法，`this` 就是实现该方法的类型的对象，Go 语言中方法是编译时静态绑定的。如果需要虚函数的多态特性，我们需要借助 Go 语言接口来实现。

1.4.3 接口

Go 语言之父 Rob Pike 曾说过一句名言："那些试图避免白痴行为的语言最终自己变成了白痴语言。"（Languages that try to disallow idiocy become themselves idiotic.）一般静态编程语言都有着严格的类型系统，这使得编译器可以深入检查程序员有没有作出什么出格的举动。但是，过于严格的类型系统却会使得编程太过烦琐，让程序员把时间都浪费在了和编译器的斗争中。Go 语言试图让程序员能在安全和灵活的编程之间取得一个平衡。它在提供严格的类型检查的同时，通过接口类型实现了对鸭子类型的支持，使得安全动态的编程变得相对容易。

Go 的接口类型是对其他类型行为的抽象和概括，因为接口类型不会和特定的实现细节绑定在一起，通过这种抽象的方式我们可以让对象更加灵活和更具有适应能力。很多面向对象的语言都有相似的接口概念，但 Go 语言中接口类型的独特之处在于它是满足隐式实现的鸭子类型。所谓鸭子类型说的是：只要走起路来像鸭子、叫起来也像鸭子，那么就可以把它当作鸭子。Go 语言中的面向对象就是如此，如果一个对象只要看起来像是某种接口类型的实现，那么它就可以作为该接口类型使用。这种设计可以让你创建一个新的接口类型满足已经存在的具体类型却不用去破坏这些类型原有的定义。当使用的类型来自不受我们控制的包时这种设计尤其灵活有用。Go 语言的接口类型是延迟绑定，可以实现类似虚函数的多态功能。

接口在 Go 语言中无处不在，在"Hello, World"的例子中，`fmt.Printf()` 函数的设计就是完全基于接口的，它的真正功能由 fmt.Fprintf()函数完成。用于表示错误的 error 类型更是内置的接口类型。在 C 语言中，printf 只能将几种有限的基础数据类型打印到文件对象中。但是 Go 语言由于灵活的接口特性，fmt.Fprintf 可以向任何自定义的输出流对象打印，可以打印到文件或标准输出，也可以打印到网络，甚至可以打印到一个压缩文件；同时，打印的数据也不仅局限于语言内置的基础类型，任意隐式满足 fmt.Stringer 接口的对象都可以打印，不满足 fmt.Stringer 接口的依然可以通过反射的技术打印。fmt.Fprintf()函数的签名如下：

```
func Fprintf(w io.Writer, format string, args ...interface{}) (int, error)
```

其中 io.Writer 是用于输出的接口，error 是内置的错误接口，它们的定义如下：

```
type io.Writer interface {
    Write(p []byte) (n int, err error)
}

type error interface {
    Error() string
}
```

我们可以通过定制自己的输出对象，将每个字符转换为大写字符后输出：

```
type UpperWriter struct {
    io.Writer
}

func (p *UpperWriter) Write(data []byte) (n int, err error) {
    return p.Writer.Write(bytes.ToUpper(data))
}

func main() {
    fmt.Fprintln(&UpperWriter{os.Stdout}, "hello, world")
}
```

当然，我们也可以定义自己的打印格式来实现将每个字符转换为大写字符后输出的效果。对于每个要打印的对象，如果满足了 fmt.Stringer 接口，则默认使用对象的 String()方法返回的结果打印：

```
type UpperString string

func (s UpperString) String() string {
    return strings.ToUpper(string(s))
}

type fmt.Stringer interface {
    String() string
}

func main() {
    fmt.Fprintln(os.Stdout, UpperString("hello, world"))
}
```

Go 语言中，对于基础类型（非接口类型）不支持隐式的转换，我们无法将一个 int 类型的值直接赋值给 int64 类型的变量，也无法将 int 类型的值赋值给底层是 int 类型的新定义命名类型的变量。Go 语言对基础类型的类型一致性要求可谓是非常的严格，但是 Go 语言对于接口类型的转换则非常灵活。对象和接口之间的转换、接口和接口之间的转换都可能是隐式的转换。可以看下面的例子：

```
var (
    a io.ReadCloser = (*os.File)(f)     // 隐式转换，*os.File 满足 io.ReadCloser 接口
    b io.Reader     = a                 // 隐式转换，io.ReadCloser 满足 io.Reader 接口
    c io.Closer     = a                 // 隐式转换，io.ReadCloser 满足 io.Closer 接口
    d io.Reader     = c.(io.Reader)     // 显式转换，io.Closer 不满足 io.Reader 接口
)
```

有时候对象和接口之间太灵活了，需要人为地限制这种无意之间的适配。常见的做法是定义一个特殊方法来区分接口。例如 runtime 包中的 Error 接口就定义了一个特有的 RuntimeError() 方法，用于避免其他类型无意中适配了该接口：

```
type runtime.Error interface {
    error

    // RuntimeError is a no-op function but
    // serves to distinguish types that are run time
    // errors from ordinary errors: a type is a
    // run time error if it has a RuntimeError method.
    RuntimeError()
}
```

在 Protobuf 中，Message 接口也采用了类似的方法，也定义了一个特有的 ProtoMessage，用于避免其他类型无意中适配了该接口：

```
type proto.Message interface {
    Reset()
    String() string
    ProtoMessage()
}
```

不过这种做法只是“君子协定”，如果有人故意伪造一个 proto.Message 接口也是很容易的。再严格一点的做法是给接口定义一个私有方法。只有满足了这个私有方法的对象才可能满足这个接口，而私有方法的名字是包含包的绝对路径名的，因此只有在包内部实现这个私有方法才能满足这个接口。测试包中的 testing.TB 接口就是采用类似的技术：

```
type testing.TB interface {
    Error(args ...interface{})
    Errorf(format string, args ...interface{})
    ...

    // A private method to prevent users implementing the
    // interface and so future additions to it will not
```

```
        // violate Go 1 compatibility.
        private()
    }
```

不过这种通过私有方法禁止外部对象实现接口的做法也是有代价的：首先是这个接口只能在包内部使用，外部包在正常情况下是无法直接创建满足该接口对象的；其次，这种防护措施也不是绝对的，恶意的用户依然可以绕过这种保护机制。

1.4.2 节中讲到，通过在结构体中嵌入匿名类型成员，可以继承匿名类型的方法。其实这个被嵌入的匿名成员不一定是普通类型，也可以是接口类型。我们可以通过嵌入匿名的 testing.TB 接口来伪造私有方法，因为接口方法是延迟绑定，所以编译时私有方法是否真的存在并不重要。

```
package main

import (
    "fmt"
    "testing"
)

type TB struct {
    testing.TB
}

func (p *TB) Fatal(args ...interface{}) {
    fmt.Println("TB.Fatal disabled!")
}

func main() {
    var tb testing.TB = new(TB)
    tb.Fatal("Hello, playground")
}
```

我们在自己的 TB 结构体类型中重新实现了 Fatal() 方法，然后通过将对象隐式转换为 testing.TB 接口类型(因为内嵌了匿名的 testing.TB 对象，所以是满足 testing.TB 接口的)，再通过 testing.TB 接口来调用自己的 Fatal() 方法。

这种通过嵌入匿名接口或嵌入匿名指针对象来实现继承的做法其实是一种纯虚继承，继承的只是接口指定的规范，真正的实现在运行的时候才被注入。例如，可以模拟实现一个 gRPC 的插件：

```
type grpcPlugin struct {
    *generator.Generator
}

func (p *grpcPlugin) Name() string { return "grpc" }

func (p *grpcPlugin) Init(g *generator.Generator) {
    p.Generator = g
}
```

```
func (p *grpcPlugin) GenerateImports(file *generator.FileDescriptor) {
    if len(file.Service) == 0 {
        return
    }

    p.P(`import "google.golang.org/grpc"`)
    // ...
}
```

构造的 grpcPlugin 类型对象必须满足 generate.Plugin 接口：

```
type Plugin interface {
    // Name identifies the plugin.
    Name() string
    // Init is called once after data structures are built but before
    // code generation begins.
    Init(g *Generator)
    // Generate produces the code generated by the plugin for this file,
    // except for the imports, by calling the generator's methods
    // P, In, and Out.
    Generate(file *FileDescriptor)
    // GenerateImports produces the import declarations for this file.
    // It is called after Generate.
    GenerateImports(file *FileDescriptor)
}
```

generate.Plugin 接口对应的 grpcPlugin 类型的 GenerateImports()方法中使用的 p.P(...)函数，却是通过 Init()函数注入的 generator.Generator 对象实现。这里的 generator.Generator 对应一个具体类型，但是如果 generator.Generator 是接口类型，我们甚至可以传入直接的实现。

Go 语言通过几种简单特性的组合，就轻易实现了鸭子面向对象和虚拟继承等高级特性，真的是不可思议。

1.5 面向并发的内存模型

在早期，CPU 都是以单核的形式顺序执行机器指令。Go 语言的祖先 C 语言正是这种顺序编程语言的代表。顺序编程语言中的顺序是指：所有的指令都是以串行的方式执行，在相同的时刻有且仅有一个 CPU 在顺序执行程序的指令。

随着处理器技术的发展，单核时代以提升处理器频率来提高运行效率的方式遇到了瓶颈，目前各种主流的 CPU 频率基本被锁定在了 3 GHz 附近。单核 CPU 发展的停滞，为多核 CPU 的发展带来了机遇。相应地，编程语言也开始逐步向并行化的方向发展。Go 语言正是在多核和网络化的时代背景下诞生的原生支持并发的编程语言。

常见的并行编程有多种模型，主要有多线程、消息传递等。从理论上来看，多线程和基于消息的并发编程是等价的。由于多线程并发模型可以自然对应到多核的处理器，主流的操作系统因此也都提供了系统级的多线程支持，同时从概念上讲多线程似乎也更直观，因此多线程编程模型逐步被吸纳到主流的编程语言特性或语言扩展库中。而主流编程语言对基于消息的并发编程模型支持则相对较少，Erlang 语言是支持基于消息传递并发编程模型的代表者，它的并发体之间不共享内存。Go 语言是基于消息并发模型的集大成者，它将基于 CSP 模型的并发编程内置到了语言中，通过一个 go 关键字就可以轻易地启动一个 Goroutine，与 Erlang 不同的是，Go 语言的 Goroutine 之间是共享内存的。

1.5.1 Goroutine 和系统线程

Goroutine 是 Go 语言特有的并发体，是一种轻量级的线程，由 go 关键字启动。在真实的 Go 语言的实现中，Goroutine 和系统线程也不是等价的。尽管两者的区别实际上只是一个量的区别，但正是这个量变引发了 Go 语言并发编程质的飞跃。

首先，每个系统级线程都会有一个固定大小的栈（一般默认可能是 2 MB），这个栈主要用来保存函数递归调用时的参数和局部变量。固定了栈的大小导致了两个问题：一是对于很多只需要很小的栈空间的线程是一个巨大的浪费；二是对于少数需要巨大栈空间的线程又面临栈溢出的风险。针对这两个问题的解决方案是：要么降低固定的栈大小，提升空间的利用率；要么增大栈的大小以允许更深的函数递归调用，但这两者是无法兼得的。相反，一个 Goroutine 会以一个很小的栈启动（可能是 2 KB 或 4 KB），当遇到深度递归导致当前栈空间不足时，Goroutine 会根据需要动态地伸缩栈的大小（主流实现中栈的最大值可达到 1 GB）。因为启动的代价很小，所以我们可以轻易地启动成千上万个 Goroutine。

Go 的运行时还包含了其自己的调度器，这个调度器使用了一些技术手段，可以在 n 个操作系统线程上多工调度 m 个 Goroutine。Go 调度器的工作原理和内核的调度是相似的，但是这个调度器只关注单独的 Go 程序中的 Goroutine。Goroutine 采用的是半抢占式的协作调度，只有在当前 Goroutine 发生阻塞时才会导致调度；同时发生在用户态，调度器会根据具体函数只保存必要的寄存器，切换的代价要比系统线程低得多。运行时有一个 runtime.GOMAXPROCS 变量，用于控制当前运行正常非阻塞 Goroutine 的系统线程数目。

在 Go 语言中启动一个 Goroutine 不仅和调用函数一样简单，而且 Goroutine 之间调度代价也很低，这些因素极大地促进了并发编程的流行和发展。

1.5.2 原子操作

所谓的原子操作就是并发编程中“最小的且不可并行化”的操作。通常，如果多个并发体对同一个共享资源进行的操作是原子的话，那么同一时刻最多只能有一个并发体对该资源进行操作。从线程角度看，在当前线程修改共享资源期间，其他线程是不能访问该资源的。原子操作对多线程并发编程模型来说，不会发生有别于单线程的意外情况，共享资源的完整性可以得到保证。

一般情况下，原子操作都是通过“互斥”访问来保证的，通常由特殊的 CPU 指令提供保护。当然，如果仅仅是想模拟粗粒度的原子操作，可以借助于 sync.Mutex 来实现：

```
import (
    "sync"
)
```

```
var total struct {
    sync.Mutex
    value int
}

func worker(wg *sync.WaitGroup) {
    defer wg.Done()

    for i := 0; i <= 100; i++ {
        total.Lock()
        total.value += i
        total.Unlock()
    }
}

func main() {
    var wg sync.WaitGroup
    wg.Add(2)
    go worker(&wg)
    go worker(&wg)
    wg.Wait()

    fmt.Println(total.value)
}
```

在 worker 的循环中，为了保证 total.value += i 的原子性，我们通过 sync.Mutex 加锁和解锁来保证该语句在同一时刻只被一个线程访问。对多线程模型的程序而言，进出临界区前后进行加锁和解锁都是必需的。如果没有锁的保护，total 的最终值将由于多线程之间的竞争而可能不正确。

用互斥锁来保护一个数值型的共享资源麻烦且效率低下。标准库的 sync/atomic 包对原子操作提供了丰富的支持。我们可以重新实现上面的例子：

```
import (
    "sync"
    "sync/atomic"
)

var total uint64

func worker(wg *sync.WaitGroup) {
    defer wg.Done()

    var i uint64
    for i = 0; i <= 100; i++ {
        atomic.AddUint64(&total, i)
    }
}
```

```
func main() {
    var wg sync.WaitGroup
    wg.Add(2)

    go worker(&wg)
    go worker(&wg)
    wg.Wait()
}
```

atomic.AddUint64()函数调用保证了 total 的读取、更新和保存是一个原子操作，因此在多线程中访问也是安全的。

原子操作配合互斥锁可以实现非常高效的单件模式。互斥锁的代价比普通整数的原子读写高很多，在性能敏感的地方可以增加一个数字型的标志位，通过原子检测标志位状态降低互斥锁的使用次数来提高性能。

```
type singleton struct {}

var (
    instance    *singleton
    initialized uint32
    mu          sync.Mutex
)

func Instance() *singleton {
    if atomic.LoadUint32(&initialized) == 1 {
        return instance
    }

    mu.Lock()
    defer mu.Unlock()

    if instance == nil {
        defer atomic.StoreUint32(&initialized, 1)
        instance = &singleton{}
    }
    return instance
}
```

我们将通用的代码提取出来，就成了标准库中 sync.Once 的实现：

```
type Once struct {
    m    Mutex
    done uint32
}

func (o *Once) Do(f func()) {
    if atomic.LoadUint32(&o.done) == 1 {
        return
    }
```

```
        o.m.Lock()
        defer o.m.Unlock()

        if o.done == 0 {
            defer atomic.StoreUint32(&o.done, 1)
            f()
        }
    }
```

基于 sync.Once 重新实现单件（singleton）模式：

```
var (
    instance *singleton
    once     sync.Once
)

func Instance() *singleton {
    once.Do(func() {
        instance = &singleton{}
    })
    return instance
}
```

sync/atomic 包对基本数值类型及复杂对象的读写都提供了原子操作的支持。atomic.Value 原子对象提供了 Load() 和 Store() 两个原子方法，分别用于加载和保存数据，返回值和参数都是 interface{}类型，因此可以用于任意的自定义复杂类型。

```
var config atomic.Value // 保存当前配置信息

// 初始化配置信息
config.Store(loadConfig())

// 启动一个后台线程，加载更新后的配置信息
go func() {
    for {
        time.Sleep(time.Second)
        config.Store(loadConfig())
    }
}()

// 用于处理请求的工作者线程始终采用最新的配置信息
for i := 0; i < 10; i++ {
    go func() {
        for r := range requests() {
            c := config.Load()
            // ...
        }
    }()
}
```

这是一个简化的生产者消费者模型：后台线程生成最新的配置信息；前台多个工作者线程获取

最新的配置信息。所有线程共享配置信息资源。

1.5.3　顺序一致性内存模型

如果只是想简单地在线程之间进行数据同步的话，原子操作已经为编程人员提供了一些同步保障。不过这种保障有一个前提：顺序一致性的内存模型。要了解顺序一致性，先看一个简单的例子：

```
var a string
var done bool

func setup() {
    a = "hello, world"
    done = true
}

func main() {
    go setup()
    for !done {}
    print(a)
}
```

我们创建了 setup 线程，用于对字符串 a 的初始化工作，初始化完成之后设置 done 标志为 true。main()函数所在的主线程中，通过 for !done {}检测 done 变为 true 时，认为字符串初始化工作完成，然后进行字符串的打印工作。

但是 Go 语言并不保证在 main()函数中观测到的对 done 的写入操作发生在对字符串 a 的写入操作之后，因此程序很可能打印一个空字符串。更糟糕的是，因为两个线程之间没有同步事件，setup 线程对 done 的写入操作甚至无法被 main 线程看到，main()函数有可能陷入死循环中。

在 Go 语言中，同一个 Goroutine 线程内部，顺序一致性的内存模型是得到保证的。但是不同的 Goroutine 之间，并不满足顺序一致性的内存模型，需要通过明确定义的同步事件来作为同步的参考。如果两个事件不可排序，那么就说这两个事件是并发的。为了最大化并行，Go 语言的编译器和处理器在不影响上述规定的前提下可能会对执行语句重新排序（CPU 也会对一些指令进行乱序执行）。

因此，如果在一个 Goroutine 中顺序执行 a = 1; b = 2;这两个语句，虽然在当前的 Goroutine 中可以认为 a = 1;语句先于 b = 2;语句执行，但是在另一个 Goroutine 中 b = 2;语句可能会先于 a = 1;语句执行，甚至在另一个 Goroutine 中无法看到它们的变化（可能始终在寄存器中）。也就是说在另一个 Goroutine 看来, a = 1; b = 2;这两个语句的执行顺序是不确定的。如果一个并发程序无法确定事件的顺序关系，那么程序的运行结果往往会有不确定的结果。例如，下面这个程序：

```
func main() {
    go println("你好, 世界")
}
```

根据 Go 语言规范，main()函数退出时程序结束，不会等待任何后台线程。因为 Goroutine 的执行和 main()函数的返回事件是并发的，谁都有可能先发生，所以什么时候打印、能否打印都是未知的。

用前面的原子操作并不能解决问题，因为我们无法确定两个原子操作之间的顺序。解决问题的办法就是通过同步原语来给两个事件明确排序：

```
func main() {
    done := make(chan int)

    go func(){
        println("你好, 世界")
        done <- 1
    }()

    <-done
}
```

当`<-done`执行时，必然要求`done <- 1`也已经执行。根据同一个 Goroutine 依然满足顺序一致性规则，可以判断当`done <- 1`执行时，`println("你好, 世界")`语句必然已经执行完成了。因此，现在的程序确保可以正常打印结果。

当然，通过`sync.Mutex`互斥量也是可以实现同步的：

```
func main() {
    var mu sync.Mutex

    mu.Lock()
    go func(){
        println("你好, 世界")
        mu.Unlock()
    }()

    mu.Lock()
}
```

可以确定，后台线程的`mu.Unlock()`必然在`println("你好, 世界")`完成后发生（同一个线程满足顺序一致性），`main()`函数的第二个`mu.Lock()`必然在后台线程的`mu.Unlock()`之后发生（`sync.Mutex`保证），此时后台线程的打印工作已经顺利完成了。

1.5.4 初始化顺序

1.4.1 节中我们已经简单介绍过程序的初始化顺序，这是属于 Go 语言面向并发的内存模型的基础规范。

Go 程序的初始化和执行总是从`main.main()`函数开始的。但是如果`main`包里导入了其他的包，则会按照顺序将它们包含到`main`包里（这里的导入顺序依赖具体实现，一般可能是以文件名或包路径名的字符串顺序导入）。如果某个包被多次导入，那么在执行的时候只会导入一次。当一个包被导入时，如果它还导入了其他的包，则先将其他的包包含进来，然后创建和初始化这个包的常量和变量。再调用包里的`init()`函数，如果一个包有多个`init()`函数，实现可能是以文件名的顺序调用，那么同一个文件内的多个`init()`是以出现的顺序依次调用的（`init()`不是普通函数，可以定义多个，但是不能被其他函数调用）。最终，在`main`包的所有包常量、包变量被创建和初始化，

并且只有在 `init()` 函数被执行后，才会进入 `main.main()` 函数，程序开始正常执行。图 1-10 给出的是 Go 程序函数启动顺序的示意图。

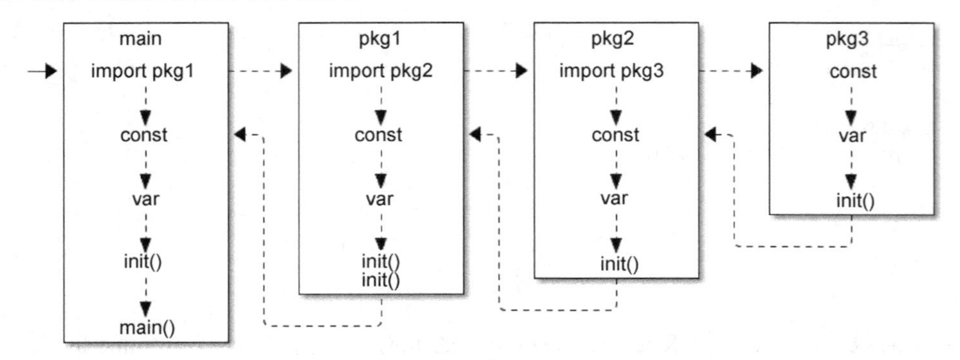

图 1-10　包初始化流程

要注意的是，在 `main.main()` 函数执行之前所有代码都运行在同一个 Goroutine 中，也是运行在程序的主系统线程中。如果某个 `init()` 函数内部用 `go` 关键字启动了新的 Goroutine，那么新的 Goroutine 和 `main.main()` 函数是并发执行的。

因为所有的 `init()` 函数和 `main()` 函数都是在主线程完成，它们也是满足顺序一致性模型的。

1.5.5　Goroutine 的创建

`go` 语句会在当前 Goroutine 对应函数返回前创建新的 Goroutine。例如:

```
var a string

func f() {
    print(a)
}

func hello() {
    a = "hello, world"
    go f()
}
```

执行 `go f()` 语句创建 Goroutine 和 `hello()` 函数是在同一个 Goroutine 中执行，根据语句的书写顺序可以确定 Goroutine 的创建发生在 `hello()` 函数返回之前，但是新创建 Goroutine 对应的 `f()` 的执行事件和 `hello()` 函数返回的事件则是不可排序的，也就是并发的。调用 `hello()` 可能会在将来的某一时刻打印 “hello, world”，也很可能是在 `hello()` 函数执行完成后才打印。

1.5.6　基于通道的通信

通道（channel）是在 Goroutine 之间进行同步的主要方法。在无缓存的通道上的每一次发送操作都有与其对应的接收操作相匹配，发送和接收操作通常发生在不同的 Goroutine 上（在同一个 Goroutine 上执行两个操作很容易导致死锁）。无缓存的通道上的发送操作总在对应的接收操作完成前发生。

```
var done = make(chan bool)
var msg string

func aGoroutine() {
    msg = "你好, 世界"
    done <- true
}

func main() {
    go aGoroutine()
    <-done
    println(msg)
}
```

可保证打印出“你好，世界”。该程序首先对 msg 进行写入，然后在 done 通道上发送同步信号，随后从 done 接收对应的同步信号，最后执行 println() 函数。

若在关闭通道后继续从中接收数据，接收者就会收到该通道返回的零值。因此在这个例子中，用 close(done) 关闭通道代替 done <- true 依然能保证该程序产生相同的行为。

```
var done = make(chan bool)
var msg string

func aGoroutine() {
    msg = "你好, 世界"
    close(done)
}

func main() {
    go aGoroutine()
    <-done
    println(msg)
}
```

对于从无缓存通道进行的接收，发生在对该通道进行的发送完成之前。

基于上面这个规则可知，交换两个 Goroutine 中的接收和发送操作也是可以的（但是很危险）：

```
var done = make(chan bool)
var msg string

func aGoroutine() {
    msg = "hello, world"
    <-done
}
func main() {
    go aGoroutine()
    done <- true
```

```
    println(msg)
}
```

也可保证打印出“hello, world”。因为 main 线程中 done <- true 发送完成前，后台线程<-done 接收已经开始，这保证 msg = "hello, world"被执行了，所以之后 println(msg)的 msg 已经被赋值过了。简而言之，后台线程首先对 msg 进行写入，然后从 done 中接收信号，随后 main 线程向 done 发送对应的信号，最后执行 println()函数完成。但是，若该通道为带缓存的（例如，done = make(chan bool, 1)），main 线程的 done <- true 接收操作将不会被后台线程的 <-done 接收操作阻塞，该程序将无法保证打印出“hello, world”。

对于带缓存的通道，*对于通道中的第 K 个接收完成操作发生在第 K+C 个发送操作完成之前，其中 C 是管道的缓存大小*。如果将 C 设置为 0 自然就对应无缓存的通道，也就是第 K 个接收完成在第 K 个发送完成之前。因为无缓存的通道只能同步发 1 个，所以也就简化为前面无缓存通道的规则：*对于从无缓存通道进行的接收，发生在对该通道进行的发送完成之前*。

我们可以根据控制通道的缓存大小来控制并发执行的 Goroutine 的最大数目，例如：

```
var limit = make(chan int, 3)

func main() {
    for _, w := range work {
        w := w
        go func() {
            limit <- 1
            w()
            <-limit
        }()
    }
    select{}
}
```

最后一句 select{}是一个空的通道选择语句，该语句会导致 main 线程阻塞，从而避免程序过早退出。还有 for{}、<-make(chan int)等诸多方法可以达到类似的效果。因为 main 线程被阻塞了，如果需要程序正常退出的话，可以通过调用 os.Exit(0)实现。

1.5.7　不靠谱的同步

前面我们已经分析过，下面代码无法保证正常打印结果，实际的运行效果也很大概率上不能正常输出结果。

```
func main() {
    go println("你好, 世界")
}
```

如果刚接触 Go 语言，可能希望通过加入一个随机的休眠时间来保证正常的输出：

```
func main() {
    go println("hello, world")
    time.Sleep(time.Second)
```

```
}
```

因为主线程休眠了 1 秒，所以这个程序很大概率上是可以正常输出结果的。因此，很多人会觉得这个程序已经没有问题了。但是这个程序是不稳健的，依然有失败的可能性。我们先假设程序是可以稳定输出结果的。因为 Go 线程的启动是非阻塞的，`main` 线程显式休眠了 1 秒退出导致程序结束，我们可以近似地认为程序总共执行了 1 秒多时间。现在假设 `println()` 函数内部实现休眠的时间大于 `main` 线程休眠的时间，就会导致矛盾：后台线程既然先于 `main` 线程完成打印，那么执行时间肯定是小于 `main` 线程执行时间的。当然这是不可能的。

严谨的并发程序的正确性不应该是依赖于 CPU 的执行速度和休眠时间等不靠谱的因素的。严谨的并发也应该是可以静态推导出结果的：根据线程内顺序一致性，结合通道或 `sync` 事件的可排序性来推导，最终完成各个线程各段代码的偏序关系排序。如果两个事件无法根据此规则来排序，那么它们就是并发的，也就是执行先后顺序不可靠的。

解决同步问题的思路是相同的：使用显式的同步。

1.6 常见的并发模式

Go 语言最吸引人的地方是它内建的并发支持。Go 语言并发体系的理论是 C.A.R Hoare 在 1978 年提出的通信顺序进程（Communicating Sequential Process，CSP）。CSP 有着精确的数学模型，并实际应用在了 Hoare 参与设计的 T9000 通用计算机上。从 Newsqueak、Alef、Limbo 到现在的 Go 语言，对于对 CSP 有着 20 多年实战经验的 Rob Pike 来说，他更关注的是将 CSP 应用在通用编程语言上产生的潜力。作为 Go 并发编程核心的 CSP 理论的核心概念只有一个：同步通信。关于同步通信的话题我们在前文已经讲过，本节我们将简单介绍 Go 语言中常见的并发模式。

首先要明确一个概念：并发不是并行。并发更关注的是程序的设计层面，并发的程序完全是可以顺序执行的，只有在真正的多核 CPU 上才可能真正地同时运行。并行更关注的是程序的运行层面，并行一般是简单的大量重复，例如，GPU 中对图像处理都会有大量的并行运算。为了更好地编写并发程序，从设计之初 Go 语言就注重如何在编程语言层级上设计一个简洁安全高效的抽象模型，让程序员专注于分解问题和组合方案，而且不用被线程管理和信号互斥这些烦琐的操作分散精力。

在并发编程中，对共享资源的正确访问需要精确地控制，在目前的绝大多数语言中，都是通过加锁等线程同步方案来解决这一困难问题，而 Go 语言却另辟蹊径，它将共享的值通过通道传递（实际上多个独立执行的线程很少主动共享资源）。在任意给定的时刻，最好只有一个 Goroutine 能够拥有该资源。数据竞争从设计层面上就被杜绝了。为了提倡这种思考方式，Go 语言将其并发编程哲学化为一句口号："不要通过共享内存来通信，而应通过通信来共享内存。"（Do not communicate by sharing memory; instead, share memory by communicating.）

这是更高层次的并发编程哲学（通过通道来传值是 Go 语言推荐的做法）。虽然像引用计数这类简单的并发问题通过原子操作或互斥锁就能很好地实现，但是通过通道来控制访问能够让你写出更简洁正确的程序。

1.6.1　并发版本的“Hello, World”

先以在一个新的 Goroutine 中输出“你好，世界”，main 等待后台线程输出工作完成之后退出的简单的并发程序作为热身。

并发编程的核心概念是同步通信，但是同步的方式却有多种。先以大家熟悉的互斥量 sync.Mutex 来实现同步通信。根据文档，我们不能直接对一个未加锁状态的 sync.Mutex 进行解锁，这会导致运行时异常。下面这种方式并不能保证正常工作：

```
func main() {
    var mu sync.Mutex

    go func(){
        fmt.Println("你好, 世界")
        mu.Lock()
    }()

    mu.Unlock()
}
```

因为 mu.Lock()和 mu.Unlock()并不在同一个 Goroutine 中，所以也就不满足顺序一致性内存模型。同时它们也没有其他的同步事件可以参考，这两个事件不可排序也就是可以并发的。因为可能是并发的事件，所以 main()函数中的 mu.Unlock()很有可能先发生，而这个时刻 mu 互斥对象还处于未加锁的状态，因而会导致运行时异常。

下面是修复后的代码：

```
func main() {
    var mu sync.Mutex

    mu.Lock()
    go func(){
        fmt.Println("你好, 世界")
        mu.Unlock()
    }()

    mu.Lock()
}
```

修复的方式是在 main()函数所在线程中执行两次 mu.Lock()，当第二次加锁时会因为锁已经被占用（不是递归锁）而阻塞，main()函数的阻塞状态驱动后台线程继续向前执行。当后台线程执行到 mu.Unlock()时解锁，此时打印工作已经完成了，解锁会导致 main()函数中的第二个 mu.Lock()阻塞状态取消，此时后台线程和主线程再没有其他的同步事件参考，它们退出的事件将是并发的：在 main()函数退出导致程序退出时，后台线程可能已经退出了，也可能没有退出。虽然无法确定两个线程退出的时间，但是打印工作是可以正确完成的。

使用 sync.Mutex 互斥锁同步是比较低级的做法。我们现在改用无缓存通道来实现同步：

```
func main() {
```

```
    done := make(chan int)

    go func(){
        fmt.Println("你好, 世界")
        <-done
    }()

    done <- 1
}
```

根据 Go 语言内存模型规范，对于从无缓存通道进行的接收，发生在对该通道进行的发送完成之前。因此，后台线程`<-done` 接收操作完成之后，`main` 线程的 `done <- 1` 发送操作才可能完成（从而退出 `main`、退出程序），而此时打印工作已经完成了。

上面的代码虽然可以正确同步，但是对通道的缓存大小太敏感：如果通道有缓存，就无法保证 `main()`函数退出之前后台线程能正常打印了。更好的做法是将通道的发送和接收方向调换一下，这样可以避免同步事件受通道缓存大小的影响：

```
func main() {
    done := make(chan int, 1) // 带缓存通道

    go func(){
        fmt.Println("你好, 世界")
        done <- 1
    }()

    <-done
}
```

对于带缓存的通道，对通道的第 K 个接收完成操作发生在第 $K+C$ 个发送操作完成之前，其中 C 是通道的缓存大小。虽然通道是带缓存的，但是 `main` 线程接收完成是在后台线程发送开始但还未完成的时刻，此时打印工作也是已经完成的。

基于带缓存通道，我们可以很容易将打印线程扩展到 N 个。下面的例子是开启 10 个后台线程分别打印：

```
func main() {
    done := make(chan int, 10) // 带 10 个缓存

    // 开 N 个后台打印线程
    for i := 0; i < cap(done); i++ {
        go func(){
            fmt.Println("你好, 世界")
            done <- 1
        }()
    }

    // 等待 N 个后台线程完成
    for i := 0; i < cap(done); i++ {
```

```
        <-done
    }
}
```

对于这种要等待 N 个线程完成后再进行下一步的同步操作有一个简单的做法，就是使用 sync.WaitGroup 来等待一组事件：

```
func main() {
    var wg sync.WaitGroup

    // 开 N 个后台打印线程
    for i := 0; i < 10; i++ {
        wg.Add(1)

        go func() {
            fmt.Println("你好, 世界")
            wg.Done()
        }()
    }

    // 等待 N 个后台线程完成
    wg.Wait()
}
```

其中 wg.Add(1) 用于增加等待事件的个数，必须确保在后台线程启动之前执行（如果放到后台线程之中执行则不能保证被正常执行到）。当后台线程完成打印工作之后，调用 wg.Done() 表示完成一个事件。main() 函数的 wg.Wait() 是等待全部的事件完成。

1.6.2 生产者/消费者模型

并发编程中最常见的例子就是生产者/消费者模型，该模型主要通过平衡生产线程和消费线程的工作能力来提高程序的整体处理数据的速度。简单地说，就是生产者生产一些数据，然后放到成果队列中，同时消费者从成果队列中来取这些数据。这样就让生产和消费变成了异步的两个过程。当成果队列中没有数据时，消费者就进入饥饿的等待中；而当成果队列中数据已满时，生产者则面临因产品积压导致 CPU 被剥夺的问题。

Go 语言实现生产者和消费者并发很简单：

```
// 生产者：生成 factor 整数倍的序列
func Producer(factor int, out chan<- int) {
    for i := 0; ; i++ {
        out <- i*factor
    }
}

// 消费者
func Consumer(in <-chan int) {
    for v := range in {
```

```
        fmt.Println(v)
    }
}
func main() {
    ch := make(chan int, 64) // 成果队列

    go Producer(3, ch) // 生成 3 的倍数的序列
    go Producer(5, ch) // 生成 5 的倍数的序列
    go Consumer(ch)    // 消费生成的队列

    // 运行一定时间后退出
    time.Sleep(5 * time.Second)
}
```

我们开启了两个 `Producer` 生产流水线，分别用于生成 3 和 5 的倍数的序列。然后开启一个 `Consumer` 消费者线程，打印获取的结果。我们通过在 `main()` 函数休眠一定的时间来让生产者和消费者工作一定时间。正如 1.6.1 节中说的，这种靠休眠方式是无法保证稳定的输出结果的。

我们可以让 `main()` 函数保存阻塞状态不退出，只有当用户输入 Ctrl+C 时才真正退出程序：

```
func main() {
    ch := make(chan int, 64) // 成果队列

    go Producer(3, ch) // 生成 3 的倍数的序列
    go Producer(5, ch) // 生成 5 的倍数的序列
    go Consumer(ch)    // 消费生成的队列

    // Ctrl+C 退出
    sig := make(chan os.Signal, 1)
    signal.Notify(sig, syscall.SIGINT, syscall.SIGTERM)
    fmt.Printf("quit (%v)\n", <-sig)
}
```

这个例子中有两个生产者，并且两个生产者之间无同步事件可参考，它们是并发的。因此，消费者输出的结果序列的顺序是不确定的，这并没有问题，生产者和消费者依然可以相互配合工作。

1.6.3 发布/订阅模型

发布/订阅（publish-subscribe）模型通常被简写为 pub/sub 模型。在这个模型中，消息生产者成为发布者（publisher），而消息消费者则成为订阅者（subscriber），生产者和消费者是 $M:N$ 的关系。在传统生产者/消费者模型中，是将消息发送到一个队列中，而发布/订阅模型则是将消息发布给一个主题。

为此，我们构建了一个名为 `pubsub` 的发布/订阅模型支持包：

```
// Package pubsub implements a simple multi-topic pub-sub library.
package pubsub

import (
    "sync"
    "time"
```

```
)

type (
    subscriber chan interface{}          // 订阅者为一个通道
    topicFunc  func(v interface{}) bool  // 主题为一个过滤器
)

// 发布者对象
type Publisher struct {
    m           sync.RWMutex                // 读写锁
    buffer      int                         // 订阅队列的缓存大小
    timeout     time.Duration               // 发布超时时间
    subscribers map[subscriber]topicFunc    // 订阅者信息
}

// 构建一个发布者对象，可以设置发布超时时间和缓存队列的长度
func NewPublisher(publishTimeout time.Duration, buffer int) *Publisher {
    return &Publisher{
        buffer:      buffer,
        timeout:     publishTimeout,
        subscribers: make(map[subscriber]topicFunc),
    }
}

// 添加一个新的订阅者，订阅全部主题
func (p *Publisher) Subscribe() chan interface{} {
    return p.SubscribeTopic(nil)
}

// 添加一个新的订阅者，订阅过滤器筛选后的主题
func (p *Publisher) SubscribeTopic(topic topicFunc) chan interface{} {
    ch := make(chan interface{}, p.buffer)
    p.m.Lock()
    p.subscribers[ch] = topic
    p.m.Unlock()
    return ch
}

// 退出订阅
func (p *Publisher) Evict(sub chan interface{}) {
    p.m.Lock()
    defer p.m.Unlock()

    delete(p.subscribers, sub)
    close(sub)
}

// 发布一个主题
func (p *Publisher) Publish(v interface{}) {
```

```go
    p.m.RLock()
    defer p.m.RUnlock()

    var wg sync.WaitGroup
    for sub, topic := range p.subscribers {
        wg.Add(1)
        go p.sendTopic(sub, topic, v, &wg)
    }
    wg.Wait()
}

// 关闭发布者对象，同时关闭所有的订阅者通道
func (p *Publisher) Close() {
    p.m.Lock()
    defer p.m.Unlock()

    for sub := range p.subscribers {
        delete(p.subscribers, sub)
        close(sub)
    }
}

// 发送主题，可以容忍一定的超时
func (p *Publisher) sendTopic(
    sub subscriber, topic topicFunc, v interface{}, wg *sync.WaitGroup,
) {
    defer wg.Done()
    if topic != nil && !topic(v) {
        return
    }

    select {
    case sub <- v:
    case <-time.After(p.timeout):
    }
}
```

下面的例子中，有两个订阅者分别订阅了全部主题和含有"golang"的主题：

```go
import "path/to/pubsub"

func main() {
    p := pubsub.NewPublisher(100*time.Millisecond, 10)
    defer p.Close()

    all := p.Subscribe()
    golang := p.SubscribeTopic(func(v interface{}) bool {
        if s, ok := v.(string); ok {
            return strings.Contains(s, "golang")
        }
        return false
```

```
    })

    p.Publish("hello,  world!")
    p.Publish("hello, golang!")

    go func() {
        for  msg := range all {
            fmt.Println("all:", msg)
        }
    } ()

    go func() {
        for  msg := range golang {
            fmt.Println("golang:", msg)
        }
    } ()

    // 运行一定时间后退出
    time.Sleep(3 * time.Second)
}
```

在发布/订阅模型中，每条消息都会传送给多个订阅者。发布者通常不会知道，也不关心哪一个订阅者正在接收主题消息。订阅者和发布者可以在运行时动态添加，它们之间是一种松散的耦合关系，这使得系统的复杂性可以随时间的推移而增长。在现实生活中，像天气预报之类的应用就可以应用这种并发模式。

1.6.4　控制并发数

很多用户在适应了 Go 语言强大的并发特性之后，都倾向于编写最大并发的程序，因为这样似乎可以提供最高的性能。在现实中我们行色匆匆，但有时却需要我们放慢脚步享受生活，并发的程序也是一样：有时候我们需要适当地控制并发的程度，因为这样不仅可给其他的应用/任务让出/预留一定的 CPU 资源，也可以适当降低功耗缓解电池的压力。

在 Go 语言自带的 godoc 程序实现中有一个 `vfs` 的包对应虚拟的文件系统，在 `vfs` 包下面有一个 `gatefs` 的子包，`gatefs` 子包的目的就是为了控制访问该虚拟文件系统的最大并发数。`gatefs` 包的应用很简单：

```
import (
    "golang.org/x/tools/godoc/vfs"
    "golang.org/x/tools/godoc/vfs/gatefs"
)

func main() {
    fs := gatefs.New(vfs.OS("/path"), make(chan bool, 8))
    // ...
}
```

其中 `vfs.OS("/path")` 基于本地文件系统构造一个虚拟的文件系统，然后 `gatefs.New` 基于现有的虚拟文件系统构造一个并发受控的虚拟文件系统。并发数控制的原理在 1.5 节已经讲过，就是通过带缓存通道的发送和接收规则来实现最大并发阻塞：

```
var limit = make(chan int, 3)

func main() {
	for _, w := range work {
		w := w
		go func() {
			limit <- 1
			w()
			<-limit
		}()
	}
	select{}
}
```

不过 gatefs 对此做一个抽象类型 gate，增加了 enter()和 leave()方法分别对应并发代码的进入和离开。当超出并发数目限制的时候，enter()方法会阻塞直到并发数降下来为止。

```
type gate chan bool

func (g gate) enter() { g <- true }
func (g gate) leave() { <-g }
```

gatefs 包装的新的虚拟文件系统就是将需要控制并发的方法增加了对 enter()和 leave()的调用而已：

```
type gatefs struct {
	fs vfs.FileSystem
	gate
}

func (fs gatefs) Lstat(p string) (os.FileInfo, error) {
	fs.enter()
	defer fs.leave()
	return fs.fs.Lstat(p)
}
```

我们不仅可以控制最大的并发数目，而且可以通过带缓存通道的使用量和最大容量比例来判断程序运行的并发率。当通道为空时可以认为是空闲状态，当通道满了时可以认为是繁忙状态，这对于后台一些低级任务的运行是有参考价值的。

1.6.5 赢者为王

采用并发编程的动机有很多：并发编程可以简化问题，例如一类问题对应一个处理线程会更简单；并发编程还可以提升性能，在一个多核 CPU 上开两个线程一般会比开一个线程快一些。其实对提升性能而言，并不是程序运行速度快就表示用户体验好，很多时候程序能快速响应用户请求才是最重要的，当没有用户请求需要处理的时候才合适处理一些低优先级的后台任务。

假设我们想快速地搜索“golang”相关的主题，我们可能会同时打开必应、谷歌或百度等多个检索引擎。当某个搜索最先返回结果后，就可以关闭其他搜索页面了。因为受网络环境和搜索引擎算法的影响，某些搜索引擎可能很快返回搜索结果，某些搜索引擎也可能等到他们公司倒闭也没有完成搜索。我们可以采用类似的策略来编写这个程序：

```
func main() {
    ch := make(chan string, 32)

    go func() {
        ch <- searchByBing("golang")
    }()
    go func() {
        ch <- searchByGoogle("golang")
    }()
    go func() {
        ch <- searchByBaidu("golang")
    }()

    fmt.Println(<-ch)
}
```

首先，创建了一个带缓存通道，通道的缓存数目要足够大，保证不会因为缓存的容量引起不必要的阻塞。然后开启了多个后台线程，分别向不同的搜索引擎提交搜索请求。当任意一个搜索引擎最先有结果之后，都会马上将结果发到通道中（因为通道带了足够的缓存，这个过程不会阻塞）。但是最终只从通道取第一个结果，也就是最先返回的结果。

通过适当开启一些冗余的线程，尝试用不同途径去解决同样的问题，最终以赢者为王的方式提升了程序的相应性能。

1.6.6　素数筛

在 1.2 节中，为了演示 Newsqueak 的并发特性，给出了并发版本素数筛的实现。并发版本的素数筛是一个经典的并发例子，通过它可以更深刻地理解 Go 语言的并发特性。“素数筛”的原理如图 1-4 所示。

我们需要先生成最初的 2, 3, 4,... 自然数序列（不包含开头的 0、1）：

```
// 返回生成自然数序列的通道: 2, 3, 4, ...
func GenerateNatural() chan int {
    ch := make(chan int)
    go func() {
        for i := 2; ; i++ {
            ch <- i
        }
    }()
    return ch
}
```

`GenerateNatural()` 函数内部启动一个 Goroutine 生产序列，返回对应的通道。

然后为每个素数构造一个筛子：将输入序列中是素数倍数的数提出，并返回新的序列，是一个新的通道。

```
// 通道过滤器：删除能被素数整除的数
func PrimeFilter(in <-chan int, prime int) chan int {
    out := make(chan int)
    go func() {
        for {
            if i := <-in; i%prime != 0 {
                out <- i
            }
        }
    }()
    return out
}
```

PrimeFilter()函数也是内部启动一个 Goroutine 生产序列，返回过滤后序列对应的通道。现在可以在 main()函数中驱动这个并发的素数筛了：

```
func main() {
    ch := GenerateNatural() // 自然数序列: 2, 3, 4, ...
    for i := 0; i < 100; i++ {
        prime := <-ch // 新出现的素数
        fmt.Printf("%v: %v\n", i+1, prime)
        ch = PrimeFilter(ch, prime) // 基于新素数构造的过滤器
    }
}
```

先是调用 GenerateNatural()生成最原始的从 2 开始的自然数序列。然后开始一个 100 次迭代的循环，希望生成 100 个素数。在每次循环迭代开始的时候，通道中的第一个数必定是素数，我们先读取并打印这个素数。然后基于通道中剩余的数列，并以当前取出的素数为筛子过滤后面的素数。不同的素数筛对应的通道是串联在一起的。

素数筛展示了一种优雅的并发程序结构。但是因为每个并发体处理的任务粒度太细微，程序整体的性能并不理想。对于细粒度的并发程序，CSP 模型中固有的消息传递的代价太高了（多线程并发模型同样要面临线程启动的代价）。

1.6.7 并发的安全退出

有时候需要通知 Goroutine 停止它正在干的事情，特别是当它工作在错误的方向上的时候。Go 语言并没有提供一个直接终止 Goroutine 的方法，因为这样会导致 Goroutine 之间的共享变量处在未定义的状态上。但是如果想要退出两个或者任意多个 Goroutine 怎么办呢？

Go 语言中不同 Goroutine 之间主要依靠通道进行通信和同步。要同时处理多个通道的发送或接收操作，需要使用 select 关键字（这个关键字和网络编程中的 select()函数的行为类似）。当 select()有多个分支时，会随机选择一个可用的通道分支，如果没有可用的通道分支，则选择 default 分支，否则会一直保持阻塞状态。

基于 select()实现的通道的超时判断：

```
select {
case v := <-in:
    fmt.Println(v)
case <-time.After(time.Second):
    return // 超时
}
```

通过 select 的 default 分支实现非阻塞的通道发送或接收操作：

```
select {
case v := <-in:
    fmt.Println(v)
default:
    // 没有数据
}
```

通过 select 来阻止 main()函数退出：

```
func main() {
    // 做一些处理
    select{}
}
```

当有多个通道均可操作时，select 会随机选择一个通道。基于该特性我们可以用 select 实现一个生成随机数序列的程序：

```
func main() {
    ch := make(chan int)
    go func() {
        for {
            select {
            case ch <- 0:
            case ch <- 1:
            }
        }
    }()

    for v := range ch {
        fmt.Println(v)
    }
}
```

我们通过 select 和 default 分支可以很容易实现一个 Goroutine 的退出控制：

```
func worker(cancel chan bool) {
    for {
        select {
```

```
        default:
            fmt.Println("hello")
            // 正常工作
        case <-cancel:
            // 退出
        }
    }
}

func main() {
    cancel := make(chan bool)
    go worker(cancel)

    time.Sleep(time.Second)
    cancel <- true
}
```

但是通道的发送操作和接收操作是一一对应的，如果要停止多个 Goroutine，那么可能需要创建同样数量的通道，这个代价太大了。其实我们可以通过 `close()` 关闭一个通道来实现广播的效果，所有从关闭通道接收的操作均会收到一个零值和一个可选的失败标志。

```
func worker(cancel chan bool) {
    for {
        select {
        default:
            fmt.Println("hello")
            // 正常工作
        case <-cancel:
            // 退出
        }
    }
}

func main() {
    cancel := make(chan bool)

    for i := 0; i < 10; i++ {
        go worker(cancel)
    }

    time.Sleep(time.Second)
    close(cancel)
}
```

我们通过 close() 来关闭 cancel 通道，向多个 Goroutine 广播退出的指令。不过这个程序依然不够稳健：当每个 Goroutine 收到退出指令退出时一般会进行一定的清理工作，但是退出的清理工作并不能保证被完成，因为 main 线程并没有等待各个工作 Goroutine 退出工作完成的机制。我们可以结合 sync.WaitGroup 来改进：

```
func worker(wg *sync.WaitGroup, cancel chan bool) {
    defer wg.Done()

    for {
        select {
        default:
            fmt.Println("hello")
        case <-cancel:
            return
        }
    }
}

func main() {
    cancel := make(chan bool)

    var wg sync.WaitGroup
    for i := 0; i < 10; i++ {
        wg.Add(1)
        go worker(&wg, cancel)
    }

    time.Sleep(time.Second)
    close(cancel)
    wg.Wait()
}
```

现在每个工作者并发体的创建、运行、暂停和退出都是在 main() 函数的安全控制之下了。

1.6.8 context 包

在 Go 1.7 发布时，标准库增加了一个 context 包，用来简化对于处理单个请求的多个 Goroutine 之间与请求域的数据、超时和退出等操作，官方有博客文章对此做了专门介绍。我们可以用 context 包来重新实现前面的线程安全退出或超时的控制：

```
func worker(ctx context.Context, wg *sync.WaitGroup) error {
    defer wg.Done()

    for {
        select {
```

```
            default:
                fmt.Println("hello")
            case <-ctx.Done():
                return ctx.Err()
            }
        }
    }

    func main() {
        ctx, cancel := context.WithTimeout(context.Background(), 10*time.Second)

        var wg sync.WaitGroup
        for i := 0; i < 10; i++ {
            wg.Add(1)
            go worker(ctx, &wg)
        }

        time.Sleep(time.Second)
        cancel()

        wg.Wait()
    }
```

当并发体超时或 `main` 主动停止工作者 Goroutine 时，每个工作者都可以安全退出。

Go 语言是带内存自动回收特性的，因此内存一般不会泄漏。在前面素数筛的例子中，`GenerateNatural` 和 `PrimeFilter()` 函数内部都启动了新的 Goroutine，当 `main()` 函数不再使用通道时，后台 Goroutine 有泄漏的风险。我们可以通过 `context` 包来避免这个问题，下面是改进的素数筛实现：

```
// 返回生成自然数序列的通道：2, 3, 4, ...
func GenerateNatural(ctx context.Context) chan int {
    ch := make(chan int)
    go func() {
        for i := 2; ; i++ {
            select {
            case <- ctx.Done():
                return
            case ch <- i:
            }
        }
    }()
    return ch
}

// 通道过滤器：删除能被素数整除的数
func PrimeFilter(ctx context.Context, in <-chan int, prime int) chan int {
    out := make(chan int)
    go func() {
        for {
            if i := <-in; i%prime != 0 {
```

```
                select {
                case <- ctx.Done():
                    return
                case out <- i:
                }
            }
        }
    }()
    return out
}

func main() {
    // 通过 Context 控制后台 Goroutine 状态
    ctx, cancel := context.WithCancel(context.Background())

    ch := GenerateNatural(ctx) // 自然数序列：2, 3, 4, ...
    for i := 0; i < 100; i++ {
        prime := <-ch // 新出现的素数
        fmt.Printf("%v: %v\n", i+1, prime)
        ch = PrimeFilter(ctx, ch, prime) // 基于新素数构造的过滤器
    }

    cancel()
}
```

当 `main()`函数完成工作前，通过调用 `cancel()`来通知后台 Goroutine 退出，这样就避免了 Goroutine 的泄漏。

并发是一个非常大的主题，这里只展示几个非常基础的并发编程的例子。官方文档也有很多关于并发编程的讨论，国内也有专门讨论 Go 语言并发编程的书籍。读者可以根据自己的需求查阅相关的文献。

1.7　错误和异常

错误处理是每个编程语言都要考虑的一个重要话题。在 Go 语言的错误处理中，错误是软件包 API 和应用程序用户界面的一个重要组成部分。

在程序中总有一部分函数总是要求必须能够成功地运行。例如，`strconv.Itoa` 将整数转换为字符串，从数组或切片中读写元素，从 `map` 读取已经存在的元素等。这类操作在运行时几乎不会失败，除非程序中有 bug，或遇到灾难性的、不可预料的情况，例如运行时的内存溢出。如果真的遇到真正异常情况，只要简单终止程序就可以了。

排除异常的情况，如果程序运行失败仅被认为是几个预期的结果之一。对于那些将运行失败看作是预期结果的函数，它们会返回一个额外的返回值，通常是最后一个来传递错误信息。如果导致失败的原因只有一个，那么额外的返回值可以是一个布尔值，通常被命名为 `ok`。例如，当从一个 `map` 查询一个结果时，可以通过额外的布尔值判断是否成功：

```
if v, ok := m["key"]; ok {
```

```
    return v
}
```

但是导致失败的原因通常不止一种，很多时候用户希望了解更多的错误信息。如果只是用简单的布尔类型的状态值将不能满足这个要求。在 C 语言中，默认采用一个整数类型的 errno 来表达错误，这样就可以根据需要定义多种错误类型。在 Go 语言中，syscall.Errno 就是对应 C 语言中 errno 类型的错误。在 syscall 包中的接口，如果有返回错误的话，底层也是 syscall.Errno 错误类型。

例如，通过 syscall 包的接口来修改文件的模式时，如果遇到错误可以通过将 err 强制断言为 syscall.Errno 错误类型来处理：

```
err := syscall.Chmod(":invalid path:", 0666)
if err != nil {
    log.Fatal(err.(syscall.Errno))
}
```

还可以进一步地通过类型查询或类型断言来获取底层真实的错误类型，这样就可以获取更详细的错误信息。不过一般情况下我们并不关心错误在底层的表达方式，只需要知道它是一个错误就可以了。当返回的错误值不是 nil 时，我们可以通过调用 error 接口类型的 Error() 方法来获得字符串类型的错误信息。

在 Go 语言中，错误被认为是一种可以预期的结果，而异常则是一种非预期的结果，发生异常可能表示程序中存在 bug 或发生了其他不可控的问题。Go 语言推荐使用 recover() 函数将内部异常转为错误处理，这使得用户可以真正地关心业务相关的错误处理。

如果某个接口简单地将所有普通的错误当作异常抛出，将会使错误信息杂乱且没有价值。就像在 main() 函数中直接捕获全部一样，是没有意义的：

```
func main() {
    defer func() {
        if r := recover(); r != nil {
            log.Fatal(r)
        }
    }()

    ...
}
```

捕获异常不是最终的目的。如果异常不可预测，直接输出异常信息是最好的处理方式。

1.7.1 错误处理策略

让我们演示一个文件复制的例子：函数需要打开两个文件，然后将其中一个文件的内容复制到另一个文件：

```
func CopyFile(dstName, srcName string) (written int64, err error) {
    src, err := os.Open(srcName)
    if err != nil {
        return
```

```
    }

    dst, err := os.Create(dstName)
    if err != nil {
        return
    }

    written, err = io.Copy(dst, src)
    dst.Close()
    src.Close()
    return
}
```

上面的代码虽然能够工作，但是隐藏一个 bug。如果第一个 `os.Open()` 调用成功，但是第二个 `os.Create()` 调用失败，那么会在没有释放 `src` 文件资源的情况下返回。虽然我们可以通过在第二个返回语句前添加 `src.Close()` 调用来修复这个 bug，但是当代码变得复杂时，类似的问题将很难被发现和修复。我们可以通过 `defer` 语句来确保每个被正常打开的文件都能被正常关闭：

```
func CopyFile(dstName, srcName string) (written int64, err error) {
    src, err := os.Open(srcName)
    if err != nil {
        return
    }
    defer src.Close()

    dst, err := os.Create(dstName)
    if err != nil {
        return
    }
    defer dst.Close()

    return io.Copy(dst, src)
}
```

`defer` 语句可以让我们在打开文件时马上思考如何关闭文件。不管函数如何返回，文件关闭语句始终会被执行。同时 `defer` 语句可以保证，即使 `io.Copy` 发生了异常，文件依然可以安全地关闭。

前文说到，Go 语言中的导出函数一般不抛出异常，一个未受控的异常可以看作是程序的 bug。但是对于那些提供类似 Web 服务的框架而言，它们经常需要接入第三方的中间件。因为对于第三方的中间件是否存在 bug 而抛出异常，Web 框架本身是不能确定的。为了提高系统的稳定性，Web 框架一般会通过 `recover` 来防御性地捕获所有处理流程中可能产生的异常，然后将异常转为普通的错误返回。

让我们以 JSON 解析器为例，说明 `recover()` 的使用场景。考虑到 JSON 解析器的复杂性，即使某个语言解析器目前工作正常，也无法肯定它没有漏洞。因此，当某个异常出现时，我们不会选择让解析器崩溃，而是会将 `panic` 异常当作普通的解析错误，并附加额外信息提醒用户报告此错误。

```
func ParseJSON(input string) (s *Syntax, err error) {
```

```
    defer func() {
        if p := recover(); p != nil {
            err = fmt.Errorf("JSON: internal error: %v", p)
        }
    }()
    // 开始解析工作
}
```

标准库中的 `json` 包，在内部递归解析 JSON 数据的时候如果遇到错误，会通过抛出异常的方式来快速跳出深度嵌套的函数调用，然后由最外一级的接口通过 `recover()` 捕获 `panic`，然后返回相应的错误信息。

Go 语言库的实现习惯：即使在包内部使用了 `panic`，在导出函数时也会被转化为明确的错误值。

1.7.2 获取错误的上下文

有时候为了方便上层用户理解，底层实现者会将底层的错误重新包装为新的错误类型返回给上层用户：

```
if _, err := html.Parse(resp.Body); err != nil {
    return nil, fmt.Errorf("parsing %s as HTML: %v", url,err)
}
```

上层用户在遇到错误时，很容易从业务层面理解错误发生的原因。但是鱼和熊掌总是很难兼得，在上层用户获得新的错误类型的同时，也丢失了底层最原始的错误类型（只剩下错误描述信息了）。

为了记录这种错误类型在包装的变迁过程中的信息，我们一般会定义一个辅助的 `WrapError()` 函数，用于包装原始的错误，同时保留完整的原始错误类型。为了问题定位的方便，同时也为了能记录错误发生时的函数调用状态，我们很多时候希望在出现致命错误的时候保存完整的函数调用信息。同时，为了支持 RPC 等跨网络的传输，可能需要将错误序列化为类似 JSON 格式的数据，然后再从这些数据中将错误解码恢复出来。

为此，我们可以定义自己的包，包里面是下面的错误类型：

```
type Error interface {
    Caller() []CallerInfo
    Wraped() []error
    Code() int
    error

    private()
}

type CallerInfo struct {
    FuncName string
    FileName string
    FileLine int
}
```

其中 `Error` 为接口类型，是 `error` 接口类型的扩展，用于给错误增加调用栈信息，同时支持错误的多级嵌套包装，支持错误码格式。为了使用方便，我们可以定义以下的辅助函数：

```
func New(msg string) error
func NewWithCode(code int, msg string) error

func Wrap(err error, msg string) error
func WrapWithCode(code int, err error, msg string) error

func FromJson(json string) (Error, error)
func ToJson(err error) string
```

`New()`用于构建新的错误类型，和标准库中`errors.New()`函数类似，但是增加了出错时的函数调用栈信息。`FromJson`用于从JSON字符串编码的错误中恢复错误对象。`NewWithCode()`则是构造一个带错误码的错误，同时也包含出错时的函数调用栈信息。`Wrap()`和`WrapWithCode()`则是错误二次包装函数，用于将底层的错误包装为新的错误，但是保留原始的底层错误信息。这里返回的错误对象都可以直接调用`json.Marshal()`将错误编码为JSON字符串。

我们可以这样使用包装函数：

```
import (
    "github.com/chai2010/errors"
)

func loadConfig() error {
    _, err := ioutil.ReadFile("/path/to/file")
    if err != nil {
        return errors.Wrap(err, "read failed")
    }

    // ...
}

func setup() error {
    err := loadConfig()
    if err != nil {
        return errors.Wrap(err, "invalid config")
    }

    // ...
}

func main() {
    if err := setup(); err != nil {
        log.Fatal(err)
    }

    // ...
}
```

上面的例子中，错误被进行了两层包装。我们可以这样遍历原始错误经历了哪些包装流程：

```
    for i, e := range err.(errors.Error).Wraped() {
        fmt.Printf("wraped(%d): %v\n", i, e)
    }
```

同时也可以获取每个包装错误的函数调用堆栈信息：

```
    for i, x := range err.(errors.Error).Caller() {
        fmt.Printf("caller:%d: %s\n", i, x.FuncName)
    }
```

如果需要将错误通过网络传输，可以用 `errors.ToJson(err)` 编码为 JSON 字符串：

```
// 以 JSON 字符串方式发送错误
func sendError(ch chan<- string, err error) {
    ch <- errors.ToJson(err)
}

// 接收 JSON 字符串格式的错误
func recvError(ch <-chan string) error {
    p, err := errors.FromJson(<-ch)
    if err != nil {
        log.Fatal(err)
    }
    return p
}
```

对于基于 HTTP 协议的网络服务，还可以给错误绑定一个对应的 HTTP 状态码：

```
err := errors.NewWithCode(404, "http error code")

fmt.Println(err)
fmt.Println(err.(errors.Error).Code())
```

在 Go 语言中，错误处理也有一套独特的编码风格。检查某个子函数是否失败后，我们通常将处理失败的逻辑代码放在处理成功的代码之前。如果某个错误会导致函数返回，那么成功时的逻辑代码不应放在 `else` 语句块中，而应直接放在函数体中。

```
f, err := os.Open("filename.ext")
if err != nil {
    // 失败的情形，马上返回错误
}

// 正常的处理流程
```

Go 语言中大部分函数的代码结构几乎相同，首先是一系列的初始检查，用于防止错误发生，之后是函数的实际逻辑。

1.7.3 错误的错误返回

Go 语言中的错误是一种接口类型。接口信息中包含了原始类型和原始的值。只有当接口的类型和原始的值都为空的时候，接口的值才对应 `nil`。其实，当接口中类型为空的时候，原始值必然也是空的；反之，当接口对应的原始值为空的时候，接口对应的原始类型并不一定为空。

在下面的例子中，试图返回自定义的错误类型，当没有错误的时候返回 nil：

```
func returnsError() error {
    var p *MyError = nil
    if bad() {
        p = ErrBad
    }
    return p // 将总是返回非 nil 错误
}
```

但是，最终返回的结果其实并非 nil，而是一个正常的错误，错误的值是一个 MyError 类型的空指针。下面是改进的 returnsError：

```
func returnsError() error {
    if bad() {
        return (*MyError)(err)
    }
    return nil
}
```

因此，在处理错误返回值的时候，没有错误的返回值最好直接写为 nil。

Go 语言作为一个强类型语言，不同类型之间必须要显式地转换（而且必须有相同的基础类型）。但是，Go 语言中 interface 是一个例外：非接口类型到接口类型，或者接口类型之间的转换都是隐式的。这是为了支持鸭子类型，当然会牺牲一定的安全性。

1.7.4 剖析异常

panic()支持抛出任意类型的异常（而不仅是 error 类型的错误），recover()函数调用的返回值和 panic()函数的输入参数类型一致，它们的函数签名如下：

```
func panic(interface{})
func recover() interface{}
```

Go 语言函数调用的正常流程是函数执行返回语句返回结果，在这个流程中是没有异常的，因此在这个流程中执行 recover()异常捕获函数始终返回 nil。另一种是异常流程：当函数调用 panic()抛出异常时，函数将停止执行后续的普通语句，但是之前注册的 defer()函数调用仍然保证会被正常执行，然后再返回到调用者。对于当前函数的调用者，因为处理异常状态还没有被捕获，所以和直接调用 panic()函数的行为类似。在异常发生时，如果在 defer()中执行 recover()调用，它可以捕获触发 panic()时的参数，并且恢复到正常的执行流程。

在非 defer 语句中执行 recover()调用是初学者常犯的错误：

```
func main() {
    if r := recover(); r != nil {
        log.Fatal(r)
    }

    panic(123)
```

```
        if r := recover(); r != nil {
            log.Fatal(r)
        }
    }
```

上面程序中两个 recover() 调用都不能捕获任何异常。在第一个 recover() 调用执行时，函数必然是在正常的非异常执行流程中，这时候 recover() 调用将返回 nil。发生异常时，第二个 recover() 调用将没有机会被执行到，因为 panic() 调用会导致马上执行已经注册 defer 的函数后返回。

其实，对 recover() 函数的调用有着更严格的要求：我们必须在 defer() 函数中直接调用 recover()。如果 defer() 中调用的是 recover() 函数的包装函数的话，异常的捕获工作将失败！例如，有时候我们可能希望包装自己的 MyRecover() 函数，在内部增加必要的日志信息然后再调用 recover()，这是错误的做法：

```
func main() {
    defer func() {
        // 无法捕获异常
        if r := MyRecover(); r != nil {
            fmt.Println(r)
        }
    }()
    panic(1)
}

func MyRecover() interface{} {
    log.Println("trace...")
    return recover()
}
```

同样，在嵌套的 defer() 函数中调用 recover()，也会导致无法捕获异常：

```
func main() {
    defer func() {
        defer func() {
            // 无法捕获异常
            if r := recover(); r != nil {
                fmt.Println(r)
            }
        }()
    }()
    panic(1)
}
```

两层嵌套的 defer() 函数中直接调用 recover() 和一层 defer() 函数中调用包装的 MyRecover() 函数一样，都是经过了两个函数帧才到达真正的 recover() 函数，这个时候 Goroutine 对应的上一级栈帧中已经没有异常信息。

如果直接在 defer 语句中调用 MyRecover() 函数，就又可以正常工作了：

```
func MyRecover() interface{} {
    return recover()
}

func main() {
    // 可以正常捕获异常
    defer MyRecover()
    panic(1)
}
```

但是，如果 defer 语句直接调用 recover() 函数，依然不能正常捕获异常：

```
func main() {
    // 无法捕获异常
    defer recover()
    panic(1)
}
```

必须要和有异常的栈帧只隔一个栈帧，recover() 函数才能正常捕获异常。换言之，recover() 函数捕获的是祖父一级调用函数栈帧的异常（刚好可以跨越一层 defer() 函数）！

当然，为了避免 recover() 调用者不能识别捕获到的异常，应该避免用 nil 为参数抛出异常：

```
func main() {
    defer func() {
        if r := recover(); r != nil { ... }
        // 虽然总是返回 nil，但是可以恢复异常状态
    }()

    // 警告：以 nil 为参数抛出异常
    panic(nil)
}
```

当希望将捕获到的异常转为错误时，如果希望忠实返回原始的信息，需要针对不同的类型分别处理：

```
func foo() (err error) {
    defer func() {
        if r := recover(); r != nil {
            switch x := r.(type) {
            case string:
                err = errors.New(x)
            case error:
                err = x
            default:
                err = fmt.Errorf("Unknown panic: %v", r)
            }
        }
    }()

    panic("TODO")
```

```
}
```

基于这个代码模板，我们甚至可以模拟出不同类型的异常。通过定义不同类型的保护接口，我们就可以区分异常的类型了：

```
func main {
    defer func() {
        if r := recover(); r != nil {
            switch x := r.(type) {
            case runtime.Error:
                // 这是运行时错误类型异常
            case error:
                // 普通错误类型异常
            default:
                // 其他类型异常
            }
        }
    }()

    // ...
}
```

不过这样做就与 Go 语言简单直接的编程哲学背道而驰了。

1.8 补充说明

本书定位在 Go 语言进阶图书，因此读者需要有一定的 Go 语言基础。如果对 Go 语言不太了解，作者推荐通过以下资料开始学习 Go 语言。首先是安装 Go 语言环境，然后通过 `go tool tour` 命令打开 *A Tour of Go* 教程学习。在学习 *A Tour of Go* 教程的同时，可以阅读 Go 语言官方团队出版的 *The Go Programming Language* 一书。在学习的同时可以尝试用 Go 语言解决一些小问题，如果遇到要查阅 API 的时候可以通过 `godoc` 命令打开自带的文档查询。Go 语言本身不仅包含了所有的文档，也包含了所有标准库的实现代码，这是第一手的最权威的 Go 语言资料。我们认为此时读者应该已经可以熟练使用 Go 语言了。

第2章 CGO编程

过去的经验往往是走向未来的枷锁，因为在过时技术中投入的沉没成本会阻碍人们拥抱新技术。

——chai2010

曾经一度因未能习得C++令人眼花缭乱的新标准而痛苦不已；Go语言“少即是多”的大道至简的理念让我重拾信心，寻回了久违的编程乐趣。

——Ending

C/C++经过几十年的发展，已经积累了庞大的软件资产，它们很多久经考验而且性能已经足够优化。Go语言必须能够站在C/C++这个巨人的肩膀之上，有了海量的C/C++软件资产兜底之后，我们才可以放心愉快地用Go语言编程。C语言作为一个通用语言，很多库会选择提供一个C兼容的API，然后用其他不同的编程语言实现。Go语言通过自带的一个叫CGO的工具来支持C语言函数调用，同时我们可以用Go语言导出C动态库接口给其他语言使用。

本章主要讨论CGO编程中涉及的一些问题。

2.1 快速入门

本节将通过一系列由浅入深的小例子来快速掌握CGO的基本用法。

2.1.1 最简CGO程序

真实的CGO程序一般都比较复杂，不过我们可以由浅入深。一个最简CGO程序该是什么样的呢？要构造一个最简CGO程序，首先要忽视一些复杂的CGO特性，同时要展示CGO程序和纯Go程序的差别来。下面是我们构建的最简CGO程序：

```
package main

import "C"
```

```
func main() {
    println("hello cgo")
}
```

代码通过 `import "C"`语句启用 CGO 特性，主函数只是通过 Go 内置的 `println()`函数输出字符串，其中没有任何和 CGO 相关的代码。虽然没有调用 CGO 的相关函数，但是 `go build` 命令会在编译和链接阶段启动 gcc 编译器，这已经是一个完整的 CGO 程序了。

2.1.2 基于 C 标准库函数输出字符串

前面那个 CGO 程序还不够简单，现在来看看更简单的版本：

```
package main

//#include <stdio.h>
import "C"

func main() {
    C.puts(C.CString("Hello, World\n"))
}
```

这个版本不仅通过 `import "C"`语句启用 CGO 特性，还包含 C 语言的`<stdio.h>`头文件。然后通过 `cgo` 包的 `C.CString()`函数将 Go 语言字符串转换为 C 语言字符串，最后调用 `cgo` 包的 `C.puts()`函数向标准输出窗口打印转换后的 C 字符串。

与 1.2 节中的 CGO 程序的最大不同是：我们改用 `C.Cstring` 来创建 C 语言字符串，而且改用 `puts()`函数直接向标准输出打印，之前是采用 `fputs` 向标准输出打印。

没有释放使用 `C.CString` 创建的 C 语言字符串会导致内存泄漏。但是对这个小程序来说，这样是没有问题的，因为程序退出后操作系统会自动回收程序的所有资源。

2.1.3 使用自己的 C 函数

前面使用了标准库中已有的函数。现在我们先自定义一个叫作 `SayHello` 的 C 函数来实现打印，然后从 Go 语言环境中调用这个 `SayHello()`函数：

```
package main

/*
#include <stdio.h>

static void SayHello(const char* s) {
    puts(s);
}
*/
import "C"

func main() {
    C.SayHello(C.CString("Hello, World\n"))
}
```

除 `SayHello()` 函数是我们自己实现的之外，其他部分和前面的例子基本相似。

我们也可以将 `SayHello()` 函数放到当前目录下的一个 C 语言源文件中（扩展名必须是`.c`）。因为是编写在独立的 C 文件中，为了允许外部引用，所以需要去掉函数的 `static` 修饰符。

```
// hello.c

#include <stdio.h>

void SayHello(const char* s) {
    puts(s);
}
```

然后在 CGO 部分先声明 `SayHello()` 函数，其他部分不变：

```
package main

//void SayHello(const char* s);
import "C"

func main() {
    C.SayHello(C.CString("Hello, World\n"))
}
```

既然 `SayHello()` 函数已经放到独立的 C 文件中了，我们自然可以将对应的 C 文件编译打包为静态库或动态库文件供使用。如果是以静态库或动态库方式引用 `SayHello()` 函数，需要将对应的 C 源文件移出当前目录（CGO 构建程序会自动构建当前目录下的 C 源文件，从而导致 C 函数名冲突）。关于静态库等细节将在稍后章节讲解。

2.1.4　C 代码的模块化

在编程过程中，抽象和模块化是将复杂问题简化的通用手段。当代码语句变多时，可以将相似的代码封装到一个个函数中；当程序中的函数变多时，将函数拆分到不同的文件或模块中。而模块化编程的核心是面向程序接口编程（这里的接口并不是 Go 语言的 `interface`，而是 API 的概念）。

在前面的例子中，我们可以抽象一个名为 `hello` 的模块，模块的全部接口函数都在 `hello.h` 头文件定义：

```
// hello.h
void SayHello(const char* s);
```

其中只有一个 `SayHello()` 函数的声明。但是作为 `hello` 模块的用户，可以放心地使用 `SayHello()` 函数，而无须关心函数的具体实现。而作为 `SayHello()` 函数的实现者，函数的实现只要满足头文件中函数的声明的规范即可。下面是 `SayHello()` 函数的 C 语言实现，对应 `hello.c` 文件：

```
// hello.c

#include "hello.h"
#include <stdio.h>
```

```
void SayHello(const char* s) {
    puts(s);
}
```

在 hello.c 文件的开头，实现者通过#include "hello.h"语句包含 SayHello()函数的声明，这样可以保证函数的实现满足模块对外公开的接口。

接口文件 hello.h 是 hello 模块的实现者和使用者共同的约定，但是该约定并没有要求必须使用 C 语言来实现 SayHello()函数。我们也可以用 C++语言来重新实现这个 C 语言函数：

```
// hello.cpp

#include <iostream>

extern "C" {
    #include "hello.h"
}

void SayHello(const char* s) {
    std::cout << s;
}
```

在 C++版本的 SayHello()函数实现中，我们通过 C++特有的 std::cout 输出流输出字符串。不过，为了保证 C++语言实现的 SayHello()函数满足 C 语言头文件 hello.h 定义的函数规范，需要通过 extern "C"语句指示该函数的链接符号遵循 C 语言的规则。

在采用面向 C 语言 API 接口编程之后，我们彻底解放了模块实现者的语言枷锁：实现者可以用任何编程语言实现模块，只要最终满足公开的 API 约定即可。我们可以用 C 语言实现 SayHello()函数，也可以使用更复杂的 C++语言来实现 SayHello()函数，当然也可以用汇编语言甚至 Go 语言来重新实现 SayHello()函数。

2.1.5 用 Go 重新实现 C 函数

其实 CGO 不仅用于 Go 语言中调用 C 语言函数，还可以用于导出 Go 语言函数给 C 语言函数调用。在前面的例子中，我们已经抽象一个名为 hello 的模块，模块的全部接口函数都在 hello.h 头文件定义：

```
// hello.h
void SayHello(/*const*/ char* s);
```

现在我们创建一个 hello.go 文件，用 Go 语言重新实现 C 语言接口的 SayHello()函数：

```
// hello.go
package main

import "C"

import "fmt"

//export SayHello
```

```
func SayHello(s *C.char) {
    fmt.Print(C.GoString(s))
}
```

我们通过CGO的//export SayHello指令将Go语言实现的函数SayHello()导出为C语言函数。为了适配CGO导出的C语言函数，我们禁止了在函数的声明语句中的const修饰符。需要注意的是，这里其实有两个版本的SayHello()函数：一个是Go语言环境的；另一个是C语言环境的。CGO生成的C语言版本的SayHello()函数最终会通过桥接代码调用Go语言版本的SayHello()函数。

通过面向C语言接口的编程技术，不仅解放了函数的实现者，同时也简化了函数的使用。现在我们可以将SayHello()当作一个标准库的函数使用（和puts()函数的使用方式类似）：

```
package main

//#include <hello.h>
import "C"

func main() {
    C.SayHello(C.CString("Hello, World\n"))
}
```

一切似乎都回到了开始的CGO代码，但是代码内涵更丰富了。

2.1.6 面向C接口的Go编程

在开始的例子中，全部CGO代码都在一个Go文件中。然后，通过面向C接口编程的技术将SayHello()分别拆分到不同的C文件，而main依然是Go文件。再用Go函数重新实现了C语言接口的SayHello()函数。但是对目前的例子来说只有一个函数，要拆分到3个不同的文件确实有些烦琐了。

正所谓合久必分、分久必合，我们现在尝试将例子中的几个文件重新合并到一个Go文件。下面是合并后的结果：

```
package main

//void SayHello(char* s);
import "C"

import (
    "fmt"
)

func main() {
    C.SayHello(C.CString("Hello, World\n"))
}

//export SayHello
func SayHello(s *C.char) {
    fmt.Print(C.GoString(s))
```

```
}
```

现在版本的 CGO 代码中 C 语言代码的比例已经很少了，但是我们依然可以进一步以 Go 语言的思维来提炼我们的 CGO 代码。通过分析可以发现 SayHello()函数的参数如果可以直接使用 Go 字符串是最直接的。在 Go 1.10 中 CGO 新增加了一个_GoString_预定义的 C 语言类型，用来表示 Go 语言字符串。下面是改进后的代码：

```
// +build go1.10

package main

//void SayHello(_GoString_ s);
import "C"

import (
    "fmt"
)

func main() {
    C.SayHello("Hello, World\n")
}

//export SayHello
func SayHello(s string) {
    fmt.Print(s)
}
```

虽然看起来全部是 Go 语言代码，但是执行的时候是先从 Go 语言的 main()函数到 CGO 自动生成的 C 语言版本 SayHello()桥接函数，最后又回到 Go 语言环境的 SayHello()函数。这段代码包含了 CGO 编程的精华，读者需要深入理解。

思考 *main()函数和 SayHello()函数是否在同一个 Goroutine 里执行？*

2.2 CGO 基础

要使用 CGO 特性，需要安装 C/C++构建工具链，在 macOS 和 Linux 下需要安装 GCC，在 Windows 下需要安装 MinGW 工具。同时需要保证环境变量 CGO_ENABLED 被设置为 1，这表示 CGO 是被启用的状态。在本地构建时 CGO 默认是启用的，在交叉构建时 CGO 默认是禁止的。例如要交叉构建 ARM 环境运行的 Go 程序，需要手工设置好 C/C++交叉构建的工具链，同时开启 CGO_ENABLED 环境变量。然后通过 import "C"语句启用 CGO 特性。

2.2.1 import "C"语句

如果在 Go 代码中出现了 import "C"语句，则表示使用了 CGO 特性，紧临这行语句前面的注释是一种特殊语法，里面包含的是正常的 C 语言代码。当确保 CGO 启用的情况下，还可以在当前目录中包含 C/C++对应的源文件。

举个最简单的例子：

```
package main

/*
#include <stdio.h>

void printint(int v) {
    printf("printint: %d\n", v);
}
*/
import "C"

func main() {
    v := 42
    C.printint(C.int(v))
}
```

这个例子展示了 CGO 的基本使用方法。开头的注释中写了要调用的 C 函数和相关的头文件，头文件被 `include` 之后里面所有的 C 语言元素都会被加入`"C"`这个虚拟的包中。需要注意的是，`import "C"`导入语句需要单独占一行，不能与其他包一同 `import`。向 C 函数传递参数也很简单，直接转换成对应的 C 语言类型传递就可以。例如上例中 `C.int(v)`用于将一个 Go 中的 `int` 类型值强制转换为 C 语言中的 `int` 类型值，然后调用 C 语言定义的 `printint()`函数进行打印。

需要注意的是，Go 是强类型语言，所以 CGO 中传递的参数类型必须与声明的类型完全一致，而且传递前必须用`"C"`中的转换函数转换成对应的 C 类型，不能直接传入 Go 中类型的变量。同时通过虚拟的 C 包导入的 C 语言符号并不需要以大写字母开头，它们不受 Go 语言的导出规则约束。

CGO 将当前包引用的 C 语言符号都放到了虚拟的 C 包中，同时当前包依赖的其他 Go 语言包内部可能也通过 CGO 引入了相似的虚拟 C 包，但是不同的 Go 语言包引入的虚拟的 C 包之间的类型是不能通用的。这个约束对于要自己构造一些 CGO 辅助函数有可能会造成一点影响。

例如我们希望在 Go 中定义一个 C 语言字符指针对应的 `CChar` 类型，然后增加一个 `GoString()` 方法返回 Go 语言字符串：

```
package cgo_helper

//#include <stdio.h>
import "C"

type CChar C.char

func (p *CChar) GoString() string {
    return C.GoString((*C.char)(p))
}

func PrintCString(cs *C.char) {
    C.puts(cs)
}
```

现在我们可能会想在其他 Go 语言包中也使用这个辅助函数：

```
package main

//static const char* cs = "hello";
import "C"
import "./cgo_helper"

func main() {
    cgo_helper.PrintCString(C.cs)
}
```

这段代码是不能正常工作的，因为当前 main 包引入的 C.cs 变量的类型是当前 main 包的 CGO 构造的虚拟的 C 包下的*char 类型（具体点是*C.char，更具体点是*main.C.char），它和 cgo_helper 包引入的*C.char 类型（具体点是*cgo_helper.C.char）是不同的。在 Go 语言中方法是依附于类型存在的，不同 Go 包中引入的虚拟的 C 包的类型是不同的（main.C 与 cgo_helper.C 类型不同），这导致从它们延伸出来的 Go 类型也是不同的类型（*main.C.char 与*cgo_helper.C.char 类型不同），这最终导致了上面代码不能正常工作。

有 Go 语言使用经验的用户可能会建议参数类型转换后再传入。但是这个方法似乎也是不可行的，因为 cgo_helper.PrintCString 的参数是它自身包引入的*C.char 类型，在外部是无法直接获取这个类型的。换言之，一个包如果在公开的接口中直接使用了*C.char 等类似的虚拟 C 包的类型，其他 Go 包是无法直接使用这些类型的，除非这个 Go 包同时也提供了*C.char 类型的构造函数。因为这些因素，如果想在 go test 环境直接测试上述 CGO 导出的类型也会有相同的限制。

2.2.2 #cgo 语句

在 import "C"语句前的注释中可以通过#cgo 语句设置编译阶段和链接阶段的相关参数。编译阶段的参数主要用于定义相关宏和指定头文件检索路径。链接阶段的参数主要是指定库文件检索路径和要链接的库文件。

```
// #cgo CFLAGS: -DPNG_DEBUG=1 -I./include
// #cgo LDFLAGS: -L/usr/local/lib -lpng
// #include <png.h>
import "C"
```

上面的代码中，CFLAGS 部分，-D 部分定义了宏 PNG_DEBUG，值为 1；-I 定义了头文件包含的检索目录。LDFLAGS 部分，-L 指定了链接时库文件检索目录，-l 指定了链接时需要链接 png 库。

由于 C/C++遗留的问题，C 头文件检索目录可以是相对路径，但是库文件检索目录则需要绝对路径。在库文件的检索目录中可以通过${SRCDIR}变量表示当前包目录的绝对路径：

```
// #cgo LDFLAGS: -L${SRCDIR}/libs -lfoo
```

上面的代码在链接时将被展开为：

```
// #cgo LDFLAGS: -L/go/src/foo/libs -lfoo
```

#cgo 语句主要影响 CFLAGS、CPPFLAGS、CXXFLAGS、FFLAGS 和 LDFLAGS 几个编译器环境

变量。LDFLAGS 用于设置链接时的参数，除此之外的几个变量用于改变编译阶段的构建参数（CFLAGS 用于针对 C 语言代码设置编译参数）。

对于在 CGO 环境混合使用 C 和 C++的用户来说，可能有 3 种不同的编译选项：CFLAGS 对应 C 语言特有的编译选项，CXXFLAGS 对应 C++特有的编译选项，CPPFLAGS 则对应 C 和 C++共有的编译选项。但是在链接阶段，C 和 C++的链接选项是通用的，因此这个时候已经不再有 C 和 C++语言的区别，它们的目标文件的类型是相同的。

#cgo 语句还支持条件选择，当满足某个操作系统或某个 CPU 架构类型时，后面的编译或链接选项生效。例如下面是分别针对 Windows 和非 Windows 平台下的编译和链接选项：

```
// #cgo windows CFLAGS: -DX86=1
// #cgo !windows LDFLAGS: -lm
```

其中在 Windows 平台下，编译前会预定义 X86 宏为 1；在非 Windows 平台下，在链接阶段会要求链接 math 数学库。这种用法对于在不同平台下只有少数编译选项差异的场景比较适用。

如果在不同的系统下 CGO 对应着不同的 C 代码，那么我们可以先使用#cgo 语句定义不同的 C 语言的宏，然后通过宏来区分不同的代码：

```
package main

/*
#cgo windows CFLAGS: -DCGO_OS_WINDOWS=1
#cgo darwin CFLAGS: -DCGO_OS_DARWIN=1
#cgo linux CFLAGS: -DCGO_OS_LINUX=1

#if defined(CGO_OS_WINDOWS)
    static const char* os = "windows";
#elif defined(CGO_OS_DARWIN)
    static const char* os = "darwin";
#elif defined(CGO_OS_LINUX)
    static const char* os = "linux";
#else
#    error(unknown os)
#endif
*/
import "C"

func main() {
    print(C.GoString(C.os))
}
```

这样就可以用 C 语言中常用的技术来处理不同平台之间的差异代码。

2.2.3　build 标志条件编译

build 标志是在 Go 或 CGO 环境下的 C/C++文件开头的一种特殊的注释。条件编译类似于前面通过#cgo 语句针对不同平台定义的宏，只有在对应平台的宏被定义之后才会构建对应的代码。但是，通过#cgo 语句定义宏有个限制，即它只能是基于 Go 语言支持的 Windows、Darwin 和 Linux 等已经支持的操作系统，如果希望定义一个 DEBUG 标志的宏，#cgo 语句就无能为力了。而 Go 语言提供的 build 标志条件编译特性则容易做到。

例如，下面的源文件只有在设置 debug 构建标志时才会被构建：

```
// +build debug

package main

var buildMode = "debug"
```

可以用以下命令构建：

```
go build -tags="debug"
go build -tags="windows debug"
```

可以通过-tags 命令行参数同时指定多个 build 标志，它们之间用空格分隔。

当有多个 build 标志时，可以通过逻辑操作的规则来组合使用多个标志。例如，以下构建标志表示只有在“Linux/386”或“Darwin 平台下非 CGO 环境”才进行构建：

```
// +build linux,386 darwin,!cgo
```

其中 linux,386 中 linux 和 386 用逗号连接表示“与”的意思；而 linux,386 和 darwin,!cgo 之间通过空格分隔来表示“或”的意思。

2.3 类型转换

最初 CGO 是为了达到方便从 Go 语言函数调用 C 语言函数（用 C 语言实现 Go 语言声明的函数）以复用 C 语言资源这一目的而出现的（因为 C 语言还会涉及回调函数，自然也会涉及从 C 语言函数调用 Go 语言函数（用 Go 语言实现 C 语言声明的函数））。现在，它已经演变为 C 语言和 Go 语言双向通信的桥梁。要想利用好 CGO 特性，自然需要了解此两种语言类型之间的转换规则，这是本节要讨论的问题。

2.3.1 数值类型

在 Go 语言中访问 C 语言的符号时，一般是通过虚拟的"C"包访问，例如 C.int 对应 C 语言的 int 类型。有些 C 语言的类型是由多个关键字组成的，但通过虚拟的"C"包访问 C 语言类型时名称部分不能有空格字符，例如 unsigned int 不能直接通过 C.unsigned int 访问。因此 CGO 为 C 语言的基础数值类型都提供了相应转换规则，例如 C.uint 对应 C 语言的 unsigned int。

Go 语言中数值类型和 C 语言数值类型基本上是相似的，它们的对应关系如表 2-1 所示。

需要注意的是，虽然在 C 语言中 int、short 等类型没有明确定义内存大小，但是在 CGO 中它们的内存大小是确定的。在 CGO 中，C 语言的 int 和 long 类型都是对应 4 字节的内存大小，size_t 类型可以当作 Go 语言 uint 无符号整数类型对待。

表 2-1　Go 语言和 C 语言类型对比

C 语言类型	CGO 类型	Go 语言类型
char	C.char	byte
singed char	C.schar	int8
unsigned char	C.uchar	uint8
short	C.short	int16
unsigned short	C.ushort	uint16
int	C.int	int32
unsigned int	C.uint	uint32
long	C.long	int32
unsigned long	C.ulong	uint32
long long int	C.longlong	int64
unsigned long long int	C.ulonglong	uint64
float	C.float	float32
double	C.double	float64
size_t	C.size_t	uint

CGO 中，虽然 C 语言的 int 固定为 4 字节的大小，但是 Go 语言自己的类型 int 和 uint 在 32 位和 64 位系统下分别对应 4 字节和 8 字节大小。如果需要在 C 语言中访问 Go 语言的 int 类型，可以通过 GoInt 类型访问，GoInt 类型在 CGO 工具生成的_cgo_export.h 头文件中定义。其实在_cgo_export.h 头文件中，每个基本的 Go 数值类型都定义了对应的 C 语言类型，它们一般都是以单词 Go 为前缀。下面是 64 位环境下，_cgo_export.h 头文件生成的 Go 数值类型的定义，其中 GoInt 和 GoUint 类型分别对应 GoInt64 和 GoUint64 类型：

```
typedef signed char GoInt8;
typedef unsigned char GoUint8;
typedef short GoInt16;
typedef unsigned short GoUint16;
typedef int GoInt32;
typedef unsigned int GoUint32;
typedef long long GoInt64;
typedef unsigned long long GoUint64;
typedef GoInt64 GoInt;
typedef GoUint64 GoUint;
typedef float GoFloat32;
typedef double GoFloat64;
```

除 GoInt 和 GoUint 之外，我们并不推荐直接访问 GoInt32、GoInt64 等类型。更好的做法是通过 C 语言的 C99 标准引入的<stdint.h>头文件。为了提高 C 语言的可移植性，在<stdint.h>文件中，不但对每个数值类型都提供了明确的内存大小，而且和 Go 语言的类型命名更加一致。Go 语言类型<stdint.h>头文件类型对比如表 2-2 所示。

表 2-2 <stdint.h>类型对比

C 语言类型	CGO 类型	Go 语言类型
int8_t	C.int8_t	int8
uint8_t	C.uint8_t	uint8
int16_t	C.int16_t	int16
uint16_t	C.uint16_t	uint16
int32_t	C.int32_t	int32
uint32_t	C.uint32_t	uint32
int64_t	C.int64_t	int64
uint64_t	C.uint64_t	uint64

前文说过，如果 C 语言的类型由多个关键字组成，则无法通过虚拟的 C 包直接访问（例如 C 语言的 unsigned short 不能直接通过 C.unsigned short 访问）。但是，在<stdint.h>中通过使用 C 语言的 typedef 关键字将 unsigned short 重新定义为 uint16_t 这样一个单词的类型后，我们就可以通过 C.uint16_t 访问原来的 unsigned short 类型了。对于比较复杂的 C 语言类型，推荐使用 typedef 关键字提供一个规则的类型命名，这样更利于在 CGO 中访问。

2.3.2 Go 字符串和切片

在 CGO 生成的_cgo_export.h 头文件中还会为 Go 语言的字符串、切片、字典、接口和通道等特有的数据类型生成对应的 C 语言类型：

```
typedef struct { const char *p; GoInt n; } GoString;
typedef void *GoMap;
typedef void *GoChan;
typedef struct { void *t; void *v; } GoInterface;
typedef struct { void *data; GoInt len; GoInt cap; } GoSlice;
```

不过需要注意的是，其中只有字符串和切片在 CGO 中有一定的使用价值，因为 CGO 为它们的某些 GO 语言版本的操作函数生成了 C 语言版本，因此二者可以在 Go 调用 C 语言函数时马上使用。而 CGO 并未针对其他的类型提供相关的辅助函数，且 Go 语言特有的内存模型导致我们无法保持这些由 Go 语言管理的内存指针，所以它们在 C 语言环境并无使用的价值。

在导出的 C 语言函数中我们可以直接使用 Go 字符串和切片。假设有以下两个导出函数：

```
//export helloString
func helloString(s string) {}

//export helloSlice
func helloSlice(s []byte) {}
```

CGO 生成的_cgo_export.h 头文件会包含以下的函数声明：

```
extern void helloString(GoString p0);
extern void helloSlice(GoSlice p0);
```

不过需要注意的是，如果使用了 GoString 类型，则会对_cgo_export.h 头文件产生依赖，而这个头文件是动态输出的。

Go 1.10 针对 Go 字符串增加了一个_GoString_预定义类型，可以降低在 CGO 代码中可能对_cgo_export.h 头文件产生的循环依赖的风险。我们可以调整 helloString()函数的 C 语言声明为：

```
extern void helloString(_GoString_ p0);
```

因为_GoString_是预定义类型，所以无法通过此类型直接访问字符串的长度和指针等信息。Go 1.10 同时也增加了以下两个函数用于获取字符串结构中的长度和指针信息：

```
size_t _GoStringLen(_GoString_ s);
const char *_GoStringPtr(_GoString_ s);
```

更严谨的做法是为 C 语言函数接口定义严格的头文件，然后基于稳定的头文件实现代码。

2.3.3　结构体、联合和枚举类型

C 语言的结构体、联合、枚举类型不能作为匿名成员被嵌入到 Go 语言的结构体中。在 Go 语言中，我们可以通过 C.struct_xxx 来访问 C 语言中定义的 struct xxx 结构体类型。结构体的内存布局按照 C 语言的通用对齐规则，C 语言结构体在 32 位 Go 语言环境也按照 32 位对齐规则，在 64 位 Go 语言环境按照 64 位对齐规则。对于指定了特殊对齐规则的结构体，无法在 CGO 中访问。

结构体的简单用法如下：

```
/*
struct A {
    int i;
    float f;
};
*/
import "C"
import "fmt"

func main() {
    var a C.struct_A
    fmt.Println(a.i)
    fmt.Println(a.f)
}
```

如果结构体的成员名字碰巧是 Go 语言的关键字，则可以通过在成员名开头添加下划线来访问：

```
/*
struct A {
    int type; // type 是 Go 语言的关键字
};
*/
import "C"
import "fmt"
```

```
func main() {
    var a C.struct_A
    fmt.Println(a._type) // _type 对应 type
}
```

但是如果有两个成员，一个以 Go 语言关键字命名，另一个刚好是以下划线和 Go 语言关键字命名，那么以 Go 语言关键字命名的成员将无法访问（被屏蔽）：

```
/*
struct A {
    int   type;  // type 是 Go 语言的关键字
    float _type; // 将屏蔽 CGO 对 type 成员的访问
};
*/
import "C"
import "fmt"

func main() {
    var a C.struct_A
    fmt.Println(a._type) // _type 对应_type
}
```

C 语言结构体中的位字段对应的成员无法在 Go 语言中访问，如果需要操作位字段成员，需要通过在 C 语言中定义辅助函数来完成。对应零长数组的成员，无法在 Go 语言中直接访问数组的元素，但其中零长的数组成员所在位置的偏移量依然可以通过 `unsafe.Offsetof(a.arr)` 来访问。

```
/*
struct A {
    int   size: 10; // 位字段无法访问
    float arr[];    // 零长的数组也无法访问
};
*/
import "C"
import "fmt"

func main() {
    var a C.struct_A
    fmt.Println(a.size) // 错误：位字段无法访问
    fmt.Println(a.arr)  // 错误：零长的数组也无法访问
}
```

在 C 语言中，无法直接访问 Go 语言定义的结构体类型。

对于联合类型，可以通过 `C.union_xxx` 来访问 C 语言中定义的 `union xxx` 类型。但是 Go 语言中并不支持 C 语言联合类型，它们会被转换为对应大小的字节数组。

```
/*
#include <stdint.h>

union B1 {
    int i;
```

```
    float f;
};

union B2 {
    int8_t i8;
    int64_t i64;
};
*/
import "C"
import "fmt"

func main() {
    var b1 C.union_B1;
    fmt.Printf("%T\n", b1) // [4]uint8

    var b2 C.union_B2;
    fmt.Printf("%T\n", b2) // [8]uint8
}
```

如果需要操作C语言的联合类型变量，一般有3种方法：第一种是在C语言中定义辅助函数；第二种是通过Go语言的"encoding/binary"手工解码成员（需要注意大端小端问题）；第三种是使用unsafe包强制转换为对应类型（这是性能最好的方式）。下面展示通过unsafe包访问联合类型成员的方式：

```
/*
#include <stdint.h>

union B {
    int i;
    float f;
};
*/
import "C"
import "fmt"

func main() {
    var b C.union_B;
    fmt.Println("b.i:", *(*C.int)(unsafe.Pointer(&b)))
    fmt.Println("b.f:", *(*C.float)(unsafe.Pointer(&b)))
}
```

虽然unsafe包访问最简单，性能也最好，但是对于有嵌套联合类型的情况处理会导致问题复杂化。对于复杂的联合类型，推荐通过在C语言中定义辅助函数的方式处理。

对于枚举类型，可以通过C.enum_xxx来访问C语言中定义的enum xxx结构体类型。

```
/*
enum C {
    ONE,
    TWO,
```

```
};
*/
import "C"
import "fmt"

func main() {
    var c C.enum_C = C.TWO
    fmt.Println(c)
    fmt.Println(C.ONE)
    fmt.Println(C.TWO)
}
```

在 C 语言中，枚举类型底层对应 `int` 类型，支持负数类型的值。可以通过 `C.ONE`、`C.TWO` 等直接访问定义的枚举值。

2.3.4 数组、字符串和切片

在 C 语言中，数组名其实对应一个指针，指向特定类型特定长度的一段内存，但是这个指针不能被修改。当把数组名传递给一个函数时，实际上传递的是数组第一个元素的地址。为了讨论方便，我们将一段特定长度的内存统称为数组。C 语言的字符串是一个 `char` 类型的数组，字符串的长度需要根据表示结尾的 `NULL` 字符的位置确定。C 语言中没有切片类型。

在 Go 语言中，数组是一种值类型，而且数组的长度是数组类型的一个部分。Go 语言字符串对应一段长度确定的只读 `byte` 类型的内存。Go 语言的切片则是一个简化版的动态数组。

Go 语言和 C 语言的数组、字符串和切片之间的相互转换可以简化为 Go 语言的切片和 C 语言中指向一定长度内存的指针之间的转换。

CGO 的 C 虚拟包提供了以下一组函数，用于 Go 语言和 C 语言之间数组和字符串的双向转换：

```
// Go string to C string
// The C string is allocated in the C heap using malloc.
// It is the caller's responsibility to arrange for it to be
// freed, such as by calling C.free (be sure to include stdlib.h
// if C.free is needed).
func C.CString(string) *C.char

// Go []byte slice to C array
// The C array is allocated in the C heap using malloc.
// It is the caller's responsibility to arrange for it to be
// freed, such as by calling C.free (be sure to include stdlib.h
// if C.free is needed).
func C.CBytes([]byte) unsafe.Pointer

// C string to Go string
func C.GoString(*C.char) string

// C data with explicit length to Go string
func C.GoStringN(*C.char, C.int) string

// C data with explicit length to Go []byte
```

```
func C.GoBytes(unsafe.Pointer, C.int) []byte
```

其中C.Cstring()针对输入的 Go 字符串，克隆一个 C 语言格式的字符串，返回的字符串由 C 语言的 malloc()函数分配，不使用时需要通过 C 语言的 free()函数释放。C.CBytes()函数的功能和 C.CString()类似，用于从输入的 Go 语言字节切片克隆一个 C 语言版本的字节数组，同样返回的数组需要在合适的时候释放。C.GoString()用于将从 NULL 结尾的 C 语言字符串克隆一个 Go 语言字符串。C.GoStringN()是另一个字符数组克隆函数。C.GoBytes()用于从 C 语言数组，克隆一个 Go 语言字节切片。

该组辅助函数都是以克隆的方式运行。当 Go 语言字符串和切片向 C 语言转换时，克隆的内存由 C 语言的 malloc()函数分配，最终可以通过 free()函数释放。当 C 语言字符串或数组向 Go 语言转换时，克隆的内存由 Go 语言分配管理。通过该组转换函数，转换前和转换后的内存依然在各自的语言环境中，它们并没有跨越 Go 语言和 C 语言。克隆方式实现转换的优点是接口和内存管理都很简单，缺点是克隆需要分配新的内存和复制操作都会导致额外的开销。

在 reflect 包中有字符串和切片的定义：

```
type StringHeader struct {
    Data uintptr
    Len  int
}

type SliceHeader struct {
    Data uintptr
    Len  int
    Cap  int
}
```

如果不希望单独分配内存，可以在 Go 语言中直接访问 C 语言的内存空间：

```
/*
static char arr[10];
static char *s = "Hello";
*/
import "C"
import "fmt"

func main() {
    // 通过 reflect.SliceHeader 转换
    var arr0 []byte
    var arr0Hdr = (*reflect.SliceHeader)(unsafe.Pointer(&arr0))
    arr0Hdr.Data = uintptr(unsafe.Pointer(&C.arr[0]))
    arr0Hdr.Len = 10
    arr0Hdr.Cap = 10

    // 通过切片语法转换
    arr1 := (*[31]byte)(unsafe.Pointer(&C.arr[0]))[:10:10]

    var s0 string
```

```
    var s0Hdr = (*reflect.StringHeader)(unsafe.Pointer(&s0))
    s0Hdr.Data = uintptr(unsafe.Pointer(C.s))
    s0Hdr.Len = int(C.strlen(C.s))

    sLen := int(C.strlen(C.s))
    s1 := string((*[31]byte)(unsafe.Pointer(&C.s[0]))[:sLen:sLen])
}
```

因为Go语言的字符串是只读的，用户需要自己保证Go字符串在使用期间，底层对应的C字符串内容不会发生变化，内存不会被提前释放。

在CGO中，会为字符串和切片生成和上面结构对应的C语言版本的结构体：

```
typedef struct { const char *p; GoInt n; } GoString;
typedef struct { void *data; GoInt len; GoInt cap; } GoSlice;
```

在C语言中可以通过GoString和GoSlice来访问Go语言的字符串和切片。如果是Go语言中数组类型，可以将数组转为切片后再行转换。如果字符串或切片对应的底层内存空间由Go语言的运行时管理，那么在C语言中不能长时间保存Go内存对象。

关于CGO内存模型的细节在稍后的2.7节中会详细讨论。

2.3.5 指针间的转换

在C语言中，不同类型的指针是可以显式或隐式转换的，如果是隐式，则只是会在编译时给出一些警告信息。但是Go语言对于不同类型的转换非常严格，任何C语言中可能出现的警告信息在Go语言中都可能是错误！指针是C语言的灵魂，指针间的自由转换也是CGO代码中经常要解决的第一个重要的问题。

如果在Go语言中两个指针的类型完全一致，则不需要转换可以直接通用。如果一个指针类型是用type命令在另一个指针类型基础之上构建的，换言之，两个指针底层是结构完全相同的指针，那么我们可以通过直接强制转换语法进行指针间的转换。但是CGO经常要面对的是两个类型完全不同的指针间的转换，原则上这种操作在纯Go语言代码是严格禁止的。

CGO存在的一个目的就是打破Go语言的禁止，恢复C语言应有的指针的自由转换和指针运算。以下代码演示了如何将X类型的指针转换为Y类型的指针：

```
var p *X
var q *Y

q = (*Y)(unsafe.Pointer(p)) // *X => *Y
p = (*X)(unsafe.Pointer(q)) // *Y => *X
```

为了实现X类型指针到Y类型指针的转换，需要借助unsafe.Pointer作为中间桥接类型实现不同类型指针之间的转换。unsafe.Pointer指针类型类似C语言中的void*类型的指针。

图2-1给出的是指针间的转换流程的示意图。

任何类型的指针都可以通过强制转换为unsafe.Pointer指针类型去除原有的类型信息，然后再重新赋予新的指针类型而达到指针间转换的目的。

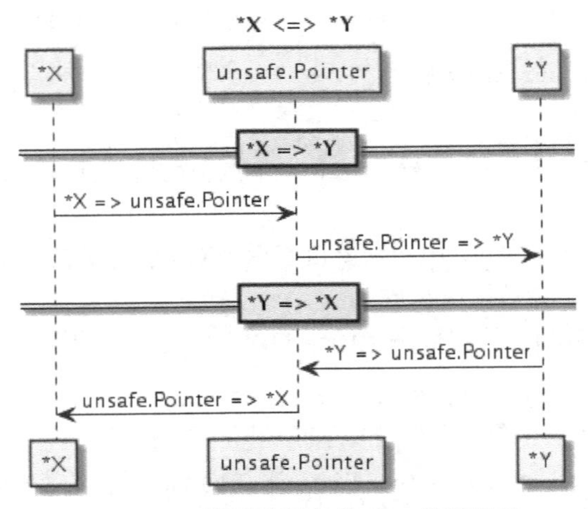

图 2-1　X 类型指针转换成 Y 类型指针

2.3.6　数值和指针的转换

不同类型指针间的转换看似复杂，但是在 CGO 中已经算是比较简单的了。在 C 语言中经常遇到用普通数值表示指针的场景，也就是说，如何实现数值和指针的转换也是 CGO 需要面对的一个问题。

为了严格控制指针的使用，Go 语言禁止将数值类型直接转换为指针类型！不过，Go 语言针对 `unsafe.Pointer` 指针类型特别定义了一个 `uintptr` 类型。我们可以 `uintptr` 为中介，实现数值类型到 `unsafe.Pointer` 指针类型的转换。再结合前面提到的方法，就可以实现数值和指针的转换了。

图 2-2 所示的流程图演示了如何实现 `int32` 类型到 C 语言的 `char*`字符串指针类型的相互转换。

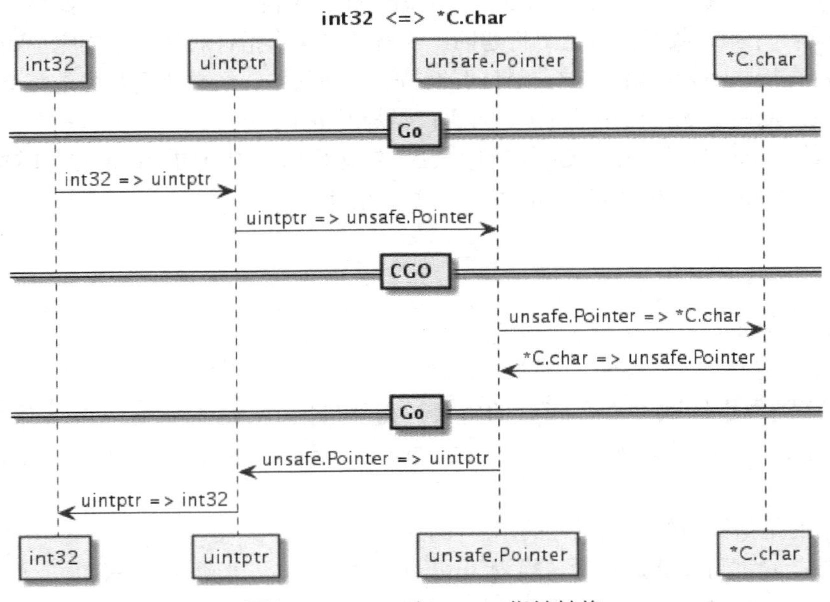

图 2-2　`int32` 和 `char*`指针转换

转换分为几个阶段，在每个阶段实现一个小目标：首先是 int32 到 uintptr 类型，然后是 uintptr 到 unsafe.Pointer 指针类型，最后是 unsafe.Pointer 指针类型到*C.char 类型。

2.3.7 切片间的转换

在 C 语言中数组也是一种指针，因此两个不同类型数组之间的转换和指针间的转换基本类似。但是在 Go 语言中，数组或数组对应的切片都不再是指针类型，因此也就无法直接实现不同类型的切片之间的转换。

不过 Go 语言的 reflect 包提供了切片类型的底层结构，再结合前面讨论的不同类型之间的指针转换技术就可以实现 []X 和 []Y 类型的切片转换：

```
var p []X
var q []Y

pHdr := (*reflect.SliceHeader)(unsafe.Pointer(&p))
qHdr := (*reflect.SliceHeader)(unsafe.Pointer(&q))

pHdr.Data = qHdr.Data
pHdr.Len = qHdr.Len * unsafe.Sizeof(q[0]) / unsafe.Sizeof(p[0])
pHdr.Cap = qHdr.Cap * unsafe.Sizeof(q[0]) / unsafe.Sizeof(p[0])
```

不同切片类型之间转换的思路是先构造一个空的目标切片，然后用原有切片的底层数据填充目标切片。如果类型 X 和 Y 的大小不同，则需要重新设置 Len 和 Cap 属性。需要注意的是，如果 X 或 Y 是空类型，则上述代码中可能导致除以 0 错误，实际代码需要根据情况酌情处理。

图 2-3 演示了切片间转换的具体流程。

针对 CGO 中常用的功能，作者封装了 github.com/chai2010/cgo 包，提供基本的转换功能，具体的细节可以参考实现代码。

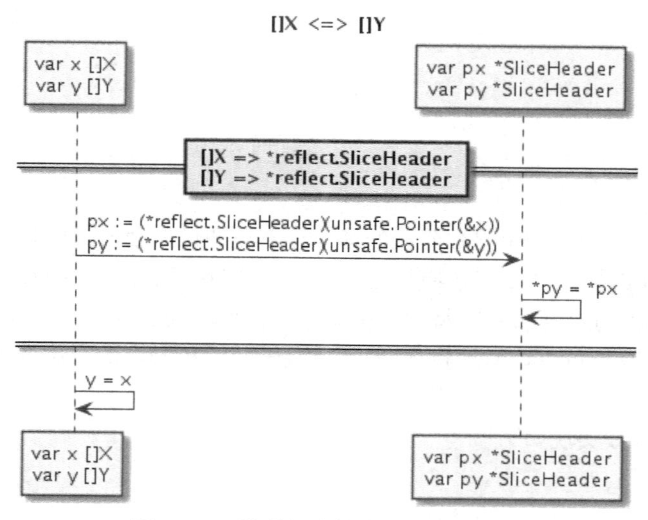

图 2-3 X 类型切片转换成 Y 类型切片

2.4　函数调用

函数是 C 语言编程的核心，通过 CGO 技术我们不仅可以在 Go 语言中调用 C 语言函数，也可以将 Go 语言函数导出为 C 语言函数。

2.4.1　Go 调用 C 函数

对于一个启用 CGO 特性的程序，CGO 会构造一个虚拟的 C 包。通过这个虚拟的 C 包可以调用 C 语言函数。

```
/*
static int add(int a, int b) {
    return a+b;
}
*/
import "C"

func main() {
    C.add(1, 1)
}
```

以上 CGO 代码首先定义了一个当前文件内可见的 `add()` 函数，然后通过 `C.add()` 调用 C 语言实现的函数。

2.4.2　C 函数的返回值

对于有返回值的 C 函数，我们可以正常获取返回值。

```
/*
static int div(int a, int b) {
    return a/b;
}
*/
import "C"
import "fmt"

func main() {
    v := C.div(6, 3)
    fmt.Println(v)
}
```

上面的 `div()` 函数实现了一个整数除法的运算，然后通过返回值返回除法的结果。

不过对于除数为 0 的情形并没有做特殊处理。现在希望在除数为 0 的时候返回一个错误，其他时候返回正常的结果。因为 C 语言不支持返回多个结果，所以`<errno.h>`标准库提供了一个 `errno` 宏用于返回错误状态。我们可以近似地将 `errno` 看成一个线程安全的全局变量，用于记录最近一次错误的状态码。

改进后的 `div()` 函数实现如下：

```
#include <errno.h>

int div(int a, int b) {
```

```
    if(b == 0) {
        errno = EINVAL;
        return 0;
    }
    return a/b;
}
```

CGO 也针对<errno.h>标准库的 errno 宏做了特殊支持：在 CGO 调用 C 函数时如果有两个返回值，那么第二个返回值将对应 errno 错误状态。

```
/*
#include <errno.h>

static int div(int a, int b) {
    if(b == 0) {
        errno = EINVAL;
        return 0;
    }
    return a/b;
}
*/
import "C"
import "fmt"

func main() {
    v0, err0 := C.div(2, 1)
    fmt.Println(v0, err0)

    v1, err1 := C.div(1, 0)
    fmt.Println(v1, err1)
}
```

运行这段代码将会产生以下输出：

```
2 <nil>
0 invalid argument
```

可以近似地将 div()函数看作以下类型的函数：

```
func C.div(a, b C.int) (C.int, [error])
```

第二个返回值是可忽略的 error 接口类型，底层对应 syscall.Errno 错误类型。

2.4.3 void 函数的返回值

C 语言函数还有一种没有返回值类型的函数，用 void 表示返回值类型。一般情况下，无法获取 void 类型函数的返回值，因为没有返回值可以获取。前面的例子中提到，CGO 对 errno 做了特殊处理，可以通过第二个返回值来获取 C 语言的错误状态。对于 void 类型函数，这个特性依然有效。

以下的代码是获取没有返回值函数的错误状态码：

```
//static void noreturn() {}
import "C"
import "fmt"
```

```
func main() {
    _, err := C.noreturn()
    fmt.Println(err)
}
```

此时，忽略了第一个返回值，只获取第二个返回值对应的错误码。

也可以尝试获取第一个返回值，它对应的是 C 语言的 void 对应的 Go 语言类型：

```
//static void noreturn() {}
import "C"
import "fmt"

func main() {
    v, _ := C.noreturn()
    fmt.Printf("%#v", v)
}
```

运行这段代码将会产生以下输出：

```
main._Ctype_void{}
```

我们可以看出 C 语言的 void 类型对应的是当前的 main 包中的_Ctype_void 类型。其实也将 C 语言的 noreturn()函数看作是返回_Ctype_void 类型的函数，这样就可以直接获取 void 类型函数的返回值：

```
//static void noreturn() {}
import "C"
import "fmt"

func main() {
    fmt.Println(C.noreturn())
}
```

运行这段代码将会产生以下输出：

```
[]
```

其实在 CGO 生成的代码中，_Ctype_void 类型对应一个长度为 0 的数组类型[0]byte，因此 fmt.Println 输出的是一对表示空数值的方括号。

以上有效特性虽然看似有些无聊，但是通过这些例子我们可以精确掌握 CGO 代码的边界，可以从更深层次的设计的角度来思考产生这些奇怪特性的原因。

2.4.4　C 调用 Go 导出函数

CGO 还有一个强大的特性：将 Go 函数导出为 C 语言函数。这样的话就可以定义好 C 语言接口，然后通过 Go 语言实现。在 2.1 节中已经展示过 Go 语言导出 C 语言函数的例子。

下面是用 Go 语言重新实现本节开始的 add()函数：

```
import "C"
```

```
//export add
func add(a, b C.int) C.int {
    return a+b
}
```

add()函数名以小写字母开头，对于 Go 语言来说是包内的私有函数。但是从 C 语言角度来看，导出的 add()函数是一个可全局访问的 C 语言函数。如果在两个不同的 Go 语言包内，存在一个同名的要导出为 C 语言函数的 add()函数，那么在最终的链接阶段将会出现重名的问题。

CGO 生成的_cgo_export.h 文件会包含导出后的 C 语言函数的声明。我们可以在纯 C 源文件中包含_cgo_export.h 文件来引用导出的 add()函数。如果希望在当前的 CGO 文件中马上使用导出的 C 语言 add()函数，则无法引用_cgo_export.h 文件。因为_cgo_export.h 文件的生成需要依赖当前文件才可以正常构建，如果当前文件内部循环依赖还未生成的_cgo_export.h 文件，将会导致 CGO 命令错误。

```
#include "_cgo_export.h"

void foo() {
    add(1, 1);
}
```

当导出 C 语言接口时，需要保证函数的参数和返回值类型都是 C 语言友好的类型，同时返回值不得直接或间接包含 Go 语言内存空间的指针。

2.5 内部机制

对刚刚接触 CGO 用户来说，CGO 的很多特性类似魔法。CGO 特性主要是通过一个叫 cgo 的命令行工具来辅助输出 Go 语言和 C 语言之间的桥接代码。本节我们尝试从生成的代码分析 Go 语言和 C 语言函数直接相互调用的流程。

2.5.1 CGO 生成的中间文件

要了解 CGO 技术的底层秘密，首先需要了解 CGO 生成了哪些中间文件。我们可以在构建一个 cgo 包时增加一个-work 输出中间生成文件所在的目录，并且在构建完成时保留中间文件。如果是比较简单的 CGO 代码，也可以直接通过手工调用 go tool cgo 命令来查看生成的中间文件。

在一个 Go 源文件中，如果出现了 import "C"指令，则表示将调用 cgo 命令生成对应的中间文件。图 2-4 给出的是 CGO 生成的中间文件的简单示意图。

包中有 4 个 Go 文件，其中以 nocgo 开头的文件中没有 import "C"指令，则另外两个文件包含了 CGO 代码。cgo 命令会为每个包含了 CGO 代码的 Go 文件创建两个中间文件，例如 main.go 会分别创建 main.cgo1.go 和 main.cgo2.c 两个中间文件。然后会为整个包创建一个 Go 文件_cgo_gotypes.go，其中包含 Go 语言部分辅助代码。此外还会创建一个_cgo_export.h 文件和一个_cgo_export.c 文件，对应 Go 语言导出到 C 语言的类型和函数。

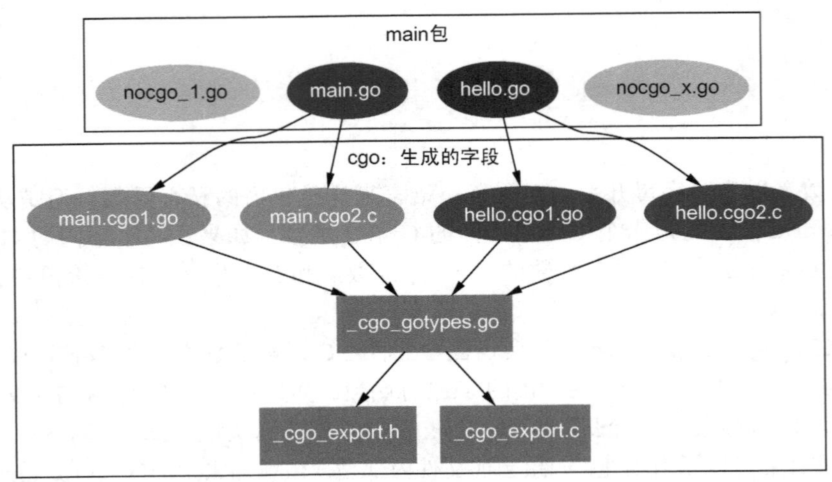

图 2-4　CGO 生成的中间文件

2.5.2　Go 调用 C 函数

Go 调用 C 函数是 CGO 最常见的应用场景，我们将从最简单的例子入手分析 Go 调用 C 函数的详细流程。

具体代码如下（main.go）：

```
package main

//int sum(int a, int b) { return a+b; }
import "C"

func main() {
    println(C.sum(1, 1))
}
```

首先构建并运行该例子没有错误。然后通过 cgo 命令行工具在_obj 目录生成中间文件：

```
$ go tool cgo main.go
```

查看_obj 目录生成中间文件：

```
$ ls _obj | awk '{print $NF}'
_cgo_.o
_cgo_export.c
_cgo_export.h
_cgo_flags
_cgo_gotypes.go
_cgo_main.c
main.cgo1.go
main.cgo2.c
```

其中文件_cgo_.o、_cgo_flags 和_cgo_main.c 和我们的代码没有直接的逻辑关联，可以暂时忽略。

先查看 main.cgo1.go 文件，它是 main.go 文件展开虚拟 C 包相关函数和变量后的 Go 代码：

```
package main

//int sum(int a, int b) { return a+b; }
import _ "unsafe"

func main() {
    println((_Cfunc_sum)(1, 1))
}
```

其中 C.sum(1, 1)函数调用被替换成了(_Cfunc_sum)(1, 1)。每一个 C.xxx 格式的函数都会被替换为_Cfunc_xxx 格式的纯 Go 函数，其中前缀_Cfunc_表示这是一个 C 函数，对应一个私有的 Go 桥接函数。

_Cfunc_sum()函数在 CGO 生成的_cgo_gotypes.go 文件中定义：

```
//go:cgo_unsafe_args
func _Cfunc_sum(p0 _Ctype_int, p1 _Ctype_int) (r1 _Ctype_int) {
    _cgo_runtime_cgocall(_cgo_506f45f9fa85_Cfunc_sum, uintptr(unsafe.Pointer(&p0)))
    if _Cgo_always_false {
        _Cgo_use(p0)
        _Cgo_use(p1)
    }
    return
}
```

_Cfunc_sum()函数的参数和返回值_Ctype_int 类型对应 C.int 类型，命名的规则和_Cfunc_xxx 类似，不同的前缀用于区分函数和类型。

其中_cgo_runtime_cgocall()对应 runtime.cgocall()函数，函数的声明如下：

```
func runtime.cgocall(fn, arg unsafe.Pointer) int32
```

第一个参数是 C 语言函数的地址，第二个参数是存放 C 语言函数对应的参数结构体的地址。

在这个例子中，被传入的 C 语言函数_cgo_506f45f9fa85_Cfunc_sum 也是 CGO 生成的中间函数。函数在 main.cgo2.c 文件中定义：

```
void _cgo_506f45f9fa85_Cfunc_sum(void *v) {
    struct {
        int p0;
        int p1;
        int r;
        char __pad12[4];
    } __attribute__((__packed__)) *a = v;
    char *stktop = _cgo_topofstack();
    __typeof__(a->r) r;
    _cgo_tsan_acquire();
    r = sum(a->p0, a->p1);
```

```
    _cgo_tsan_release();
    a = (void*)((char*)a + (_cgo_topofstack() - stktop));
    a->r = r;
}
```

这个函数参数只有一个 void 范型的指针，函数没有返回值。真实的 sum() 函数的函数参数和返回值均通过唯一的参数指针类实现。

_cgo_506f45f9fa85_Cfunc_sum() 函数的指针指向的结构为：

```
struct {
    int p0;
    int p1;
    int r;
    char __pad12[4];
} __attribute__((__packed__)) *a = v;
```

其中 p0 成员对应 sum 的第一个参数，p1 成员对应 sum 的第二个参数，r 成员，__pad12 用于填充结构体保证对齐 CPU 机器字的整倍数。

然后从参数指向的结构体获取调用参数后开始调用真实的 C 语言版 sum() 函数，并且将返回值保存到结构体内返回值对应的成员。

Go 语言和 C 语言有着不同的内存模型和函数调用规范。其中_cgo_topofstack() 函数相关的代码用于 C 函数调用后恢复调用栈。_cgo_tsan_acquire() 和_cgo_tsan_release() 则用于扫描 CGO 相关函数的输入参数和返回值中的指针是否满足规范。

C.sum() 的整个调用流程图如图 2-5 所示。

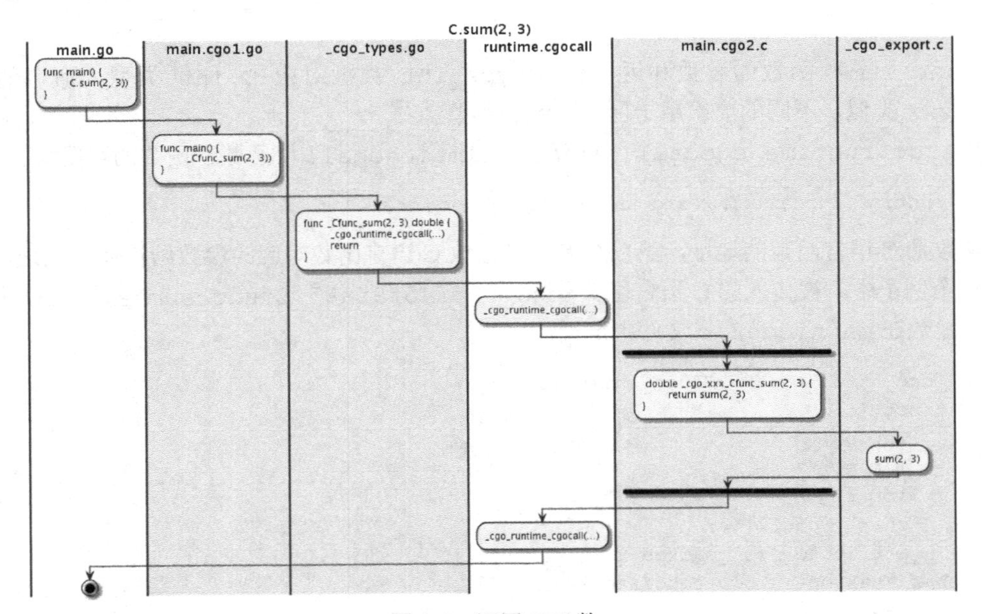

图 2-5　调用 C 函数

其中 runtime.cgocall() 函数是实现 Go 语言到 C 语言函数跨界调用的关键。更详细的细节可以参考 https://golang.org/src/cmd/cgo/doc.go 内部的代码注释和 runtime.cgocall() 函数的实现。

2.5.3 C 调用 Go 函数

在简单分析了 Go 调用 C 函数的流程后，现在来分析 C 反向调用 Go 函数的流程。同样，我们先构造一个 Go 语言版本的 sum() 函数，文件名同样为 main.go：

```
package main

//int sum(int a, int b);
import "C"

//export sum
func sum(a, b C.int) C.int {
    return a + b
}

func main() {}
```

CGO 的语法细节不再赘述。为了在 C 语言中使用 sum() 函数，我们需要将 Go 代码编译为一个 C 静态库：

```
$ go build -buildmode=c-archive -o sum.a sum.go
```

如果没有错误的话，以上编译命令将生成一个 sum.a 静态库和 sum.h 头文件。其中 sum.h 头文件将包含 sum() 函数的声明，静态库中将包含 sum() 函数的实现。

要分析生成的 C 语言版 sum() 函数的调用流程，同样需要分析 CGO 生成的中间文件：

```
$ go tool cgo main.go
```

_obj 目录还是生成类似的中间文件。为了查看方便，我们刻意忽略了无关的几个文件：

```
$ ls _obj | awk '{print $NF}'
_cgo_export.c
_cgo_export.h
_cgo_gotypes.go
main.cgo1.go
main.cgo2.c
```

其中_cgo_export.h 文件和生成 C 静态库时产生的 sum.h 头文件是同一个文件，里面同样包含 sum() 函数的声明。

既然 C 语言是主调用者，我们需要先从 C 语言版 sum() 函数的实现开始分析。C 语言版的 sum() 函数在生成的_cgo_export.c 文件中（该文件包含的是 Go 语言导出函数对应的 C 语言函数实现）：

```
int sum(int p0, int p1)
{
    __SIZE_TYPE__ _cgo_ctxt = _cgo_wait_runtime_init_done();
    struct {
```

```
        int p0;
        int p1;
        int r0;
        char __pad0[4];
    } __attribute__((__packed__)) a;
    a.p0 = p0;
    a.p1 = p1;
    _cgo_tsan_release();
    crosscall2(_cgoexp_8313eaf44386_sum, &a, 16, _cgo_ctxt);
    _cgo_tsan_acquire();
    _cgo_release_context(_cgo_ctxt);
    return a.r0;
}
```

sum()函数的内容采用和前面类似的技术，将sum()函数的参数和返回值打包到一个结构体中，然后通过 runtime/cgo.crosscall2()函数将结构体传给_cgoexp_8313eaf44386_sum()函数执行。

runtime/cgo.crosscall2 函数采用汇编语言实现，它对应的函数声明如下：

```
func runtime/cgo.crosscall2(
    fn func(a unsafe.Pointer, n int32, ctxt uintptr),
    a unsafe.Pointer, n int32,
    ctxt uintptr,
)
```

其中关键的是 fn 和 a，fn 是中间代理函数的指针，a 是对应调用参数和返回值的结构体指针。

中间的_cgoexp_8313eaf44386_sum 代理函数在_cgo_gotypes.go 文件：

```
func _cgoexp_8313eaf44386_sum(a unsafe.Pointer, n int32, ctxt uintptr) {
    fn := _cgoexpwrap_8313eaf44386_sum
    _cgo_runtime_cgocallback(**(**unsafe.Pointer)(unsafe.Pointer(&fn)), a, uintptr(n)
, ctxt);
}

func _cgoexpwrap_8313eaf44386_sum(p0 _Ctype_int, p1 _Ctype_int) (r0 _Ctype_int) {
    return sum(p0, p1)
}
```

内部将 sum()的包装函数_cgoexpwrap_8313eaf44386_sum()作为函数指针，然后由_cgo_runtime_cgocallback()函数完成 C 语言到 Go 函数的回调工作。

_cgo_runtime_cgocallback()函数对应 runtime.cgocallback()函数，函数的类型如下：

```
func runtime.cgocallback(fn, frame unsafe.Pointer, framesize, ctxt uintptr)
```

参数分别是函数指针、函数参数和返回值对应结构体的指针、函数调用帧大小和上下文参数。

整个调用流程图如图 2-6 所示。

其中 runtime.cgocallback()函数是实现 C 语言到 Go 语言函数跨界调用的关键。更详细的细节可以参考相关函数的实现。

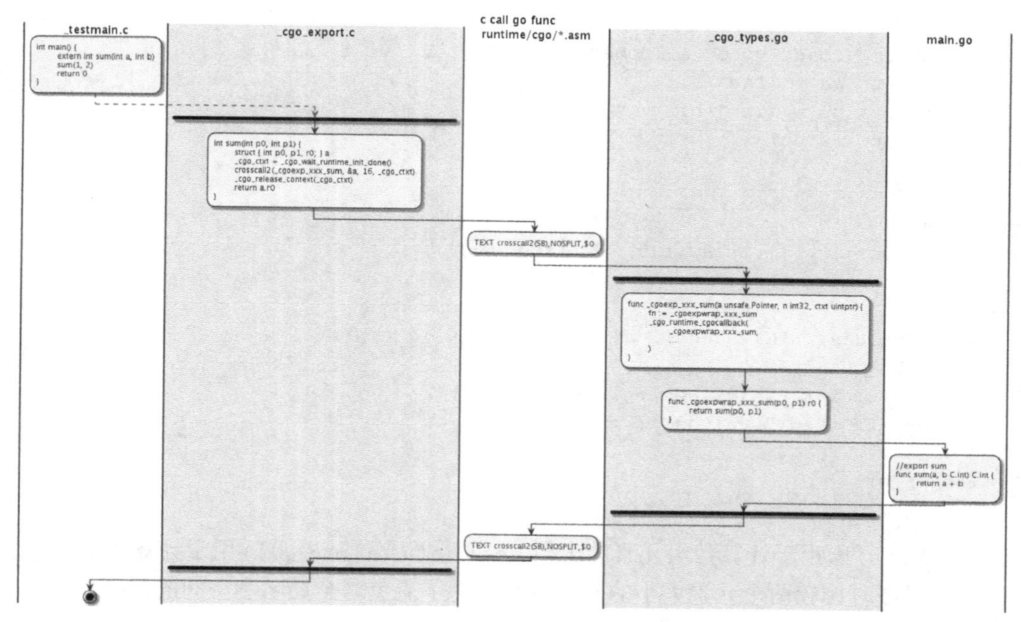

图 2-6 调用导出的 Go 函数

2.6 实战：封装 qsort

qsort()快速排序函数是 C 语言的高阶函数，支持用于自定义排序比较函数，可以对任意类型的数组进行排序。本节我们尝试基于 C 语言的 qsort()函数封装一个 Go 语言版的 qsort()函数。

2.6.1 认识 qsort()函数

qsort()快速排序函数由<stdlib.h>标准库提供，函数的声明如下：

```
void qsort(
    void* base, size_t num, size_t size,
    int (*cmp)(const void*, const void*)
);
```

其中参数 base 是要排序数组的首个元素的地址，num 是数组中元素的个数，size 是数组中每个元素的大小。最关键是 cmp()比较函数，用于对数组中任意两个元素进行排序。cmp()比较函数的两个指针参数分别是要比较的两个元素的地址，如果第一个参数对应的元素大于第二个参数对应的元素将返回结果大于 0，如果两个元素相等则返回 0，如果第一个元素小于第二个元素则返回结果小于 0。

下面的例子是用 C 语言的 qsort()对一个 int 类型的数组进行排序：

```
#include <stdio.h>
#include <stdlib.h>

#define DIM(x)  (sizeof(x)/sizeof((x)[0]))
```

```
static int cmp(const void* a, const void* b) {
    const int* pa = (int*)a;
    const int* pb = (int*)b;
    return *pa - *pb;
}

int main() {
    int values[] = { 42, 8, 109, 97, 23, 25 };
    int i;

    qsort(values, DIM(values), sizeof(values[0]), cmp);

    for(i = 0; i < DIM(values); i++) {
        printf ("%d ",values[i]);
    }
    return 0;
}
```

其中 `DIM(values)`宏用于计算数组元素的个数，`sizeof(values[0])`用于计算数组元素的大小。`cmp()`是用于排序时比较两个元素大小的回调函数。为了避免对全局名字空间的污染，将 `cmp()`回调函数定义为仅当前文件内可访问的静态函数。

2.6.2 将 qsort()函数从 Go 包导出

为了方便 Go 语言的非 CGO 用户使用 `qsort()`函数，需要将 C 语言的 `qsort()`函数包装为一个外部可以访问的 Go 函数。

用 Go 语言将 `qsort()`函数重新包装为 `qsort.Sort()`函数：

```
package qsort

//typedef int (*qsort_cmp_func_t)(const void* a, const void* b);
import "C"
import "unsafe"

func Sort(
    base unsafe.Pointer, num, size C.size_t,
    cmp C.qsort_cmp_func_t,
) {
    C.qsort(base, num, size, cmp)
}
```

由于 Go 语言的 CGO 语言不好直接表达 C 语言的函数类型，因此在 C 语言空间将比较函数类型重新定义为一个 `qsort_cmp_func_t` 类型。

虽然 `Sort()`函数已经导出了，但是对于 `qsort` 包之外的用户依然不能直接使用该函数——`Sort()`函数的参数还包含了虚拟的 C 包提供的类型。在 2.5 节中已经提过，虚拟的 C 包下的任何名称其实都会被映射为包内的私有名字。例如，`C.size_t` 类型会被展开为`_Ctype_size_t`，`C.qsort_cmp_func_t` 类型会被展开为`_Ctype_qsort_cmp_func_t`。

被 CGO 处理后的 Sort() 函数的类型如下：

```
func Sort(
    base unsafe.Pointer, num, size _Ctype_size_t,
    cmp _Ctype_qsort_cmp_func_t,
)
```

这样将会导致包外部由于无法构造_Ctype_size_t 和_Ctype_qsort_cmp_func_t 类型的参数而无法使用 Sort() 函数。因此，导出的 Sort() 函数的参数和返回值要避免对虚拟 C 包的依赖。

重新调整 Sort() 函数的参数类型和实现如下：

```
/*
#include <stdlib.h>

typedef int (*qsort_cmp_func_t)(const void* a, const void* b);
*/
import "C"
import "unsafe"

type CompareFunc C.qsort_cmp_func_t

func Sort(base unsafe.Pointer, num, size int, cmp CompareFunc) {
    C.qsort(base, C.size_t(num), C.size_t(size), C.qsort_cmp_func_t(cmp))
}
```

我们将虚拟 C 包中的类型通过 Go 语言类型代替，在内部调用 C 函数时重新转换为 C 函数需要的类型。因此外部用户将不再依赖 qsort 包内的虚拟 C 包。

以下代码展示了 Sort() 函数的使用方式：

```
package main

//extern int go_qsort_compare(void* a, void* b);
import "C"

import (
    "fmt"
    "unsafe"

    qsort "."
)

//export go_qsort_compare
func go_qsort_compare(a, b unsafe.Pointer) C.int {
    pa, pb := (*C.int)(a), (*C.int)(b)
    return C.int(*pa - *pb)
}

func main() {
    values := []int32{42, 9, 101, 95, 27, 25}
```

```
    qsort.Sort(unsafe.Pointer(&values[0]),
        len(values), int(unsafe.Sizeof(values[0])),
        qsort.CompareFunc(C.go_qsort_compare),
    )
    fmt.Println(values)
}
```

为了使用 Sort() 函数，需要将 Go 语言的切片取首地址、元素个数、元素大小等信息作为调用参数，同时还需要提供一个 C 语言规格的比较函数，其中 go_qsort_compare 是用 Go 语言实现的，并导出到 C 语言空间的函数，用于 qsort 排序时的比较函数。

目前已经实现了对 C 语言的 qsort 初步包装，并且可以通过包的方式被其他用户使用。但是 qsort.Sort() 函数有很多不便使用之处：用户要提供 C 语言的比较函数，这对许多 Go 语言用户是一个挑战。下一步我们将继续改进 qsort() 函数的包装函数，尝试通过闭包函数代替 C 语言的比较函数。消除用户对 CGO 代码的直接依赖。

2.6.3 改进：闭包函数作为比较函数

在改进之前我们先回顾一下 Go 语言 sort 包自带的排序函数的接口：

```
func Slice(slice interface{}, less func(i, j int) bool)
```

标准库的 sort.Slice 由于支持通过闭包函数指定比较函数，对切片的排序非常简单：

```
import "sort"

func main() {
    values := []int32{42, 9, 101, 95, 27, 25}

    sort.Slice(values, func(i, j int) bool {
        return values[i] < values[j]
    })

    fmt.Println(values)
}
```

也可以尝试将 C 语言的 qsort() 函数包装为以下格式的 Go 语言函数：

```
package qsort

func Sort(base unsafe.Pointer, num, size int, cmp func(a, b unsafe.Pointer) int)
```

闭包函数无法导出为 C 语言函数，因此无法直接将闭包函数传入 C 语言的 qsort() 函数。为此可以用 Go 构造一个可以导出为 C 语言的代理函数，然后通过一个全局变量临时保存当前的闭包比较函数。代码如下：

```
var go_qsort_compare_info struct {
    fn func(a, b unsafe.Pointer) int
    sync.Mutex
}
```

```
//export _cgo_qsort_compare
func _cgo_qsort_compare(a, b unsafe.Pointer) C.int {
    return C.int(go_qsort_compare_info.fn(a, b))
}
```

其中导出的 C 语言函数`_cgo_qsort_compare`是公用的`qsort`比较函数，内部通过`go_qsort_compare_info.fn`来调用当前的闭包比较函数。

新的`Sort()`包装函数实现如下：

```
/*
#include <stdlib.h>

typedef int (*qsort_cmp_func_t)(const void* a, const void* b);
extern int _cgo_qsort_compare(void* a, void* b);
*/
import "C"

func Sort(base unsafe.Pointer, num, size int, cmp func(a, b unsafe.Pointer) int) {
    go_qsort_compare_info.Lock()
    defer go_qsort_compare_info.Unlock()

    go_qsort_compare_info.fn = cmp

    C.qsort(base, C.size_t(num), C.size_t(size),
        C.qsort_cmp_func_t(C._cgo_qsort_compare),
    )
}
```

每次排序前，对全局的`go_qsort_compare_info`变量加锁，同时将当前的闭包函数保存到全局变量，然后调用 C 语言的`qsort()`函数。

基于新包装的函数，我们可以简化之前的排序代码：

```
func main() {
    values := []int32{42, 9, 101, 95, 27, 25}

    qsort.Sort(unsafe.Pointer(&values[0]), len(values), int(unsafe.Sizeof(values[0])),
        func(a, b unsafe.Pointer) int {
            pa, pb := (*int32)(a), (*int32)(b)
            return int(*pa - *pb)
        },
    )

    fmt.Println(values)
}
```

现在排序不再需要通过 CGO 实现 C 语言版本的比较函数了，可以传入 Go 语言闭包函数作为比较函数。但是导入的排序函数依然依赖`unsafe`包，这是违背 Go 语言编程习惯的。

2.6.4　改进：消除用户对 **unsafe** 包的依赖

前一个版本的 qsort.Sort() 包装函数已经比最初的 C 语言版的 qsort() 易用很多，但是依然保留了很多 C 语言底层数据结构的细节。现在将继续改进包装函数，尝试消除对 unsafe 包的依赖，并实现一个类似标准库中 sort.Slice 的排序函数。

新的包装函数声明如下：

```
package qsort

func Slice(slice interface{}, less func(a, b int) bool)
```

首先，将 slice 作为接口类型参数传入，这样可以适配不同的切片类型。然后切片的首个元素的地址、元素个数和元素大小可以通过 reflect 反射包从切片中获取。

为了保存必要的排序上下文信息，需要在全局包变量增加要排序数组的地址、元素个数和元素大小等信息，比较函数改为 less()：

```
var go_qsort_compare_info struct {
    base     unsafe.Pointer
    elemnum  int
    elemsize int
    less     func(a, b int) bool
    sync.Mutex
}
```

同样比较函数需要根据元素指针、排序数组的开始地址和元素的大小计算出元素对应数组的索引下标，然后根据 less() 函数的比较结果返回 qsort() 函数需要格式的比较结果。

```
//export _cgo_qsort_compare
func _cgo_qsort_compare(a, b unsafe.Pointer) C.int {
    var (
        // array memory is locked
        base     = uintptr(go_qsort_compare_info.base)
        elemsize = uintptr(go_qsort_compare_info.elemsize)
    )

    i := int((uintptr(a) - base) / elemsize)
    j := int((uintptr(b) - base) / elemsize)

    switch {
    case go_qsort_compare_info.less(i, j): // v[i] < v[j]
        return -1
    case go_qsort_compare_info.less(j, i): // v[i] > v[j]
        return +1
    default:
        return 0
    }
}
```

新的 Slice() 函数的实现如下：

```
func Slice(slice interface{}, less func(a, b int) bool) {
    sv := reflect.ValueOf(slice)
    if sv.Kind() != reflect.Slice {
        panic(fmt.Sprintf("qsort called with non-slice value of type %T", slice))
    }
    if sv.Len() == 0 {
        return
    }

    go_qsort_compare_info.Lock()
    defer go_qsort_compare_info.Unlock()

    defer func() {
        go_qsort_compare_info.base = nil
        go_qsort_compare_info.elemnum = 0
        go_qsort_compare_info.elemsize = 0
        go_qsort_compare_info.less = nil
    }()

    go_qsort_compare_info.base = unsafe.Pointer(sv.Index(0).Addr().Pointer())
    go_qsort_compare_info.elemnum = sv.Len()
    go_qsort_compare_info.elemsize = int(sv.Type().Elem().Size())
    go_qsort_compare_info.less = less

    C.qsort(
        go_qsort_compare_info.base,
        C.size_t(go_qsort_compare_info.elemnum),
        C.size_t(go_qsort_compare_info.elemsize),
        C.qsort_cmp_func_t(C._cgo_qsort_compare),
    )
}
```

首先需要判断传入的接口类型是否是切片类型。然后通过反射获取 `qsort()` 函数需要的切片信息，并调用 C 语言的 `qsort()` 函数。

基于新包装的函数，可以采用和标准库相似的方式排序切片：

```
import (
    "fmt"

    qsort "."
)

func main() {
    values := []int64{42, 9, 101, 95, 27, 25}

    qsort.Slice(values, func(i, j int) bool {
        return values[i] < values[j]
    })

    fmt.Println(values)
```

```
}
```

为了避免在排序过程中排序数组的上下文信息 go_qsort_compare_info 被修改，我们进行了全局加锁。因此目前版本的 qsort.Slice()函数是无法并发执行的，读者可以自己尝试改进这个限制。

2.7　CGO 内存模型

CGO 是架接 Go 语言和 C 语言的桥梁，它使二者在二进制接口层面实现了互通，但是我们要注意两种语言的内存模型的差异可能引起的问题。如果在 CGO 处理的跨语言函数调用时涉及了指针的传递，则可能会出现 Go 语言和 C 语言共享某一段内存的场景。我们知道 C 语言的内存在分配之后就是稳定的，但是 Go 语言函数栈的动态伸缩可能导致栈中内存地址的移动（这是 Go 和 C 内存模型的最大差异）。如果 C 语言持有的是移动之前的 Go 指针，那么以旧指针访问 Go 对象时会导致程序崩溃。

2.7.1　Go 访问 C 内存

C 语言空间的内存是稳定的，只要不是被人为提前释放，那么在 Go 语言空间就可以放心大胆地使用。在 Go 语言访问 C 语言内存是最简单的情形，我们在之前的例子中已经见过多次。

因为 Go 语言实现的限制，无法在 Go 语言中创建大于 2 GB 内存的切片（具体请参考 runtime 包中的 makeslice 函数的实现代码）。不过借助 CGO 技术，我们可以在 C 语言环境创建大于 2 GB 的内存，然后转为 Go 语言的切片使用：

```
package main

/*
#include <stdlib.h>

void* makeslice(size_t memsize) {
    return malloc(memsize);
}
*/
import "C"
import "unsafe"

func makeByteSlize(n int) []byte {
    p := C.makeslice(C.size_t(n))
    return ((*[1 << 31]byte)(p))[0:n:n]
}

func freeByteSlice(p []byte) {
    C.free(unsafe.Pointer(&p[0]))
}

func main() {
    s := makeByteSlize(1<<32+1)
```

```
    s[len[s]-1] = 1234
    print(s[len[s]-1])
    freeByteSlice(p)
}
```

上述例子中我们通过 makeByteSlize 来创建大于 4 GB 内存的切片，从而绕过了 Go 语言实现的限制（需要代码验证）。而 freeByteSlice 辅助函数则用于释放从 C 语言函数创建的切片。

因为 C 语言内存空间是稳定的，所以基于 C 语言内存构造的切片也是绝对稳定的，不会因为 Go 语言栈的变化而被移动。

2.7.2 C 临时访问传入的 Go 内存

CGO 之所以存在的一大因素是为了方便在 Go 语言中接纳吸收过去几十年来使用 C/C++语言构建的大量的软件资源。C/C++很多库都是需要通过指针直接处理传入的内存数据的，因此 CGO 中也有很多需要将 Go 内存传入 C 语言函数的应用场景。

假设一个极端场景：将一块位于某 Goroutine 的栈上的 Go 语言内存传入了 C 语言函数后，在此 C 语言函数执行期间，此 Goroutine 的栈由于空间不足的原因进行了扩展，也就是原来的 Go 语言内存被移动到了新的位置。但是此时此刻 C 语言函数并不知道该 Go 语言内存已经移动了位置，仍然用之前的地址来操作该内存——这将导致内存越界。以上是一个推论（真实情况有些差异），也就是说 C 访问传入的 Go 内存可能是不安全的！

当然有 RPC 远程过程调用的经验的用户可能会考虑通过完全传值的方式处理：借助 C 语言内存稳定的特性，在 C 语言空间先开辟同样大小的内存，然后将 Go 的内存填充到 C 的内存空间，返回的内存也如此处理。下面的例子是这种思路的具体实现：

```
package main

/*
void printString(const char* s) {
    printf("%s", s);
}
*/
import "C"

func printString(s string) {
    cs := C.CString(s)
    defer C.free(unsafe.Pointer(cs))

    C.printString(cs)
}

func main() {
    s := "hello"
    printString(s)
}
```

在需要将 Go 的字符串传入 C 语言时，先通过 C.CString 将 Go 语言字符串对应的内存数据复制到新创建的 C 语言内存空间上。上面例子的处理思路虽然是安全的，但是效率极其低下（因为要多次分配内存并逐个复制元素），同时也极其烦琐。

为了简化并高效处理此种向 C 语言传入 Go 语言内存的问题，CGO 针对该场景定义了专门的规则：在 CGO 调用的 C 语言函数返回前，CGO 保证传入的 Go 语言内存在此期间不会发生移动，C 语言函数可以大胆地使用 Go 语言的内存！

根据新的规则，我们可以直接传入 Go 字符串的内存：

```
package main

/*
#include<stdio.h>

void printString(const char* s, int n) {
    int i;
    for(i = 0; i < n; i++) {
        putchar(s[i]);
    }
    putchar('\n');
}
*/
import "C"

func printString(s string) {
    p := (*reflect.StringHeader)(unsafe.Pointer(&s))
    C.printString((*C.char)(unsafe.Pointer(p.Data)), C.int(len(s)))
}

func main() {
    s := "hello"
    printString(s)
}
```

现在的处理方式更加直接，且避免了分配额外的内存。这是完美的解决方案！

任何完美的技术都有被滥用的时候，CGO 的这种看似完美的规则也是存在隐患的。我们假设调用的 C 语言函数需要长时间运行，那么将会导致被它引用的 Go 语言内存在 C 语言返回前不能被移动，从而可能间接地导致这个 Go 内存栈对应的 Goroutine 不能动态伸缩栈内存，也就是可能导致这个 Goroutine 被阻塞。因此，在需要长时间运行的 C 语言函数（特别是在纯 CPU 运算之外，还可能因为需要等待其他资源而需要不确定时间才能完成的函数），需要谨慎处理传入的 Go 语言内存。

不过需要小心的是，在取得 Go 内存后需要马上传入 C 语言函数，不能保存到临时变量后再间接传入 C 语言函数。因为 CGO 只能保证在 C 函数调用之后被传入的 Go 语言内存不会发生移动，它并不能保证在传入 C 函数之前内存不发生变化。

以下代码是错误的：

```
// 错误的代码
tmp := uintptr(unsafe.Pointer(&x))
pb := (*int16)(unsafe.Pointer(tmp))
```

```
*pb = 42
```

因为 tmp 并不是指针类型，所以在它获取到 Go 对象地址之后 x 对象可能会被移动，但是因为不是指针类型，所以不会被 Go 语言运行时更新成新内存的地址。在非指针类型的 tmp 保持 Go 对象的地址和在 C 语言环境保持 Go 对象的地址的效果是一样的：如果原始的 Go 对象内存发生了移动，Go 语言运行时并不会同步更新它们。

2.7.3 C 长期持有 Go 指针对象

作为一名 Go 程序员，在使用 CGO 时会潜意识地认为总是 Go 调用 C 函数。其实 CGO 中，C 语言函数也可以回调 Go 语言实现的函数。特别是我们可以用 Go 语言写一个动态库，导出 C 语言规范的接口给其他用户调用。当 C 语言函数调用 Go 语言函数的时候，C 语言函数就成了程序的调用方，Go 语言函数返回的 Go 对象内存的生命周期也就自然超出了 Go 语言运行时的管理。简言之，不能在 C 语言函数中直接使用 Go 语言对象的内存。

虽然 Go 语言禁止在 C 语言函数中长期持有 Go 指针对象，但是这种需求是切实存在的。如果需要在 C 语言中访问 Go 语言内存对象，可以将 Go 语言内存对象在 Go 语言空间映射为一个 int 类型的 ID，然后通过此 ID 来间接访问和控制 Go 语言对象。

以下代码用于将 Go 对象映射为整数类型的 ObjectId，用完之后需要手工调用 free() 方法释放该对象 ID：

```
package main

import "sync"

type ObjectId int32

var refs struct {
    sync.Mutex
    objs map[ObjectId]interface{}
    next ObjectId
}

func init() {
    refs.Lock()
    defer refs.Unlock()

    refs.objs = make(map[ObjectId]interface{})
    refs.next = 1000
}

func NewObjectId(obj interface{}) ObjectId {
    refs.Lock()
    defer refs.Unlock()

    id := refs.next
    refs.next++
```

```
    refs.objs[id] = obj
    return id
}

func (id ObjectId) IsNil() bool {
    return id == 0
}

func (id ObjectId) Get() interface{} {
    refs.Lock()
    defer refs.Unlock()

    return refs.objs[id]
}

func (id *ObjectId) Free() interface{} {
    refs.Lock()
    defer refs.Unlock()

    obj := refs.objs[*id]
    delete(refs.objs, *id)
    *id = 0

    return obj
}
```

我们通过一个 map 来管理 Go 语言对象和 id 对象的映射关系。其中 NewObjectId 用于创建一个和对象绑定的 id，而 id 对象的方法可用于解码出原始的 Go 对象，也可以用于结束 id 和原始 Go 对象的绑定。

下面一组函数以 C 接口规范导出，可以被 C 语言函数调用：

```
package main

/*
#include <stdlib.h>
extern char* NewGoString(char* );
extern void FreeGoString(char* );
extern void PrintGoString(char* );

static void printString(const char* s) {
    char* gs = NewGoString(s);
    PrintGoString(gs);
    FreeGoString(gs);
}
*/
import "C"

//export NewGoString
func NewGoString(s *C.char) *C.char {
    gs := C.GoString(s)
    id := NewObjectId(gs)
```

```
    return (*C.char)(unsafe.Pointer(uintptr(id)))
}

//export FreeGoString
func FreeGoString(p *C.char) {
    id := ObjectId(uintptr(unsafe.Pointer(p)))
    id.Free()
}

//export PrintGoString
func PrintGoString(p *C.char) {
    id := ObjectId(uintptr(unsafe.Pointer(p)))
    gs := id.Get().(string)
    print(gs)
}

func main() {
    cs := C.CString("hello")
    defer C.free(unsafe.Pointer(cs))
    C.printString(cs)
}
```

在 `printString()` 函数中，我们通过 `NewGoString()` 创建一个对应的 Go 字符串对象，返回的其实是一个 `id`，不能直接使用。我们借助 `PrintGoString()` 函数将 `id` 解析为 Go 语言字符串后打印。该字符串在 C 语言函数中完全跨越了 Go 语言的内存管理，在 `PrintGoString` 调用前即使发生了栈伸缩导致的 Go 字符串地址变化也依然可以正常工作，因为该字符串对应的 `id` 是稳定的，所以在 Go 语言空间通过 `id` 解码得到的字符串也就是有效的。

2.7.4 导出 C 函数不能返回 Go 内存

在 Go 语言中，Go 是从一个固定的虚拟地址空间分配内存。而 C 语言分配的内存则不能使用 Go 语言保留的虚拟内存空间。在 CGO 环境，Go 语言运行时默认会检查导出返回的内存是否是由 Go 语言分配的，如果是则会抛出运行时异常。

下面是 CGO 运行时异常的例子：

```
/*
extern int* getGoPtr();

static void Main() {
    int* p = getGoPtr();
    *p = 42;
}
*/
import "C"

func main() {
    C.Main()
}

//export getGoPtr
func getGoPtr() *C.int {
```

```
    return new(C.int)
}
```

其中 getGoPtr()返回的虽然是 C 语言类型的指针，但是内存本身是从 Go 语言的 new()函数分配的，也就是由 Go 语言运行时统一管理的内存。然后我们在 C 语言的 Main()函数中调用了 getGoPtr()函数，此时默认将发送运行时异常：

```
$ go run main.go
panic: runtime error: cgo result has Go pointer

goroutine 1 [running]:
main._cgoexpwrap_cfb3840e3af2_getGoPtr.func1(0xc420051dc0)
  command-line-arguments/_obj/_cgo_gotypes.go:60 +0x3a
main._cgoexpwrap_cfb3840e3af2_getGoPtr(0xc420016078)
  command-line-arguments/_obj/_cgo_gotypes.go:62 +0x67
main._Cfunc_Main()
  command-line-arguments/_obj/_cgo_gotypes.go:43 +0x41
main.main()
  /Users/chai/go/src/github.com/chai2010 \
  /advanced-go-programming-book/examples/ch2-xx \
  /return-go-ptr/main.go:17 +0x20
exit status 2
```

异常说明 CGO 返回的结果中包含由 Go 语言分配的指针。指针的检查操作发生在 C 语言版的 getGoPtr()函数中，它是由 CGO 生成的桥接 C 语言和 Go 语言的函数。

下面是 CGO 生成的 C 语言版本 getGoPtr()函数的具体细节（在 CGO 生成的_cgo_export.c 文件定义）：

```
int* getGoPtr()
{
    __SIZE_TYPE__ _cgo_ctxt = _cgo_wait_runtime_init_done();
    struct {
        int* r0;
    } __attribute__((__packed__)) a;
    _cgo_tsan_release();
    crosscall2(_cgoexp_95d42b8e6230_getGoPtr, &a, 8, _cgo_ctxt);
    _cgo_tsan_acquire();
    _cgo_release_context(_cgo_ctxt);
    return a.r0;
}
```

其中_cgo_tsan_acquire()是从 LLVM 项目移植过来的内存指针扫描函数，它会检查 CGO 函数返回的结果是否包含 Go 指针。

需要说明的是，CGO 默认对返回结果的指针的检查是有代价的，特别是当 CGO 函数返回的结果是一个复杂的数据结构时将花费更多的时间。如果已经确保了 CGO 函数返回的结果是安全的话，那么可以通过设置环境变量 GODEBUG=cgocheck=0 来关闭指针检查行为。

```
$ GODEBUG=cgocheck=0 go run main.go
```

关闭 cgocheck 功能后再运行上面的代码就不会出现上面的异常。但是要注意的是，如果 C 语言使用期间对应的内存被 Go 运行时释放了，将会导致更严重的崩溃。cgocheck 的默认值是 1，对应一个简化版本的检测，如果需要完整的检测功能可以将 cgocheck 设置为 2。

关于 CGO 运行时指针检测的功能详细说明可以参考 Go 语言的官方文档。

2.8 C++类包装

CGO 是 C 语言和 Go 语言之间的桥梁，原则上无法直接支持 C++的类。CGO 不支持 C++语法的根本原因是 C++至今还没有一个二进制接口规范（Application Binary Interface，ABI）。一个 C++类的构造函数在编译为目标文件时如何生成链接符号名称、方法在不同平台甚至是 C++的不同版本都是不一样的。但是 C++兼容 C 语言，所以我们可以通过增加一组 C 语言函数接口作为 C++类和 CGO 之间的桥梁，这样就可以间接地实现 C++和 Go 之间的互联。当然，因为 CGO 只支持 C 语言中值类型的数据类型，所以无法直接使用 C++的引用参数等特性。

2.8.1 C++类到 Go 语言对象

实现 C++类到 Go 语言对象的包装需要经过这样几个步骤：首先是用纯 C 函数接口包装该 C++类；然后是通过 CGO 将纯 C 函数接口映射到 Go 函数；最后是做一个 Go 包装对象，将 C++类到方法用 Go 对象的方法实现。

1. 准备一个 C++类

为了演示简单，我们基于 std::string 做一个最简单的缓存类 MyBuffer。除构造函数和析构函数之外，只有两个成员函数分别返回底层的数据指针和缓存的大小。因为是二进制缓存，所以可以在里面放置任意数据。

```
// my_buffer.h
#include <string>

struct MyBuffer {
    std::string* s_;

    MyBuffer(int size) {
        this->s_ = new std::string(size, char('\0'));
    }
    ~MyBuffer() {
        delete this->s_;
    }

    int Size() const {
        return this->s_->size();
    }
    char* Data() {
        return (char*)this->s_->data();
    }
};
```

我们在构造函数中指定缓存的大小并分配空间，在使用完之后通过析构函数释放内部分配的内存空间。下面是简单的使用方式：

```
int main() {
    auto pBuf = new MyBuffer(1024);

    auto data = pBuf->Data();
    auto size = pBuf->Size();

    delete pBuf;
}
```

为了方便向 C 语言接口过渡，在此处我们故意没有定义 C++的复制构造函数。必须以 new 和 delete 来分配和释放缓存对象，而不能以值风格的方式来使用。

2. 用纯 C 函数接口封装 C++类

如果要将上面的 C++类用 C 语言函数接口封装，可以从使用方式入手。可以将 new 和 delete 映射为 C 语言函数，将对象的方法也映射为 C 语言函数。

在 C 语言中我们期望 MyBuffer 类可以这样使用：

```
int main() {
    MyBuffer* pBuf = NewMyBuffer(1024);

    char* data = MyBuffer_Data(pBuf);
    auto size = MyBuffer_Size(pBuf);

    DeleteMyBuffer(pBuf);
}
```

先从 C 语言接口用户的角度思考需要什么样的接口，然后创建 my_buffer_capi.h 头文件接口规范：

```
// my_buffer_capi.h
typedef struct MyBuffer_T MyBuffer_T;

MyBuffer_T* NewMyBuffer(int size);
void DeleteMyBuffer(MyBuffer_T* p);

char* MyBuffer_Data(MyBuffer_T* p);
int MyBuffer_Size(MyBuffer_T* p);
```

然后就可以基于 C++的 MyBuffer 类定义这些 C 语言包装函数。我们创建对应的 my_buffer_capi.cc 文件如下：

```
// my_buffer_capi.cc

#include "./my_buffer.h"

extern "C" {
```

```
    #include "./my_buffer_capi.h"
}

struct MyBuffer_T: MyBuffer {
    MyBuffer_T(int size): MyBuffer(size) {}
    ~MyBuffer_T() {}
};

MyBuffer_T* NewMyBuffer(int size) {
    auto p = new MyBuffer_T(size);
    return p;
}
void DeleteMyBuffer(MyBuffer_T* p) {
    delete p;
}

char* MyBuffer_Data(MyBuffer_T* p) {
    return p->Data();
}
int MyBuffer_Size(MyBuffer_T* p) {
    return p->Size();
}
```

因为头文件 my_buffer_capi.h 用于 CGO，所以必须采用 C 语言规范的名字修饰规则。在 C++源文件包含时需要用 extern "C"语句说明。另外 MyBuffer_T 的实现只是从 MyBuffer 继承的类，这样可以简化包装代码的实现。同时和 CGO 通信时必须通过 MyBuffer_T 指针，无法将具体的实现暴露给 CGO，因为实现中包含了 C++特有的语法，CGO 无法识别 C++特性。

将 C++类包装为纯 C 接口之后，下一步的工作就是将 C 函数转为 Go 函数。

3. 将纯 C 接口函数转为 Go 函数

将纯 C 函数包装为对应的 Go 函数的过程比较简单。需要注意的是，由于我们的包中包含 C++11 的语法，因此需要通过#cgo CXXFLAGS: -std=c++11 打开 C++11 的选项。

```
// my_buffer_capi.go

package main

/*
#cgo CXXFLAGS: -std=c++11

#include "my_buffer_capi.h"
*/
import "C"

type cgo_MyBuffer_T C.MyBuffer_T

func cgo_NewMyBuffer(size int) *cgo_MyBuffer_T {
    p := C.NewMyBuffer(C.int(size))
    return (*cgo_MyBuffer_T)(p)
```

```
}

func cgo_DeleteMyBuffer(p *cgo_MyBuffer_T) {
    C.DeleteMyBuffer((*C.MyBuffer_T)(p))
}

func cgo_MyBuffer_Data(p *cgo_MyBuffer_T) *C.char {
    return C.MyBuffer_Data((*C.MyBuffer_T)(p))
}

func cgo_MyBuffer_Size(p *cgo_MyBuffer_T) C.int {
    return C.MyBuffer_Size((*C.MyBuffer_T)(p))
}
```

为了区分，我们在 Go 中的每个类型和函数名称前面增加了 cgo_前缀，例如 cgo_MyBuffer_T 类型对应 C 中的 MyBuffer_T 类型。

为了处理简单，在将纯 C 函数包装为 Go 函数时，除 cgo_MyBuffer_T 类型外，对输入参数和返回值的基础类型，我们依然使用 C 语言的类型。

4. 包装为 Go 对象

将纯 C 接口包装为 Go 函数之后，就可以很容易地基于包装的 Go 函数构造出 Go 对象来。由于 cgo_MyBuffer_T 是从 C 语言空间导入的类型，它无法定义自己的方法，因此我们构造了一个新的 MyBuffer 类型，里面的成员持有 cgo_MyBuffer_T 指向的 C 语言缓存对象。

```
// my_buffer.go

package main

import "unsafe"

type MyBuffer struct {
    cptr *cgo_MyBuffer_T
}

func NewMyBuffer(size int) *MyBuffer {
    return &MyBuffer{
        cptr: cgo_NewMyBuffer(size),
    }
}

func (p *MyBuffer) Delete() {
    cgo_DeleteMyBuffer(p.cptr)
}

func (p *MyBuffer) Data() []byte {
    data := cgo_MyBuffer_Data(p.cptr)
    size := cgo_MyBuffer_Size(p.cptr)
    return ((*[1 << 31]byte)(unsafe.Pointer(data)))[0:int(size):int(size)]
}
```

同时，因为 Go 语言的切片本身含有长度信息，所以我们将 cgo_MyBuffer_Data()和 cgo_MyBuffer_Size()两个函数合并为 MyBuffer.Data()方法，它返回一个对应底层 C 语言缓存空间的切片。

现在我们就可以很容易在 Go 语言中使用包装后的缓存对象了（底层是基于 C++的 std::string 实现）：

```
package main

//#include <stdio.h>
import "C"
import "unsafe"

func main() {
    buf := NewMyBuffer(1024)
    defer buf.Delete()

    copy(buf.Data(), []byte("hello\x00"))
    C.puts((*C.char)(unsafe.Pointer(&(buf.Data()[0]))))
}
```

在上面的例子中，我们创建了一个 1024 字节的缓存，然后通过 copy()函数向缓存填充了一个字符串。为了方便 C 语言字符串函数处理，我们在填充字符串时默认用'\0'表示字符串结束。最后我们直接获取缓存的底层数据指针，用 C 语言的 puts()函数打印缓存的内容。

2.8.2 Go 语言对象到 C++类

要实现 Go 语言对象到 C++类的包装需要经过以下几个步骤：首先将 Go 对象映射为一个 id；然后基于 id 导出对应的 C 接口函数；最后基于 C 接口函数包装为 C++对象。

1. 构造一个 Go 对象

为了便于演示，我们用 Go 语言构建了一个 Person 对象，每个 Person 可以有名字和年龄信息：

```
package main

type Person struct {
    name string
    age  int
}

func NewPerson(name string, age int) *Person {
    return &Person{
        name: name,
        age:  age,
    }
}
```

```
func (p *Person) Set(name string, age int) {
    p.name = name
    p.age = age
}

func (p *Person) Get() (name string, age int) {
    return p.name, p.age
}
```

如果想要在 C/C++中访问 Person 对象，需要通过 CGO 导出 C 接口来访问。

2. 导出 C 接口

我们仿照前面 C++对象到 C 接口的过程，也抽象一组 C 接口描述 Person 对象。创建一个 person_capi.h 文件，对应 C 接口规范文件：

```
// person_capi.h
#include <stdint.h>

typedef uintptr_t person_handle_t;

person_handle_t person_new(char* name, int age);
void person_delete(person_handle_t p);

void person_set(person_handle_t p, char* name, int age);
char* person_get_name(person_handle_t p, char* buf, int size);
int person_get_age(person_handle_t p);
```

然后在 Go 语言中实现这一组 C 函数。

需要注意的是，通过 CGO 导出 C 函数时，输入参数和返回值类型都不支持 const 修饰，同时也不支持可变参数的函数类型。同时如 2.7 节所述，无法在 C/C++中直接长期访问 Go 内存对象。因此我们使用前一节所讲述的技术将 Go 对象映射为一个整数 id。

下面是 person_capi.go 文件，对应 C 接口函数的实现：

```
// person_capi.go
package main

//#include "./person_capi.h"
import "C"
import "unsafe"

//export person_new
func person_new(name *C.char, age C.int) C.person_handle_t {
    id := NewObjectId(NewPerson(C.GoString(name), int(age)))
    return C.person_handle_t(id)
}

//export person_delete
func person_delete(h C.person_handle_t) {
    ObjectId(h).Free()
```

```
}

//export person_set
func person_set(h C.person_handle_t, name *C.char, age C.int) {
    p := ObjectId(h).Get().(*Person)
    p.Set(C.GoString(name), int(age))
}

//export person_get_name
func person_get_name(h C.person_handle_t, buf *C.char, size C.int) *C.char {
    p := ObjectId(h).Get().(*Person)
    name, _ := p.Get()

    n := int(size) - 1
    bufSlice := ((*[1 << 31]byte)(unsafe.Pointer(buf)))[0:n:n]
    n = copy(bufSlice, []byte(name))
    bufSlice[n] = 0

    return buf
}

//export person_get_age
func person_get_age(h C.person_handle_t) C.int {
    p := ObjectId(h).Get().(*Person)
    _, age := p.Get()
    return C.int(age)
}
```

在创建 Go 对象后，我们通过 NewObjectId 将 Go 对应映射为 id。然后将 id 强制转义为 person_handle_t 类型返回。其他接口函数则是根据 person_handle_t 所表示的 id，根据 id 解析出对应的 Go 对象。

3. 封装 C++对象

有了 C 接口之后封装 C++对象就比较简单了。常见的做法是新建一个 Person 类，里面包含一个 person_handle_t 类型的成员对应真实的 Go 对象，然后在 Person 类的构造函数中通过 C 接口创建 Go 对象，在析构函数中通过 C 接口释放 Go 对象。下面是采用这种技术的实现：

```
extern "C" {
    #include "./person_capi.h"
}

struct Person {
    person_handle_t goobj_;

    Person(const char* name, int age) {
        this->goobj_ = person_new((char*)name, age);
    }
    ~Person() {
        person_delete(this->goobj_);
```

```
    }

    void Set(char* name, int age) {
        person_set(this->goobj_, name, age);
    }
    char* GetName(char* buf, int size) {
        return person_get_name(this->goobj_ buf, size);
    }
    int GetAge() {
        return person_get_age(this->goobj_);
    }
}
```

包装后我们就可以像普通 C++类那样使用了：

```
#include "person.h"

#include <stdio.h>

int main() {
    auto p = new Person("gopher", 10);

    char buf[64];
    char* name = p->GetName(buf, sizeof(buf)-1);
    int age = p->GetAge();

    printf("%s, %d years old.\n", name, age);
    delete p;

    return 0;
}
```

4. 封装 C++对象改进

在前面的封装 C++对象的实现中，每次通过 new 创建一个 Person 实例需要进行两次内存分配：一次是针对 C++版本的 Person；另一次是针对 Go 语言版本的 Person。其实 C++版本的 Person 内部只有一个 person_handle_t 类型的 id，用于映射 Go 对象。我们完全可以将 person_handle_t 直接当作 C++对象来使用。

下面是改进后的包装方式：

```
extern "C" {
    #include "./person_capi.h"
}

struct Person {
    static Person* New(const char* name, int age) {
        return (Person*)person_new((char*)name, age);
    }
    void Delete() {
        person_delete(person_handle_t(this));
    }
```

```
    void Set(char* name, int age) {
        person_set(person_handle_t(this), name, age);
    }
    char* GetName(char* buf, int size) {
        return person_get_name(person_handle_t(this), buf, size);
    }
    int GetAge() {
        return person_get_age(person_handle_t(this));
    }
};
```

我们在 `Person` 类中增加了一个叫作 `New` 的静态成员函数，用于创建新的 `Person` 实例。在 `New()` 函数中通过调用 `person_new` 来创建 `Person` 实例，返回的是 `person_handle_t` 类型的 `id`，我们将其强制转型作为 `Person*`类型指针返回。在其他成员函数中，我们通过将 `this` 指针反向转型为 `person_handle_t` 类型，然后通过 C 接口调用对应的函数。

到此，我们就达到了将 Go 对象导出为 C 接口，然后基于 C 接口再包装为 C++对象以便于使用的目的。

2.8.3 彻底解放 C++的 this 指针

熟悉 Go 语言的读者会发现，Go 语言中方法是绑定到类型的。例如，我们基于 `int` 类型定义一个新的 `Int` 类型，就可以有自己的方法：

```
type Int int

func (p Int) Twice() int {
    return int(p)*2
}

func main() {
    var x = Int(42)
    fmt.Println(int(x))
    fmt.Println(x.Twice())
}
```

这样就可以在不改变原有数据底层内存结构的前提下，自由切换 `int` 和 `Int` 类型来使用变量。而在 C++中要实现类似的特性，一般会采用以下代码实现：

```
class Int {
    int v_;

    Int(v int) { this.v_ = v; }
    int Twice() const{ return this.v_*2; }
};

int main() {
    Int v(42);

    printf("%d\n", v); // error
    printf("%d\n", v.Twice());
```

```
}
```

新包装后的 Int 类型虽然增加了 Twice()方法，但是失去了自由转换回 int 类型的权力。这时候 printf 不仅无法输出 Int 类型本身的值，而且失去了 int 类型运算的所有特性。这就是 C++构造函数的失败之处：以失去原有的一切特性的代价换取 class 的施舍。

造成这个问题的根源是 C++中 this 被固定为 class 的指针类型了。我们重新回顾一下 this 在 Go 语言中的本质：

```
func (this Int) Twice() int
func Int_Twice(this Int) int
```

在 Go 语言中，和 this 有着相似功能的类型接收者参数其实只是一个普通的函数参数，我们可以自由选择值或指针类型。

如果以 C 语言的角度来思考，this 也只是一个普通的 void*类型的指针，我们可以自由地将 this 转换为其他类型。

```
struct Int {
    int Twice() {
        const int* p = (int*)(this);
        return (*p) * 2;
    }
};
int main() {
    int x = 42;
    printf("%d\n", x);
    printf("%d\n", ((Int*)(&x))->Twice());
    return 0;
}
```

这样就可以通过将 int 类型指针强制转换为 Int 类型指针，代替通过 new 调用默认的构造函数来构造 Int 对象。在 Twice()函数的内部，再以相反的操作将 this 指针转回 int 类型的指针，就可以解析出原有的 int 类型的值了。这时候 Int 类型只是编译时的一个壳子，并不会在运行时占用额外的空间。

因此 C++的方法其实也可以用于普通非 class 类型，C++到普通成员函数其实也是可以绑定到类型的。只有纯虚方法是绑定到对象，那就是接口。

2.9　静态库和动态库

CGO 在使用 C/C++资源的时候一般有 3 种形式：直接使用源码；链接静态库；链接动态库。直接使用源码就是在 import "C"之前的注释部分包含 C 代码，或者在当前包中包含 C/C++源文件。链接静态库和链接动态库的方式比较类似，都是通过在 LDFLAGS 选项指定要链接的库方式链接。本节我们主要关注在 CGO 中如何使用静态库和动态库相关的问题。

2.9.1　使用 C 静态库

如果 CGO 中引入的 C/C++资源有代码而且代码规模比较小，那么直接使用源代码是最理想的方式，但很多时候我们并没有源代码，或者从 C/C++源代码开始构建的过程异常复杂，这种时候使用 C 静态库也是一个不错的选择。静态库因为是静态链接，最终的目标程序并不会产生额外的运行时依赖，也不会出现动态库特有的跨运行时资源管理的错误。不过静态库对链接阶段会有一定要求：静态库一般包含了全部的源代码，里面会有大量的符号，如果不同静态库之间出现了符号冲突则会导致链接的失败。

我们先用纯 C 语言构造一个简单的静态库。我们要构造的静态库名叫 number，库中只有一个 number_add_mod()函数，用于表示数论中的模加法运算。number 库的文件都在 number 目录下。

number/number.h 头文件只有一个纯 C 语言风格的函数声明：

```
int number_add_mod(int a, int b, int mod);
```

number/number.c 对应函数的实现：

```
#include "number.h"

int number_add_mod(int a, int b, int mod) {
    return (a+b)%mod;
}
```

由于 CGO 使用 gcc 命令来编译和链接 C 和 Go 桥接的代码，因此静态库也必须是 GCC 兼容的格式。

通过以下命令可以生成一个名叫 libnumber.a 的静态库：

```
$ cd ./number
$ gcc -c -o number.o number.c
$ ar rcs libnumber.a number.o
```

生成 libnumber.a 静态库之后，我们就可以在 CGO 中使用该资源了。

创建 main.go 文件如下：

```
package main

//#cgo CFLAGS: -I./number
//#cgo LDFLAGS: -L${SRCDIR}/number -lnumber
//
//#include "number.h"
import "C"
import "fmt"

func main() {
    fmt.Println(C.number_add_mod(10, 5, 12))
}
```

其中有两个#cgo 命令，分别是编译和链接参数。CFLAGS 通过-I./number 将 number 库对应头文件所在的目录加入头文件检索路径。LDFLAGS 通过-L${SRCDIR}/number 将编译后 number 静态库所在目录加入链接库检索路径，-lnumber 表示链接 libnumber.a 静态库。需要注意的是，在链接部分的检索路径不能使用相对路径（C/C++代码的链接程序的限制），必须通过 CGO

特有的${SRCDIR}变量将源文件对应的当前目录路径展开为绝对路径（因此在 Windows 平台中绝对路径不能有空格）。

因为我们有 number 库的全部代码，所以我们可以用 go generate 工具来生成静态库，或者通过 Makefile 来构建静态库。因此发布 CGO 源码包时，我们并不需要提前构建 C 静态库。

因为多了一个静态库的构建步骤，所以这种使用了自定义静态库并已经包含了静态库全部代码的 Go 包无法直接用 go get 安装。不过我们依然可以通过 go get 下载，然后用 go generate 触发静态库构建，最后才是 go install 来完成安装。

为了支持 go get 命令直接下载并安装，C 语言的#include 语法可以将 number 库的源文件链接到当前的包。

创建 z_link_number_c.c 文件如下：

```
#include "./number/number.c"
```

然后在执行 go get 或 go build 之类命令的时候，CGO 就是自动构建 number 库对应的代码。这种技术是在不改变静态库源代码组织结构的前提下，将静态库转化为了源代码方式引用。这种 CGO 包是最完美的。

如果使用的是第三方的静态库，需要先下载安装静态库到合适的位置。然后在#cgo 命令中通过 CFLAGS 和 LDFLAGS 来指定头文件和库的位置。对于不同的操作系统甚至同一种操作系统的不同版本，这些库的安装路径可能是不同的，那么如何在代码中指定这些可能变化的参数呢？

在 Linux 环境，有一个 pkg-config 命令，可以查询要使用某个静态库或动态库时的编译和链接参数。我们可以在#cgo 命令中直接使用 pkg-config 命令来生成编译和链接参数，还可以通过 PKG_CONFIG 环境变量定制 pkg-config 命令。因为不同的操作系统对 pkg-config 命令的支持不尽相同，所以通过该方式很难兼容不同的操作系统下的构建参数。不过对于 Linux 等特定的系统，pkg-config 命令确实可以简化构建参数的管理。关于 pkg-config 的使用细节在此我们不深入展开，读者可以自行参考相关文档。

2.9.2 使用 C 动态库

动态库出现的初衷是对于相同的库，多个进程可以共享同一个，以节省内存和磁盘资源。但是在磁盘和内存已经很廉价的今天，这两个作用已经显得微不足道了，那么除此之外动态库还有哪些存在的价值呢？从库开发角度来说，动态库可以隔离不同动态库之间的关系，减少链接时出现符号冲突的风险。而且对于 Windows 等平台，动态库是跨越 VC 和 GCC 不同编译器平台的唯一的可行方式。

对 CGO 来说，使用动态库和静态库是一样的，因为动态库也必须要有一个小的静态导出库用于链接动态库（Linux 下可以直接链接 so 文件，但是在 Windows 下必须为 dll 创建一个.a 文件用于链接）。我们还是以前面的 number 库为例来说明如何以动态库方式使用。

对于在 macOS 和 Linux 系统下的 gcc 环境，可以用以下命令创建 number 库的动态库：

```
$ cd number
$ gcc -shared -o libnumber.so number.c
```

因为动态库和静态库的基础名称都是 libnumber，只是扩展名不同而已，所以 Go 语言部分的代码和静态库版本完全一样：

```
package main

//#cgo CFLAGS: -I./number
//#cgo LDFLAGS: -L${SRCDIR}/number -lnumber
//
//#include "number.h"
import "C"
import "fmt"

func main() {
    fmt.Println(C.number_add_mod(10, 5, 12))
}
```

编译时 GCC 会自动找到 libnumber.a 或 libnumber.so 进行链接。

对于 Windows 平台，还可以用 Microsoft Visual C++工具来生成动态库（Windows 下有一些复杂的 C++库只能用 Microsoft Visual C++构建）。我们需要先为 number.dll 创建一个 def 文件，用于控制要导出到动态库的符号。

number.def 文件的内容如下：

```
LIBRARY number.dll

EXPORTS
number_add_mod
```

其中第一行的 LIBRARY 指明动态库的文件名，之后的 EXPORTS 语句之后是要导出的符号名 列表。

现在我们可以用以下命令来创建动态库（需要进入 VC 对应的 x64 命令行环境）：

```
$ cl /c number.c
$ link /DLL /OUT:number.dll number.obj number.def
```

这时候会为 dll 同时生成一个 number.lib 的导出库。但是在 CGO 中我们无法使用 lib 格式的链接库。

要生成.a 格式的导出库需要通过 mingw 工具箱中的 dlltool 命令完成：

```
$ dlltool -dllname number.dll --def number.def --output-lib libnumber.a
```

生成了 libnumber.a 文件之后，就可以通过-lnumber 链接参数进行链接了。

需要注意的是，在运行时需要将动态库放到系统能够找到的位置。对 Windows 来说，可以将动态库和可执行程序放到同一个目录，或者将动态库所在的目录绝对路径添加到 PATH 环境变量中。对 macOS 来说，需要设置 DYLD_LIBRARY_PATH 环境变量。而对 Linux 来说，需要设置 LD_LIBRARY_PATH 环境变量。

2.9.3 导出 C 静态库

CGO 不仅可以使用 C 静态库，还可以将 Go 实现的函数导出为 C 静态库。我们现在用 Go 实现前面的 number 库的模加法函数。

创建 number.go，内容如下：

```
package main

import "C"

func main() {}

//export number_add_mod
func number_add_mod(a, b, mod C.int) C.int {
    return (a + b) % mod
}
```

根据 CGO 文档的要求，需要在 main 包中导出 C 函数。对 C 静态库构建方式来说，会忽略 main 包中的 main()函数，只是简单导出 C 函数。采用以下命令构建：

```
$ go build -buildmode=c-archive -o number.a
```

在生成 number.a 静态库的同时，CGO 还会生成一个 number.h 文件。

number.h 文件的内容如下（为了便于显示，内容做了精简）：

```
#ifdef __cplusplus
extern "C" {
#endif

extern int number_add_mod(int p0, int p1, int p2);

#ifdef __cplusplus
}
#endif
```

其中 extern "C"部分的语法是为了同时适配 C 和 C++两种语言。核心内容是声明了要导出的 number_add_mod()函数。

然后我们创建一个_test_main.c 的 C 文件用于测试生成的 C 静态库（用下划线作为前缀名是为了让 go build 构建 C 静态库时忽略这个文件）：

```
#include "number.h"

#include <stdio.h>

int main() {
    int a = 10;
    int b = 5;
    int c = 12;

    int x = number_add_mod(a, b, c);
    printf("(%d+%d)%%%d = %d\n", a, b, c, x);

    return 0;
}
```

通过以下命令编译并运行：

```
$ gcc -o a.out _test_main.c number.a
$ ./a.out
```

使用 CGO 创建静态库的过程非常简单。

2.9.4 导出 C 动态库

CGO 导出动态库的过程和静态库类似，但是将构建模式改为 c-shared，输出文件名改为 number.so：

```
$ go build -buildmode=c-shared -o number.so
```

_test_main.c 文件内容不变，然后用以下命令编译并运行：

```
$ gcc -o a.out _test_main.c number.so
$ ./a.out
```

2.9.5 导出非 main 包的函数

通过 go help buildmode 命令可以查看 C 静态库和 C 动态库的构建说明：

```
-buildmode=c-archive
    Build the listed main package, plus all packages it imports,
    into a C archive file. The only callable symbols will be those
    functions exported using a cgo //export comment. Requires
    exactly one main package to be listed.

-buildmode=c-shared
    Build the listed main package, plus all packages it imports,
    into a C shared library. The only callable symbols will
    be those functions exported using a cgo //export comment.
    Requires exactly one main package to be listed.
```

文档说明 C 函数必须是在 main 包导出，然后才能在生成的头文件包含声明的语句。但是很多时候我们可能更希望将不同类型的导出函数组织到不同的 Go 包中，然后统一导出为一个静态库或动态库。

要实现从非 main 包导出 C 函数，或者从多个包导出 C 函数（因为只能有一个 main 包），我们需要自己提供导出 C 函数对应的头文件（因为 CGO 无法为非 main 包的导出函数生成头文件）。

假设我们先创建一个 number 子包，用于提供模加法函数：

```
package number

import "C"

//export number_add_mod
func number_add_mod(a, b, mod C.int) C.int {
    return (a + b) % mod
}
```

然后是当前的 main 包：

```
package main

import "C"

import (
    "fmt"

    _ "./number"
)

func main() {
    println("Done")
}

//export goPrintln
func goPrintln(s *C.char) {
    fmt.Println("goPrintln:", C.GoString(s))
}
```

其中导入了 number 子包，在 number 子包中有导出的 C 函数 number_add_mod()，同时在 main 包也导出了 goPrintln() 函数。

通过以下命令创建 C 静态库：

```
$ go build -buildmode=c-archive -o main.a
```

这时候在生成 main.a 静态库的同时，也会生成一个 main.h 头文件。但是 main.h 头文件中只有 main 包中导出的 goPrintln() 函数的声明，而没有 number 子包中导出的 number_add_mod() 函数的声明。其实 number_add_mod() 函数在生成的 C 静态库中是存在的，我们可以直接使用。

创建_test_main.c 测试文件如下：

```
#include <stdio.h>

void goPrintln(char*);
int number_add_mod(int a, int b, int mod);

int main() {
    int a = 10;
    int b = 5;
    int c = 12;

    int x = number_add_mod(a, b, c);
    printf("(%d+%d)%%%d = %d\n", a, b, c, x);

    goPrintln("done");
    return 0;
}
```

我们并没有包含 CGO 自动生成的 main.h 头文件，而是通过手工方式声明了 goPrintln() 和 number_add_mod()两个导出函数。这样就实现了从多个 Go 包导出 C 函数。

2.10 编译和链接参数

编译和链接参数是每一个 C/C++程序员需要经常面对的问题。构建每一个 C/C++应用均需要经过编译和链接两个步骤，CGO 也是如此。本节将简要讨论 CGO 中经常用到的编译和链接参数的用法。

2.10.1 编译参数：CFLAGS/CPPFLAGS/CXXFLAGS

编译参数主要是头文件的检索路径、预定义的宏等参数。理论上来说 C 和 C++是完全独立的两种编程语言，它们可以有自己独立的编译参数。但是由于 C++语言对 C 语言做了深度兼容，甚至可以将 C++理解为 C 语言的超集，因此 C 和 C++语言之间又会共享很多编译参数。因此 CGO 提供了 CFLAGS、CPPFLAGS 和 CXXFLAGS 这 3 种参数，其中 CFLAGS 对应 C 语言编译参数（以.c 为扩展名）、CPPFLAGS 对应 C/C++代码编译参数（*.c/*.cc/*.cpp/*.cxx）、CXXFLAGS 对应纯 C++编译参数（*.cc/*.cpp/*.cxx）。

2.10.2 链接参数：LDFLAGS

链接参数主要包含链接库的检索目录和链接库的名字。因为历史遗留问题，链接库不支持相对路径，必须为链接库指定绝对路径。CGO 中的${SRCDIR}为当前目录的绝对路径。经过编译后的 C 和 C++目标文件格式是一样的，因此 LDFLAGS 对应 C/C++共同的链接参数。

2.10.3 pkg-config

为不同 C/C++库提供编译和链接参数是一项非常烦琐的工作，因此 CGO 提供了对应 pkg-config 工具的支持。我们可以通过#cgo pkg-config xxx 命令来生成 xxx 库需要的编译和链接参数，其底层通过 pkg-config xxx -cflags 命令生成编译参数，通过 pkg-config xxx --libs 命令生成链接参数。需要注意的是，pkg-config 工具生成的编译和链接参数是 C/C++公用的，无法做更细的区分。

pkg-config 工具虽然方便，但是有很多非标准的 C/C++库并没有提供对它的支持。这时候可以通过手工为 pkg-config 工具创建对应库的编译和链接参数提供支持。

例如，有一个名为 xxx 的 C/C++库，我们可以手工创建/usr/local/lib/pkgconfig/xxx.pc 文件：

```
Name: xxx
Cflags:-I/usr/local/include
Libs:-L/usr/local/lib -lxxx2
```

其中 Name 是库的名字，Cflags 行和 Libs 行分别对应 xxx 使用库需要的编译和链接参数。如果 bc 文件在其他目录，可以通过 PKG_CONFIG_PATH 环境变量指定 pkg-config 工具的检索目录。

而对 CGO 来说，甚至可以通过 PKG_CONFIG 环境变量指定自定义的 pkg-config 程序。如果是自己实现 CGO 专用的 `pkg-config` 程序，只要处理`--cflags` 和`--libs` 两个参数即可。

下面的程序是 macOS 系统下生成 Python3 的编译和链接参数：

```
// py3-config.go
func main() {
    for _, s := range os.Args {
        if s == "--cflags" {
            out, _ := exec.Command("python3-config", "--cflags").CombinedOutput()
            out = bytes.Replace(out, []byte("-arch"), []byte{}, -1)
            out = bytes.Replace(out, []byte("i386"), []byte{}, -1)
            out = bytes.Replace(out, []byte("x86_64"), []byte{}, -1)
            fmt.Print(string(out))
            return
        }
        if s == "--libs" {
            out, _ := exec.Command("python3-config", "--ldflags").CombinedOutput()
            fmt.Print(string(out))
            return
        }
    }
}
```

然后通过以下命令构建并使用自定义的 `pkg-config` 工具：

```
$ go build -o py3-config py3-config.go
$ PKG_CONFIG=./py3-config go build -buildmode=c-shared -o gopkg.so main.go
```

这样在编译时将使用自定义的 `pkg-config` 工具提供的编译参数。

2.10.4　go get 链

在使用 `go get` 获取 Go 语言包的同时会获取包依赖的包。例如，A 包依赖 B 包，B 包依赖 C 包，C 包依赖 D 包，即 `pkgA -> pkgB -> pkgC -> pkgD ->`……。在 `go get` 获取 A 包之后会依次获取 B、C、D 包。如果在获取 B 包之后构建失败，那么将导致链条的断裂，从而导致 A 包的构建失败。

链条断裂的原因有很多，其中常见的原因有：

- 不支持某些系统，编译失败；
- 依赖 cgo，用户没有安装 gcc；
- 依赖 cgo，但是依赖的库没有安装；
- 依赖 `pkg-config`，Windows 上没有安装；
- 依赖 `pkg-config`，没有找到对应的 `bc` 文件；
- 依赖自定义的 `pkg-config` 需要额外的配置；
- 依赖 swig，用户没有安装 swig 或 swig 版本不对。

仔细分析可以发现，失败的原因中和 CGO 相关的问题占了绝大多数。这并不是偶然现象，自动化构建 C/C++代码一直是一个世界难题，到目前为止也没有出现一个大家认可的统一的 C/C++管理工具。

因为 cgo、gcc 等构建工具是必须安装的，所以尽量要做到对主流系统的支持。如果依赖的 C/C++包比较小并且在有源代码的前提下，可以优先选择从代码构建。

例如，github.com/chai2010/webp 包通过为每个 C/C++源文件在当前包建立关键文件实现零配置依赖：

```
// z_libwebp_src_dec_alpha.c
#include "./internal/libwebp/src/dec/alpha.c"
```

因此，在编译 z_libwebp_src_dec_alpha.c 文件时，会编译 libwebp 原生的代码。其中的依赖是相对目录，对于不同的平台支持可以保持最大的一致性。

2.10.5 多个非 main 包中导出 C 函数

官方文档说明导出的 Go 函数要放 main 包，但是真实情况是其他包的 Go 导出函数也是有效的。因为导出后的 Go 函数就可以当作 C 函数使用，所以必须有效。但是不同包导出的 Go 函数将在同一个全局的名字空间，因此需要小心避免重名的问题。如果是从不同的包导出 Go 函数到 C 语言空间，那么 CGO 自动生成的_cgo_export.h 文件将无法包含全部导出的函数声明，我们必须通过手写头文件的方式导出全部函数。

2.11 补充说明

CGO 是 C 语言和 Go 语言混合编程的技术，因此要想熟练地使用 CGO 就需要了解这两门语言。C 语言推荐两本书：第一本是 C 语言之父编写的《C 程序设计语言》；第二本是讲述 C 语言模块化编程的《C 语言接口与实现：创建可重用软件的技术》。Go 语言推荐官方出版的 *The Go Programming Language* 和 Go 语言自带的全部文档和全部代码。

为何要花费巨大的精力学习 CGO 呢？任何技术和语言都有它自身的优点和不足，Go 语言不是“银弹”，它无法解决全部问题。而通过 CGO 可以继承 C/C++将近半个世纪的软件遗产，通过 CGO 可以用 Go 给其他系统写 C 接口的共享库，通过 CGO 还可以让 Go 语言编写的代码很好地融入现有的软件生态——而现在的软件正是建立在 C/C++语言之上的。因此 CGO 是一个保底的后备技术，它是 Go 的一个重量级的替补技术，值得任何一位严肃的 Go 语言开发人员学习。

第3章 Go汇编语言

能跑就行，不行加机器。

——rfyiamcool & 爱学习的孙老板

跟对人，做对事。

——Rhichy

Go 语言中很多设计思想和工具都是传承自 Plan9 操作系统，Go 汇编语言也是基于 Plan9 汇编演化而来。根据 Rob Pike 的介绍，“大神” Ken Thompson 在 1986 年为 Plan9 系统编写的 C 语言编译器输出的汇编伪代码就是 Plan9 汇编的前身。所谓的 Plan9 汇编语言只是便于以手工方式书写该 C 语言编译器输出的汇编伪代码而已。

无论高级语言如何发展，作为最接近 CPU 的汇编语言的地位依然是无法彻底被替代的。只有通过汇编语言才能彻底挖掘 CPU 芯片的全部功能，因此操作系统的引导过程必须要依赖汇编语言的帮助。只有通过汇编语言才能彻底挖掘 CPU 芯片的性能，因此很多底层的加密解密等对性能敏感的算法会考虑通过汇编语言进行性能优化。

对于每一个严肃的 Gopher，Go 汇编语言都是一项不可忽视的技术。因为哪怕只懂一点点汇编，也便于更好地理解计算机原理，也更容易理解 Go 语言中动态栈/接口等高级特性的实现原理。

本章将以 AMD64 为主要开发环境，简单地探讨 Go 汇编语言的基础用法。

3.1 快速入门

Go 汇编程序始终是“幽灵”一样的存在。我们将通过分析简单的 Go 程序输出的汇编代码，然后照猫画虎，用汇编实现一个简单的输出程序。

3.1.1 实现和声明

Go 汇编语言并不是一种独立的语言，因为 Go 汇编程序无法独立使用。Go 汇编代码必须以 Go 包的方式组织，同时包中至少要有一个 Go 语言文件用于指明当前包名等基本包信息。如果 Go 汇编代码中定义的变量和函数要被其他 Go 语言代码引用，还需要通过 Go 语言代码将汇编中定义的符号声明出来。用于变量的定义和函数的定义的 Go 汇编文件类似于 C 语言中的`.c`文件，而用于导出汇编中定义符号的 Go 源文件类似于 C 语言的`.h`文件。

3.1.2 定义整数变量

为了简单，我们先用 Go 语言定义并赋值一个整数变量，然后查看生成的汇编代码。

首先创建一个`pkg.go`文件，内容如下：

```
package pkg

var Id = 9527
```

代码中只定义了一个`int`类型的包级变量，并进行了初始化。然后用以下命令查看 Go 语言程序对应的伪汇编代码：

```
$ go tool compile -S pkg.go
"".Id SNOPTRDATA size=8
  0x0000 37 25 00 00 00 00 00 00                          '.......
```

其中`go tool compile`命令用于调用 Go 语言提供的底层命令工具，其中参数`-S`表示输出汇编格式。输出的汇编比较简单，其中`"".Id`对应`Id`变量符号，变量的内存大小为 8 字节。变量的初始化内容为`37 25 00 00 00 00 00 00`，对应十六进制格式的 0x2537，对应十进制格式的 9527。`SNOPTRDATA`是相关的标志，其中`NOPTR`表示数据中不包含指针数据。

以上的内容只是目标文件对应的汇编，和 Go 汇编语言虽然相似但并不完全等价。Go 语言官网自带了一个 Go 汇编语言的入门教程（https://golang.org/doc/asm）。

Go 汇编语言提供了`DATA`命令用于初始化包变量，`DATA`命令的语法如下：

```
DATA symbol+offset(SB)/width, value
```

其中`symbol`为变量在汇编语言中对应的标识符，`offset`是符号开始地址的偏移量，`width`是要初始化内存的宽度大小，`value`是要初始化的值。其中当前包中 Go 语言定义的符号`symbol`，在汇编代码中对应`·symbol`，其中中点符号“·”为一个特殊的 unicode 符号。

采用以下命令可以给`Id`变量初始化为十六进制的`0x2537`，对应十进制的`9527`（常量需要以美元符号`$`开头表示）：

```
DATA ·Id+0(SB)/1,$0x37
DATA ·Id+1(SB)/1,$0x25
```

变量定义好之后需要导出以供其他代码引用。Go 汇编语言提供了`GLOBL`命令用于将符号导出：

```
GLOBL symbol(SB), width
```

其中`symbol`对应汇编中符号的名字，`width`为符号对应内存的大小。用以下命令将汇编中的`·Id`变量导出：

```
GLOBL ·Id, $8
```

现在已经初步完成了用汇编定义一个整数变量的工作。

为了便于其他包使用该 Id 变量，还需要在 Go 代码中声明该变量，同时也给变量指定一个合适的类型。修改 pkg.go 的内容如下：

```
package pkg

var Id int
```

现在 Go 语言的代码不再是定义一个变量，语义变成了声明一个变量（声明一个变量时不能再进行初始化操作）。而 Id 变量的定义工作已经在汇编语言中完成了。

我们将完整的汇编代码放到 pkg_amd64.s 文件中：

```
GLOBL ·Id(SB),$8

DATA ·Id+0(SB)/1,$0x37
DATA ·Id+1(SB)/1,$0x25
DATA ·Id+2(SB)/1,$0x00
DATA ·Id+3(SB)/1,$0x00
DATA ·Id+4(SB)/1,$0x00
DATA ·Id+5(SB)/1,$0x00
DATA ·Id+6(SB)/1,$0x00
DATA ·Id+7(SB)/1,$0x00
```

文件名 pkg_amd64.s 的扩展名表示 AMD64 环境下的汇编代码文件。

虽然 pkg 包是用汇编语言实现的，但是用法和之前的 Go 语言版本完全一样：

```
package main

import pkg "pkg包的路径"

func main() {
    println(pkg.Id)
}
```

对 Go 包的用户来说，用 Go 汇编语言或 Go 语言实现无任何区别。

3.1.3 定义字符串变量

在前一个例子中，我们通过汇编定义了一个整数变量。现在提高一点儿难度，尝试通过汇编定义一个字符串变量。虽然从 Go 语言角度看，定义字符串和整数变量的写法基本相同，但是字符串底层却有着比单个整数更复杂的数据结构。

实验的流程和前面的例子一样，还是先用 Go 语言实现类似的功能，然后观察分析生成的汇编代码，最后用 Go 汇编语言仿写。首先创建 pkg.go 文件，用 Go 语言定义字符串：

```
package pkg

var Name = "gopher"
```

然后用以下命令查看 Go 语言程序对应的伪汇编代码：

```
$ go tool compile -S pkg.go
go.string."gopher" SRODATA dupok size=6
  0x0000 67 6f 70 68 65 72                                gopher
"".Name SDATA size=16
  0x0000 00 00 00 00 00 00 00 00 06 00 00 00 00 00 00 00  ................
  rel 0+8 t=1 go.string."gopher"+0
```

输出中出现了一个新的符号 go.string."gopher"，根据其长度和内容分析可以猜测是对应底层的"gopher"字符串数据。因为 Go 语言的字符串并不是值类型，Go 字符串其实是一种只读的引用类型。如果多个代码中出现了相同的"gopher"只读字符串，程序链接后可以引用同一个符号 go.string."gopher"。因此，该符号有一个 SRODATA 标志表示这个数据在只读内存段，dupok 表示出现多个相同标识符的数据时只保留一个就可以了。

而真正的 Go 字符串变量 Name 对应的大小却只有 16 字节了。其实 Name 变量并没有直接对应"gopher"字符串，而是对应 16 字节的 reflect.StringHeader 结构体：

```
type reflect.StringHeader struct {
    Data uintptr
    Len  int
}
```

从汇编角度看，Name 变量其实对应的是 reflect.StringHeader 结构体类型。前 8 字节对应底层真实字符串数据的指针，也就是符号 go.string."gopher"对应的地址。后 8 字节对应底层真实字符串数据的有效长度，这里是 6 字节。

现在创建 pkg_amd64.s 文件，尝试通过汇编代码重新定义并初始化 Name 字符串：

```
GLOBL ·NameData(SB),$8
DATA  ·NameData(SB)/8,$"gopher"

GLOBL ·Name(SB),$16
DATA  ·Name+0(SB)/8,$·NameData(SB)
DATA  ·Name+8(SB)/8,$6
```

由于在 Go 汇编语言中，go.string."gopher"不是一个合法的符号，因此无法通过手工创建它（这是给编译器保留的部分特权，因为手工创建类似符号可能打破编译器输出代码的某些规则）。因此我们新创建了一个 ·NameData 符号表示底层的字符串数据。然后定义 ·Name 符号内存大小为 16 字节，其中前 8 字节用 ·NameData 符号对应的地址初始化，后 8 字节为常量 6 表示字符串长度。

当用汇编定义好字符串变量并导出之后，还需要在 Go 语言中声明该字符串变量。然后就可以用 Go 语言代码测试 Name 变量了：

```
package main

import pkg "path/to/pkg"

func main() {
    println(pkg.Name)
```

```
}
```

不幸的是这次运行产生了以下错误：

```
pkgpath.NameData: missing Go //type information for global symbol: size 8
```

错误提示汇编中定义的 NameData 符号没有类型信息。其实 Go 汇编语言中定义的数据并没有所谓的类型，每个符号只不过是对应一块内存而已，因此 NameData 符号也是没有类型的。但是 Go 语言是自带垃圾回收器的语言，而 Go 汇编语言是工作在自动垃圾回收体系框架内的。当 Go 语言的垃圾回收器在扫描到 NameData 变量的时候，无法知晓该变量内部是否包含指针，因此就出现了这种错误。错误的根本原因并不是 NameData 没有类型，而是 NameData 变量没有标注是否含有指针信息。

通过给 NameData 变量增加一个 NOPTR 标志表示其中不会包含指针数据，可以修复该错误：

```
#include "textflag.h"

GLOBL ·NameData(SB),NOPTR,$8
```

也可以通过给·NameData 变量在 Go 语言中增加一个不含指针并且大小为 8 字节的类型来修复该错误：

```
package pkg

var NameData [8]byte
var Name string
```

我们将 NameData 声明为长度为 8 的字节数组。编译器可以通过类型分析出该变量不会包含指针，因此汇编代码中可以省略 NOPTR 标志。现在垃圾回收器在遇到该变量的时候就会停止内部数据的扫描。

在这个实现中，Name 字符串底层其实引用的是 NameData 内存对应的"gopher"字符串数据。因此，如果 NameData 发生变化，Name 字符串的数据也会跟着变化。

```
func main() {
    println(pkg.Name)

    pkg.NameData[0] = '?'
    println(pkg.Name)
}
```

当然这和字符串的只读定义是冲突的，正常的代码需要避免出现这种情况。最好的方法是不要导出内部的 NameData 变量，这样可以避免内部数据被无意破坏。

在用汇编定义字符串时我们可以换一种思维：将底层的字符串数据和字符串头结构体定义在一起，这样可以避免引入 NameData 符号：

```
GLOBL ·Name(SB),$24

DATA ·Name+0(SB)/8,$·Name+16(SB)
DATA ·Name+8(SB)/8,$6
```

```
DATA ·Name+16(SB)/8,$"gopher"
```

在新的结构中，Name 符号对应的内存从 16 字节变为 24 字节，多出的 8 字节存放底层的"gopher"字符串。·Name 符号前 16 字节依然对应 reflect.StringHeader 结构体：Data 部分对应$·Name+16(SB)，表示数据的地址为 Name 符号往后偏移 16 字节的位置；Len 部分依然对应 6 字节的长度。这是 C 语言程序员经常使用的技巧。

3.1.4　定义 main()函数

前面的例子已经展示了如何通过汇编定义整型和字符串类型的变量。我们现在将尝试用汇编实现函数，然后输出一个字符串。

先创建 main.go 文件，创建并初始化字符串变量，同时声明 main()函数：

```
package main

var helloworld = "你好, 世界"

func main()
```

然后创建 main_amd64.s 文件，里面对应 main()函数的实现：

```
TEXT ·main(SB), $16-0
    MOVQ ·helloworld+0(SB), AX; MOVQ AX, 0(SP)
    MOVQ ·helloworld+8(SB), BX; MOVQ BX, 8(SP)
    CALL runtime·printstring(SB)
    CALL runtime·printnl(SB)
    RET
```

TEXT ·main(SB), $16-0 用于定义 main()函数，其中$16-0 表示 main()函数的帧大小是 16 字节（对应 string 头部结构体的大小，用于给 runtime·printstring()函数传递参数），0 表示 main()函数没有参数和返回值。main()函数内部通过调用运行时内部的 runtime·printstring(SB)函数来打印字符串。然后调用 runtime·printnl()打印换行符号。

在函数调用时，Go 语言函数完全通过栈传递调用参数和返回值。先通过 MOVQ 指令，将 helloworld 对应的字符串头部结构体的 16 字节复制到栈指针 SP 对应的 16 字节的空间，然后通过 CALL 指令调用对应函数。最后使用 RET 指令表示当前函数返回。

3.1.5　特殊字符

Go 语言函数或方法符号在编译为目标文件后，目标文件中的每个符号均包含对应包的绝对导入路径。因此目标文件的符号可能非常复杂，例如 path/to/pkg.(*SomeType).SomeMethod 或 go.string."abc"等名字。目标文件的符号名中不仅包含普通的字母，还可能包含点号、星号、小括号和双引号等诸多特殊字符。而 Go 语言的汇编器是从 Plan9 移植过来的，并不能处理这些特殊的字符，导致了用 Go 汇编语言手工实现 Go 诸多特性时遇到种种限制。

Go 汇编语言同样遵循 Go 语言“少即是多”的哲学，它只保留了最基本的特性：定义变量和全局函数。其中在变量和全局函数等名字中引入特殊的分隔符号支持 Go 语言等包体系。为了简化 Go 汇编器的词法扫描程序的实现，特别引入了 Unicode 中的中点（·）和除法斜杠（∕），对应的 Unicode 码点为 `U+00B7` 和 `U+2215`。汇编器编译后，中点（·）会被替换为 ASCII 中的点（.），除法斜杠会被替换为 ASCII 码中的除法"/"，例如 `math∕rand·Int` 会被替换为 `math/rand.Int`。这样可以将中点和浮点数中的小数点、大写的除法和表达式中的除法符号区分开，可以简化汇编程序词法分析部分的实现。

即使暂时抛开 Go 汇编语言设计取舍的问题，在不同的操作系统不同的输入法中如何输入中点·和除法∕两个字符也是一个挑战。这两个字符在 Go 语言官方网站的 ASM 文档中均有描述，因此直接从该页面复制是最简单可靠的方式。

如果是 macOS 系统，则有以下几种方法输入中点（·）：在不打开输入法时，可直接用 option+shift+9 输入；如果是自带的简体拼音输入法，输入左上角~键对应（·），如果是自带的 Unicode 输入法，则可以输入对应的 Unicode 码点。其中 Unicode 输入法可能是最安全可靠的输入方式。

3.1.6　没有分号

Go 汇编语言中分号可以用于分隔同一行内的多个语句。下面是用分号混乱排版的汇编代码：

```
TEXT ·main(SB), $16-0; MOVQ ·helloworld+0(SB), AX; MOVQ ·helloworld+8(SB), BX;
MOVQ AX, 0(SP);MOVQ BX, 8(SP);CALL runtime·printstring(SB);
CALL runtime·printnl(SB);
RET;
```

和 Go 语言一样，也可以省略行尾的分号。当遇到末尾时，汇编器会自动插入分号。下面是省略分号后的代码：

```
TEXT ·main(SB), $16-0
    MOVQ ·helloworld+0(SB), AX; MOVQ AX, 0(SP)
    MOVQ ·helloworld+8(SB), BX; MOVQ BX, 8(SP)
    CALL runtime·printstring(SB)
    CALL runtime·printnl(SB)
    RET
```

和 Go 语言一样，语句之间多个连续的空白字符和一个空格是等价的。

3.2　计算机结构

汇编语言是直面计算机的编程语言，因此理解计算机结构是掌握汇编语言的前提。当前流行的计算机基本采用的是冯·诺伊曼计算机体系结构（在某些特殊领域还有哈佛体系架构）。冯·诺依曼结构也称为普林斯顿结构，采用的是一种将程序指令和数据存储在一起的存储结构。冯·诺伊曼计算机中的指令和数据存储器其实指的是计算机中的内存，然后再配合 CPU 处理器就组成了一个最简单的计算机了。

汇编语言其实是一种非常简单的编程语言，因为它面向的计算机模型就是非常简单的。人们觉得汇编语言难学主要有几个原因：不同类型的 CPU 都有自己的一套指令；即使是相同的 CPU，32 位和 64 位的运行模式依然会有差异；不同的汇编工具同样有自己特有的汇编指令；不同的操作系统和高级编程语言和底层汇编的调用规范并不相同。本节将描述几个有趣的汇编语言模型，最后精简出一个适用于 AMD64 架构的精简指令集，以便于 Go 汇编语言的学习。

3.2.1 图灵机和 BrainFuck 语言

图灵机是由图灵提出的一种抽象计算模型。机器有一条无限长的纸带，纸带分成了一个一个的小方格，每个方格有不同的颜色，这类似于计算机中的内存。同时机器有一个探头在纸带上移来移去，类似于通过内存地址来读写内存上的数据。机器头有一组内部计算状态，还有一些固定的程序（更像一个哈佛结构）。在每个时刻，机器头都要从当前纸带上读入一个方格信息，然后根据自己的内部状态和当前要执行的程序指令将信息输出到纸带方格上，同时更新自己的内部状态并进行移动。

图灵机虽然不容易编程，但是非常容易理解。有一种极小化的 BrainFuck 计算机语言，它的工作模式和图灵机非常相似。BrainFuck 由 Urban Mrban 在 1993 年创建，简称为 BF 语言。BF 语言最初的设计目标是建立一种简单的、可以用最小的编译器来实现的、完全符合图灵机思想的编程语言。这种语言由 8 种状态构成，早期为 Amiga 机器编写的编译器（第 2 版）只有 240 字节！

就像它的名字所暗示的，BrainFuck 程序很难读懂。尽管如此，BrainFuck 图灵机一样可以完成任何计算任务。虽然 BrainFuck 的计算方式如此与众不同，但它确实能够正确运行。这种语言基于一个简单的机器模型，除了指令，这个机器还包括一个以字节为单位、被初始化为零的数组，一个指向该数组的指针（初始时指向数组的第一个字节）以及用于输入/输出的两字节流。这是一种图灵完备的语言，它的主要设计思路是：用最小的概念实现一种“简单”的语言。BrainFuck 语言只有 8 种符号，所有的操作都由这 8 种符号的组合来完成。

表 3-1 给出的是这 8 种状态的描述，其中每个状态由一个字符标识。

表 3-1 BrainFuck 语言的 8 种符号及描述

字符	C 语言类比	含 义
`>`	`++ptr;`	指针加一
`<`	`--ptr;`	指针减一
`+`	`++*ptr;`	指针指向的字节的值加一
`-`	`--*ptr;`	指针指向的字节的值减一
`.`	`putchar(*ptr);`	输出指针指向的单元内容（ASCⅡ码）
`,`	`*ptr = getch();`	输入内容到指针指向的单元（ASCⅡ码）
`[`	`while(*ptr) {}`	如果指针指向的单元值为零，向后跳转到对应的`]`指令的次一指令处
`]`		如果指针指向的单元值不为零，向前跳转到对应的`[`指令的次一指令处

下面是一个 BrainFuck 程序，向标准输出打印"hi"字符串：

```
++++++++++[>++++++++++<-]>++++.+.
```

理论上可以将 BrainFuck 语言当作目标机器语言，将其他高级编程语言编译为 BrainFuck 语言后就可以在 BF 机器上运行了。

3.2.2　《人力资源机器》游戏

《人力资源机器》（Human Resource Machine）是一款设计精良汇编语言编程游戏。在游戏中，玩家扮演一个职员角色，来模拟人力资源机器的运行。通过完成上司给的每一份任务来实现晋升的目标，完成任务的途径就是用游戏提供的 11 个机器指令编写正确的汇编程序，最终得到正确的输出结果。《人力资源机器》的汇编语言可以认为是跨平台、跨操作系统的通用的汇编语言，因为该游戏在 macOS、Windows、Linux 和 iOS 上的玩法都是完全一致的。

《人力资源机器》的机器模型非常简单：INBOX 命令对应输入设备，OUTBOX 对应输出设备，玩家每人对应一个寄存器，临时存放数据的地板对应内存，然后是数据传输、加减、跳转等基本的指令。该机器模型总共有 11 个机器指令，如表 3-2 所示。

表 3-2　《人力资源机器》的机器模型的 11 个机器指令

名　称	解　释
INBOX	从输入通道取一个整数数据，放到手中（寄存器）
OUTBOX	将手中（寄存器）的数据放到输出通道，然后手中将没有数据（此时有些指令不能运行）
COPYFROM	将地板上某个编号的格子中的数据复制到手中（手中之前的数据作废），地板格子必须有数据
COPYTO	将手中（寄存器）的数据复制到地板上某个编号的格子中，手中的数据不变
ADD	将手中（寄存器）的数据和某个编号对应的地板格子的数据相加，新数据放到手中（手中之前的数据作废）
SUB	将手中（寄存器）的数据和某个编号对应的地板格子的数据相减，新数据放到手中（手中之前的数据作废）
BUMP+	自加一
BUMP-	自减一
JUMP	跳转
JUMP = 0	为零条件跳转
JUMP < 0	为负条件跳转

除机器指令外，游戏中有些环节还提供类似寄存器的场所，用于存放临时的数据。《人力资源机器》游戏的机器指令主要分为以下几类。

- 输入/输出指令（INBOX/OUTBOX）：输入后手中将只有 1 份新拿到的数据，输出后手中将没有数据。
- 数据传输指令（COPYFROM/COPYTO）：主要用于仅有的 1 个寄存器（手中）和内存之间的数据传输，传输时要确保源数据是有效的。
- 算术相关指令（ADD/SUB/BUMP+/BUMP-）。
- 跳转指令：如果是条件跳转，寄存器中必须要有数据。

主流的处理器也有类似的指令。除基本的算术和逻辑预算指令外，再配合有条件跳转指令就可以实现分支、循环等常见控制流结构了。

图 3-1 给出的是某一层的任务：将输入数据的 0 剔除，非 0 的数据依次输出，右边部分是解决方案。

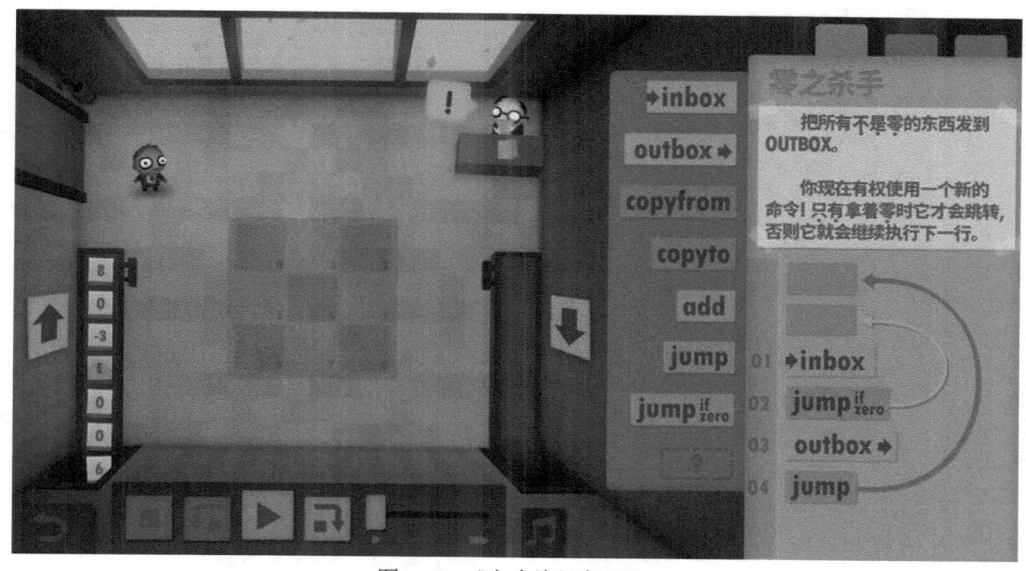

图 3-1 《人力资源机器》

整个程序只有一条输入指令、一条输出指令和两条跳转指令，共 4 条指令：

```
LOOP:
    INBOX
    JUMP-if-zero LOOP
    OUTBOX
    JUMP LOOP
```

首先通过 INBOX 指令读取一个数据包；然后判断包的数据是否为 0，如果是 0 就跳转到开头继续读取下一个数据包；否则将输出数据包，然后再跳转到开头。依此循环无休止地处理数据包，直到任务完成晋升到更高一级的岗位，然后处理类似的但更复杂的任务。

3.2.3 X86-64 体系结构

X86 其实是 80X86 的简称（后面 3 个字母），包括 Intel 8086、80286、80386 以及 80486 等指令集合，因此其架构被称为 X86 架构。X86-64 是 AMD 公司于 1999 年设计的 X86 架构的 64 位拓展，向后兼容 16 位及 32 位的 X86 架构。X86-64 目前正式名称为 AMD64，也就是 Go 语言中 GOARCH 环境变量指定的 AMD64。如果没有特殊说明的话，本章中的汇编程序都是针对 64 位的 X86-64 环境。

在使用汇编语言之前必须要了解对应的 CPU 体系结构。X86/AMD 架构图如图 3-2 所示。

左边是内存部分是常见的内存布局。其中 text 一般对应代码段，用于存储要执行的指令数据，代码段一般是只读的。然后是 rodata 和 data 数据段，数据段一般用于存放全局的数据，其中 rodata 是只读的数据段。而 heap 段则用于管理动态的数据，stack 段用于管理每个函数调用时相关的数据。在汇编语言中一般重点关注 text 代码段和 data 数据段，因此 Go 汇编语言中专门提供了对应的 TEXT 和 DATA 命令用于定义代码和数据。

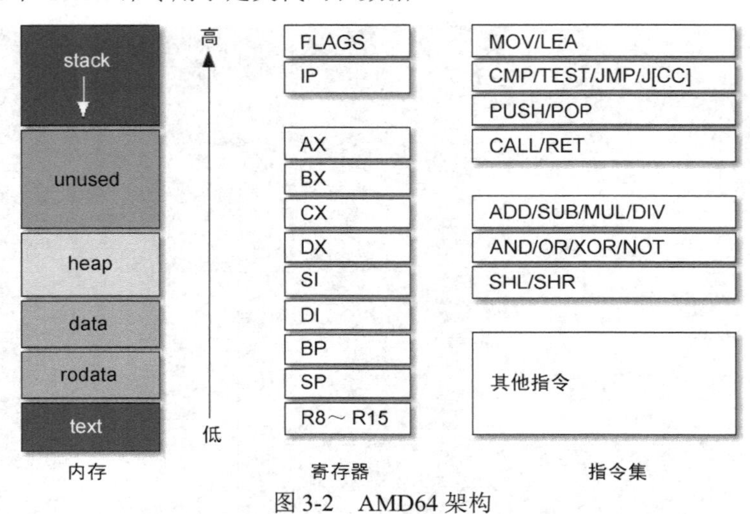

图 3-2　AMD64 架构

中间是 X86 提供的寄存器。寄存器是 CPU 中最重要的资源，每个要处理的内存数据原则上需要先放到寄存器中才能由 CPU 处理，同时寄存器中处理完的结果需要再存入内存。X86 中除状态寄存器 FLAGS 和指令寄存器 IP 这两个特殊的寄存器外，还有 AX、BX、CX、DX、SI、DI、BP、SP 几个通用寄存器。在 X86-64 中又增加了 8 个以 R8-R15 方式命名的通用寄存器。因为历史的原因 R0-R7 并不是通用寄存器，它们只是 X87 开始引入的 MMX 指令专有的寄存器。在通用寄存器中 BP 和 SP 是两个比较特殊的寄存器，其中 BP 用于记录当前函数帧的开始位置，和函数调用相关的指令会隐式地影响 BP 的值，SP 则对应当前栈指针的位置，和栈相关的指令会隐式地影响 SP 的值。而某些调试工具需要 BP 寄存器才能正常工作。

右边是 X86 的指令集。CPU 由指令和寄存器组成，指令是每个 CPU 内置的算法，指令处理的对象就是全部的寄存器和内存。我们可以将每个指令看作是 CPU 内置标准库提供的一个个函数，然后基于这些函数构造更复杂的程序的过程就是用汇编语言编程的过程。

3.2.4　Go 汇编中的伪寄存器

Go 汇编为了简化汇编代码的编写，引入了 PC、FP、SP、SB 这 4 个伪寄存器。4 个伪寄存器加其他的通用寄存器就是 Go 汇编语言对 CPU 的重新抽象，该抽象的结构也适用于其他非 X86 类型的体系结构。

4 个伪寄存器和 X86/AMD64 的内存和寄存器的相互关系如图 3-3 所示。

在 AMD64 环境，伪寄存器 PC 其实是 IP 指令计数器寄存器的别名。伪寄存器 FP 对应的是函数的帧指针，一般用来访问函数的参数和返回值。伪寄存器 SP 栈指针对应的是当前函数栈帧的底部

（不包括参数和返回值部分），一般用于定位局部变量。伪寄存器 SP 是一个比较特殊的寄存器，因为还存在一个同名的真寄存器 SP。真寄存器 SP 对应的是栈的顶部，一般用于定位调用其他函数的参数和返回值。

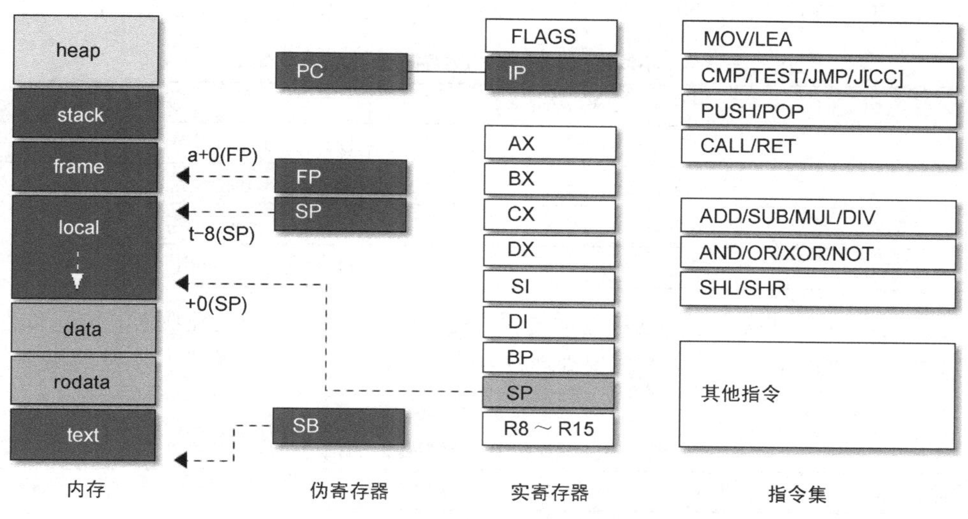

图 3-3 Go 汇编的伪寄存器

当需要区分伪寄存器和真寄存器的时候只需要记住一点：伪寄存器一般需要一个标识符和偏移量为前缀，如果没有标识符前缀则是真寄存器。例如，(SP)、+8(SP)没有标识符前缀表示真 SP 寄存器，而 a(SP)、b+8(SP)有标识符前缀表示伪寄存器。

3.2.5 X86-64 指令集

很多汇编语言的教程都会强调汇编语言是不可移植的。严格来说，汇编语言在不同的 CPU 类型、不同的操作系统环境或不同的汇编工具链下是不可移植的，而在同一种 CPU 中运行的机器指令是完全一样的。汇编语言这种不可移植性正是其普及的一个极大的障碍。虽然 CPU 指令集的差异是汇编语言不可移植的较大原因，但是汇编语言的相关工具链对此也有不可推卸的责任。而源自 Plan9 的 Go 汇编语言对此做了一定的改进：首先 Go 汇编语言在相同 CPU 架构上是完全一致的，也就是屏蔽了操作系统的差异；同时 Go 汇编语言将一些基础并且类似的指令抽象为相同名字的伪指令，从而减少不同 CPU 架构下汇编代码的差异（寄存器名字和数量的差异是一直存在的）。本节的目的也是找出一个较小的精简指令集，以简化 Go 汇编语言的学习。

X86 是一个极其复杂的系统，有人统计 X86-64 中指令有将近一千条之多。不仅如此，X86 中的很多单个指令的功能也非常强大，例如有论文证明了仅一个 MOV 指令就可以构成一个图灵完备的系统。以上是两种极端情况，太多的指令和太少的指令都不利于汇编程序的编写，但是也从侧面体现了 MOV 指令的重要性。

通用的基础机器指令大致可以分为数据传输指令、算术运算和逻辑运算指令、控制流指令和其他指令等几类。因此我们可以尝试精简出一个 X86-64 指令集，以便于 Go 汇编语言的学习。

因此我们先看看重要的 MOV 指令。MOV 指令可以用于将字面值移到寄存器、将字面值移到内存、寄存器之间的数据传输、寄存器和内存之间的数据传输。需要注意的是，MOV 传输指令的内存操作数只能有一个，可以通过某个临时寄存器达到类似目的。最简单的是忽略符号位的数据传输操作，386 和 AMD64 指令一样，不同的 1、2、4 和 8 字节宽度有不同的指令，如表 3-3 所示。

表 3-3　不同的 1、2、4 和 8 字节宽度的不同指令

数据类型	386/AMD64	说　明
[1]byte	MOVB	B 代表 Byte（字节）
[2]byte	MOVW	W 代表 Word（字）
[4]byte	MOVL	L 代表 Long（长字）
[8]byte	MOVQ	Q 代表 Quadword（四字）

MOV 指令不仅用于在寄存器和内存之间传输数据，而且还可以用于处理数据的扩展和截断操作。当数据宽度和寄存器的宽度不同而又需要处理符号位时，386 和 AMD64 有各自不同的指令，如表 3-4 所示。

表 3-4　386 和 AMD64 各自的指令

数据类型	386	AMD64	说　明
int8	MOVBLSX	MOVBQSX	带符号位扩展
uint8	MOVBLZX	MOVBQZX	用 0 扩展
int16	MOVWLSX	MOVWQSX	带符号位扩展
uint16	MOVWLZX	MOVWQZX	用 0 扩展

例如，当需要将一个 64 位大小的寄存器中保存的有符号整数数据（对应 int64 类型）转换为 bool 类型时，则需要使用 MOVBQZX 指令处理。

基础的算术指令有 ADD、SUB、MUL、DIV 等指令，分别对应加、减、乘、除运算，最终结果存入目标寄存器。基础的逻辑运算指令有 AND、OR 和 NOT 等几个指令，分别对应逻辑与、或和非这几个指令，如表 3-5 所示。

表 3-5　算术指令及逻辑运算指令

指令名称	解　释
ADD	加法
SUB	减法
MUL	乘法
DIV	除法
AND	逻辑与
OR	逻辑或
NOT	逻辑非

表 3-5 中的算术指令和逻辑运算指令是顺序编程的基础。通过逻辑比较影响状态寄存器，再结

合有条件跳转指令就可以实现更复杂的分支或循环结构。需要注意的是 MUL 和 DIV 等乘除法指令可能隐含使用了某些寄存器，指令细节请查阅相关手册。

控制流指令有 CMP、JMP-if-x、JMP、CALL、RET 等指令，如表 3-6 所示，CMP 指令用于两个操作数做减法，根据比较结果设置状态寄存器的符号位和零位，可以用于有条件跳转的跳转条件；JMP-if-x 是一组有条件跳转指令，常用的有 JL、JLZ、JE、JNE、JG、JGE 等指令，分别对应小于、小于等于、等于、不等于、大于和大于等于等条件时跳转；JMP 指令则对应无条件跳转，将要跳转的地址设置到 IP 指令寄存器就实现了跳转；而 CALL 和 RET 指令分别为调用函数和函数返回指令。

表 3-6 控制流指令

指令名称	解　　释
CMP	比较指令
JMP	无条件跳转
JMP-if-x	有条件跳转，JL、JLZ、JE、JNE、JG、JGE
CALL	调用函数
RET	函数返回

无条件和有条件跳转指令是实现分支和循环控制流的基础指令。理论上，我们也可以通过跳转指令实现函数的调用和返回功能。不过由于目前函数已经是现代计算机中的一个最基础的抽象，因此大部分的 CPU 都针对函数的调用和返回提供了专有的指令和寄存器。

其他比较重要的指令有 LEA、PUSH、POP 等，如表 3-7 所示，其中 LEA 指令将标准参数格式中的内存地址加载到寄存器（而不是加载内存位置的内容）。PUSH 和 POP 分别是压栈和出栈指令，通用寄存器中的 SP 为栈指针，栈是向低地址方向增长的。

表 3-7 其他比较重要的指令

名　　称	解　　释
LEA	取地址
PUSH	压栈
POP	出栈

当需要通过间接索引的方式访问数组或结构体等某些成员对应的内存时，可以用 LEA 指令先对目前内存取地址，然后在操作对应内存的数据。而栈指令则可以用于函数调整自己的栈空间大小。

最后需要说明的是，Go 汇编语言可能并没有支持全部的 CPU 指令。如果遇到没有支持的 CPU 指令，可以通过 Go 汇编语言提供的 BYTE 命令将真实的 CPU 指令对应的机器码填充到对应的位置。完整的 X86 指令在 Go 语言的 GitHub 官方网站中的相关文件定义。同时 Go 汇编语言还对一些指令定义了别名，具体可以参考 https://golang.org/src/cmd/internal/obj/x86/anames.go。

3.3 常量和全局变量

程序中的一切变量的初始值都直接或间接地依赖常量或常量表达式生成。在Go语言中，很多变量是默认零值初始化的，但是Go汇编中定义的变量最好还是手工通过常量初始化。有了常量之后，就可以衍生定义全局变量，并使用常量组成的表达式初始化其他各种变量。本节将简单讨论Go汇编语言中常量和全局变量的用法。

3.3.1 常量

Go汇编语言中常量以美元符号$为前缀。常量的类型有整数常量、浮点数常量、字符常量和字符串常量等几种类型。以下是几种常量类型的例子：

```
$1            // 十进制
$0xf4f8fcff   // 十六进制
$1.5          // 浮点数
$'a'          // 字符
$"abcd"       // 字符串
```

其中整数类型常量默认是十进制格式，也可以用十六进制格式表示整数常量。所有的常量最终都必须和要初始化的变量内存大小匹配。

对于数值型常量，可以通过常量表达式构成新的常量：

```
$2+2        // 常量表达式
$3&1<<2     // == $4
$(3&1)<<2   // == $4
```

其中常量表达式中运算符的优先级和Go语言保持一致。

Go汇编语言中的常量其实不仅只有编译时常量，还包含运行时常量。例如包中的全局变量和全局函数在运行时地址也是固定不变的，这里地址不变的包变量和函数的地址也是一种汇编常量。

下面是3.1节用汇编定义的字符串代码：

```
GLOBL ·NameData(SB),$8
DATA  ·NameData(SB)/8,$"gopher"

GLOBL ·Name(SB),$16
DATA  ·Name+0(SB)/8,$·NameData(SB)
DATA  ·Name+8(SB)/8,$6
```

其中`$·NameData(SB)`也是以美元符号$为前缀，因此也可以将它看作是一个常量，它对应的是包变量`NameData`的地址。在汇编指令中，也可以通过`LEA`指令来获取包变量`NameData`的地址。

3.3.2 全局变量

在Go语言中，变量根据作用域和生命周期有全局变量和局部变量之分。全局变量是包一级的变量，全局变量一般有较为固定的内存地址，声明周期跨越整个程序运行时间。而局部变量一般是函数内定义的变量，只有在函数被执行时才在栈上被创建，当函数调用完成后将回收（暂时不考虑闭包对局部变量捕获的问题）。

从 Go 汇编语言角度来看，全局变量和局部变量有着非常大的差异。在 Go 汇编语言中，全局变量和全局函数更为相似，都是通过一个人为定义的符号来引用对应的内存，区别只是内存中存放的是数据还是要执行的指令。因为在冯·诺伊曼系统结构的计算机中指令也是数据，而且指令和数据存放在统一编址的内存中。由于指令和数据没有本质的差别，因此我们甚至可以像操作数据那样动态生成指令（这是所有 JIT 技术的原理）。而局部变量则需在了解了汇编函数之后，才能通过 SP 栈空间来隐式定义。

在 Go 汇编语言中，内存通过伪寄存器 SB 定位。SB 是 Static Base Pointer 的缩写，意为静态内存的开始地址。我们可以将 SB 想象为一个和内存容量有相同大小的字节数组，所有的静态全局符号通常可以通过 SB 加一个偏移量定位，而我们定义的符号其实就是相对于 SB 内存开始地址的偏移量。对于伪寄存器 SB，全局变量和全局函数的符号没有任何区别。

要定义全局变量，首先要声明一个变量对应的符号，以及变量对应的内存大小。导出变量符号的语法如下：

```
GLOBL symbol(SB), width
```

GLOBL 汇编指令用于定义名为 symbol 的变量，变量对应的内存宽度为 width，内存宽度部分必须用常量初始化。下面的代码通过汇编定义一个 int32 类型的 count 变量：

```
GLOBL ·count(SB),$4
```

其中符号 ·count 以中点开头表示是当前包的变量，最终符号名展开为 path/to/pkg.count。count 变量的大小是 4 字节，常量必须以美元符号$开头。内存的宽度必须是 2 的指数倍，编译器最终会保证变量的真实地址对齐到机器字倍数。需要注意的是，在 Go 汇编中我们无法为 count 变量指定具体的类型。在汇编中定义全局变量时，我们只关心变量的名字和内存大小，变量最终的类型只能在 Go 语言中声明。

变量定义之后，我们可以通过 DATA 汇编指令指定对应内存中的数据，语法如下：

```
DATA symbol+offset(SB)/width, value
```

具体的含义从 symbol+offset 偏移量开始，width 宽度的内存，用 value 常量对应的值初始化。DATA 初始化内存时，width 必须是 1、2、4、8 几个宽度之一，因为再大的内存无法一次性用一个 uint64 大小的值表示。

对 int32 类型的 count 变量来说，我们既可以逐个字节初始化，也可以一次性初始化：

```
DATA ·count+0(SB)/1,$1
DATA ·count+1(SB)/1,$2
DATA ·count+2(SB)/1,$3
DATA ·count+3(SB)/1,$4

// or
```

```
DATA ·count+0(SB)/4,$0x04030201
```

因为 X86 处理器是小端序，所以用十六进制 0x04030201 初始化全部的 4 字节，和用 1、2、3、4 逐个初始化 4 字节是一样的效果。

最后还需要在 Go 语言中声明对应的变量（和 C 语言头文件声明变量的作用类似），这样垃圾回收器会根据变量的类型来管理其中与指针相关的内存数据。

1．数组类型变量

汇编中数组也是一种非常简单的类型。Go 语言中数组是一种有着扁平内存结构的基础类型。因此[2]byte 类型和[1]uint16 类型有着相同的内存结构。只有当数组和结构体结合之后情况才会变得稍微复杂。

下面我们尝试用汇编定义一个[2]int 类型的数组变量 num：

```
var num [2]int
```

然后在汇编中定义一个对应 16 字节的变量，并用零值进行初始化：

```
GLOBL ·num(SB),$16
DATA ·num+0(SB)/8,$0
DATA ·num+8(SB)/8,$0
```

图 3-4 给出的是 Go 语句和汇编语句定义变量时的对应关系。

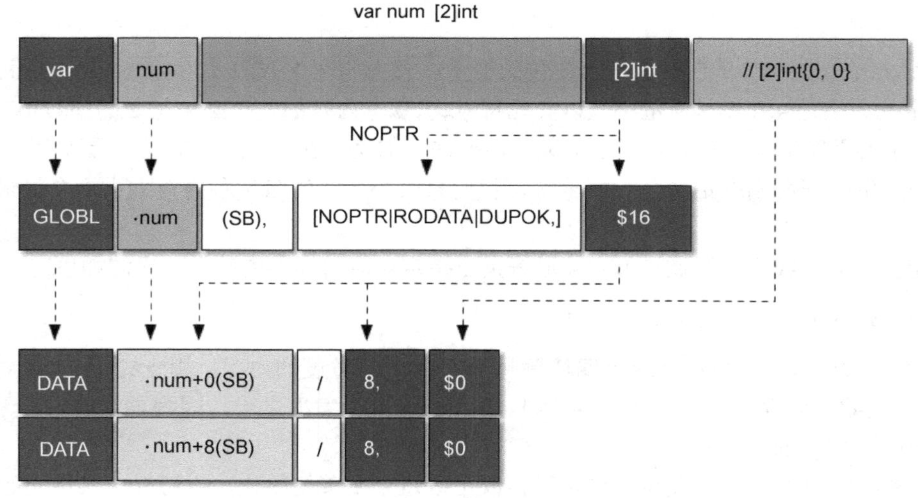

图 3-4　变量定义

汇编代码中并不需要 NOPTR 标志，因为 Go 编译器会从 Go 语言语句声明的[2]int 类型中推导出该变量内部没有指针数据。

2．布尔类型变量

Go 汇编语言定义变量无法指定类型信息，因此需要先通过 Go 语言声明变量的类型。以下是在

Go 语言中声明的几个布尔（bool）类型变量：

```
var (
    boolValue  bool
    trueValue  bool
    falseValue bool
)
```

在 Go 语言中声明的变量不能含有初始化语句。下面是 AMD64 环境的汇编定义：

```
GLOBL ·boolValue(SB),$1   // 未初始化

GLOBL ·trueValue(SB),$1   // var trueValue = true
DATA ·trueValue(SB)/1,$1  // 非 0 均为 true

GLOBL ·falseValue(SB),$1  // var falseValue = true
DATA ·falseValue(SB)/1,$0
```

bool 类型的内存大小为 1 字节。并且汇编中定义的变量需要手工指定初始化值，否则将可能导致产生未初始化的变量。当需要将 1 字节的 bool 类型变量加载到 8 字节的寄存器时，需要使用 MOVBQZX 指令将不足的高位用 0 填充。

3. 整数类型变量

所有的整数类型均有类似的定义方式，比较大的差异是整数类型的内存大小和整数是否有符号。下面是声明的 int32 和 uint32 类型变量：

```
var int32Value int32

var uint32Value uint32
```

在 Go 语言中声明的变量不能含有初始化语句。下面是 AMD64 环境的汇编定义：

```
GLOBL ·int32Value(SB),$4
DATA ·int32Value+0(SB)/1,$0x01  // 第 0 字节
DATA ·int32Value+1(SB)/1,$0x02  // 第 1 字节
DATA ·int32Value+2(SB)/2,$0x03  // 第 3~4 字节

GLOBL ·uint32Value(SB),$4
DATA ·uint32Value(SB)/4,$0x01020304 // 第 1~4 字节
```

汇编定义变量时初始化数据并不区分整数是否有符号。只有在 CPU 指令处理该寄存器数据时，才会根据指令的类型来区分数据的类型或者是否带有符号位。

4. 浮点类型变量

Go 汇编语言通常无法区分变量是否是浮点类型，与之相关的浮点数机器指令会将变量当作浮点数处理。Go 语言的浮点数遵循 IEEE 754 标准，有 float32 单精度浮点数和 float64 双精度浮点数之分。

IEEE 754 标准中，最高位（bit）为符号位，然后是指数位（指数采用移码格式表示），然后是有效数部分（其中小数点左边的一位被省略）。图 3-5 给出的是 IEEE 754 中 float32 类型浮点数的位布局。

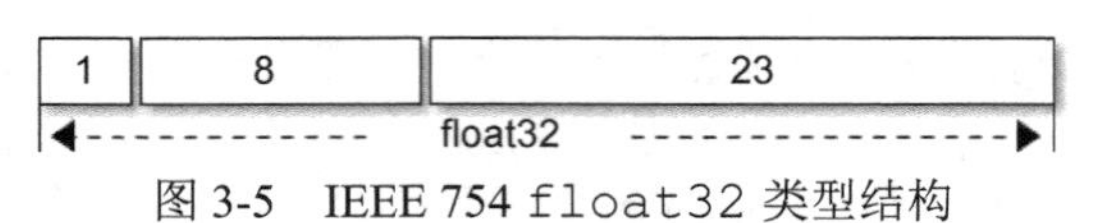

图 3-5　IEEE 754 float32 类型结构

IEEE 754 浮点数还有一些奇妙的特性：例如有正负两个 0；除了无穷大和无穷小 Inf 还有非数 NaN；同时如果两个浮点数有序那么对应的有符号整数也是有序的（反之则不一定成立，因为浮点数中存在的非数是不可排序的）。浮点数是程序中最难琢磨的角落，因为程序中很多手写的浮点数字面值用常量根本无法精确表达，浮点数计算涉及的误差舍入方式可能也是随机的。

下面是在 Go 语言中声明两个浮点数（如果没有在汇编中定义变量，那么声明的同时也会定义变量）。

```
var float32Value float32

var float64Value float64
```

然后在汇编中定义并初始化上面声明的两个浮点数：

```
GLOBL ·float32Value(SB),$4
DATA ·float32Value+0(SB)/4,$1.5      // var float32Value = 1.5

GLOBL ·float64Value(SB),$8
DATA ·float64Value(SB)/8,$0x01020304 // 位方式初始化
```

我们在 3.2.5 节精简的算术指令中都是针对整数，如果要通过整数指令处理浮点数的加减法必须根据浮点数的运算规则进行：先对齐小数点，然后进行整数加减法，最后再对结果进行归一化并处理精度舍入问题。不过目前的主流 CPU 都针对浮点数提供了专有的计算指令。

5. 字符串类型变量

从 Go 汇编语言角度看，字符串只是一种结构体。字符串头的结构体定义如下：

```
type reflect.StringHeader struct {
    Data uintptr
    Len  int
}
```

在 AMD64 环境中 StringHeader 有 16 字节大小，因此我们先在 Go 代码声明字符串变量，然后在汇编中定义一个 16 字节的变量：

```
var helloworld string
GLOBL ·helloworld(SB),$16
```

同时可以为字符串准备真正的数据。在下面的汇编代码中，我们定义了一个当前文件内的私有变量 text（以<>为扩展名），内容为“Hello World!”：

```
GLOBL text<>(SB),NOPTR,$16
DATA text<>+0(SB)/8,$"Hello Wo"
DATA text<>+8(SB)/8,$"rld!"
```

虽然 text<>私有变量表示的字符串只有 12 个字符长，但是我们依然需要将变量的长度扩展为 2 的指数倍，这里也就是 16 字节的长度。其中 NOPTR 表示 text<>不包含指针数据。

然后使用私有变量 text 对应的内存地址对应的常量来初始化字符串头结构体中的 Data 部分，并且手工指定 Len 部分为字符串的长度：

```
DATA ·helloworld+0(SB)/8,$text<>(SB) // StringHeader.Data
DATA ·helloworld+8(SB)/8,$12         // StringHeader.Len
```

需要注意的是，字符串是只读类型，要避免在汇编中直接修改字符串底层数据的内容。

6. 切片类型变量

切片类型变量和字符串类型变量相似，只不过对应的是切片头结构体而已。切片头的结构体如下：

```
type reflect.SliceHeader struct {
    Data uintptr
    Len  int
    Cap  int
}
```

通过对比可以发现，切片头的前两个成员字符串是一样的。因此我们可以在前面字符串变量的基础上，再扩展一个 Cap 成员就成了切片类型了：

```
var helloworld []byte
GLOBL ·helloworld(SB),$24            // var helloworld []byte("Hello World!")
DATA ·helloworld+0(SB)/8,$text<>(SB) // StringHeader.Data
DATA ·helloworld+8(SB)/8,$12         // StringHeader.Len
DATA ·helloworld+16(SB)/8,$16        // StringHeader.Cap

GLOBL text<>(SB),$16
DATA text<>+0(SB)/8,$"Hello Wo"      // ...string data...
DATA text<>+8(SB)/8,$"rld!"          // ...string data...
```

因为切片和字符串的相容性，我们可以将切片头的前 16 个字节临时作为字符串使用，这样可以省去不必要的转换。

7. map/channel 类型变量

map/channel 等类型并没有公开的内部结构，它们只是一种未知类型的指针，无法直接初始化。在汇编代码中只能为类似变量定义并进行零值初始化：

```
var m map[string]int

var ch chan int
GLOBL ·m(SB),$8  // var m map[string]int
DATA  ·m+0(SB)/8,$0

GLOBL ·ch(SB),$8 // var ch chan int
DATA  ·ch+0(SB)/8,$0
```

其实在 runtime 包中为汇编语言提供了一些辅助函数。例如，在汇编语言中可以通过内部函数 runtime.makemap 和 runtime.makechan 来创建变量 map 和 chan。辅助函数的签名如下：

```
func makemap(mapType *byte, hint int, mapbuf *any) (hmap map[any]any)
func makechan(chanType *byte, size int) (hchan chan any)
```

需要注意的是，makemap 是一种泛型函数，可以创建不同类型的 map，map 的具体类型通过 mapType 参数指定。

3.3.3　变量的内存布局

我们已经多次强调，在 Go 汇编语言中变量是没有类型的。因此，在 Go 语言中不同类型的变量底层可能对应的是相同的内存结构。深刻理解每个变量的内存布局是汇编编程的必备条件。

首先查看前面已经见过的[2]int 类型数组的内存布局，如图 3-6 所示。变量在 data 段分配空间，数组的元素地址依次从低向高排列。

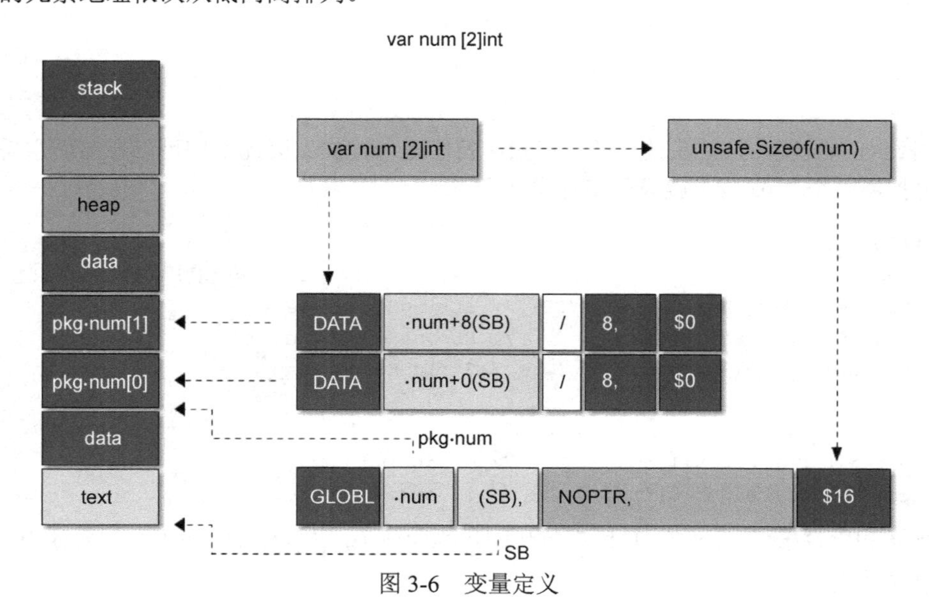

图 3-6　变量定义

然后再查看标准库图像包中 image.Point 结构体类型变量的内存布局，如图 3-7 所示。变量也是在 data 段分配空间，变量结构体成员的地址也是依次从低向高排列。

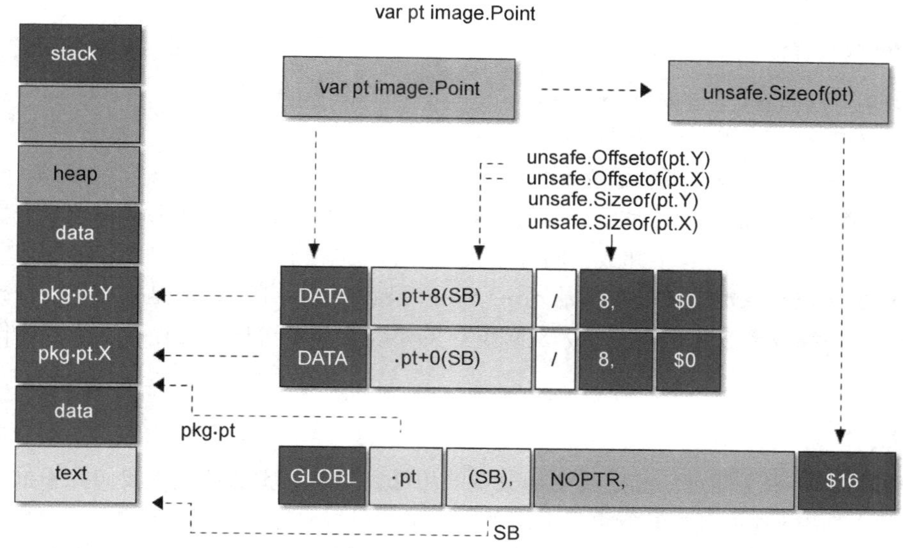

图 3-7 结构体变量定义

因此`[2]int`和`image.Point`类型底层有着近似相同的内存布局。

3.3.4 标识符规则和特殊标志

Go 语言的标识符可以由绝对的包路径加标识符本身定位，因此不同包中的标识符即使同名也不会有问题。Go 汇编是通过特殊的符号来表示斜杠和点符号，因为这样可以简化汇编器词法扫描部分代码的编写，只要通过字符串替换就可以了。

下面是汇编中常见的几种标识符的使用方式（通常也适用于函数标识符）：

```
GLOBL ·pkg_name1(SB),$1
GLOBL main·pkg_name2(SB),$1
GLOBL my/pkg·pkg_name(SB),$1
```

此外，Go 汇编中可以定义仅当前文件可以访问的私有标识符（类似 C 语言中文件内`static`修饰的变量），以<>为扩展名：

```
GLOBL file_private<>(SB),$1
```

这样可以减少私有标识符对其他文件内标识符命名的干扰。

此外，Go 汇编语言还在`textflag.h`文件定义了一些标志。其中用于变量的标志有`DUPOK`、`RODATA`和`NOPTR`。`DUPOK`表示该变量对应的标识符可能有多个，在链接时只选择其中一个即可（一般用于合并相同的常量字符串，减少重复数据占用的空间）。`RODATA`表示将变量定义在只读内存段，因此后续任何对此变量的修改操作将导致异常（`recover()`也无法捕获）。`NOPTR`则表示此变量的内部不含指针数据，让垃圾回收器忽略对该变量的扫描。如果变量已经在 Go 代码中声明过的话，Go 编译器会自动分析出该变量是否包含指针，这种时候可以不用手写`NOPTR`标志。

例如下面的例子是通过汇编来定义一个只读的`int`类型的变量：

```
var const_id int // readonly
#include "textflag.h"

GLOBL ·const_id(SB),NOPTR|RODATA,$8
DATA  ·const_id+0(SB)/8,$9527
```

我们使用`#include`语句包含定义标志的`textflag.h`头文件（和C语言中的预处理相同）。然后GLOBL汇编命令在定义变量时，给变量增加了NOPTR和RODATA两个标志（多个标志之间采用竖杠分隔），表示变量中没有指针数据同时定义在只读数据段。

变量一般也叫作可取地址的值，但是`const_id`虽然可以取地址，但是确实不能修改。不能修改的限制并不是由编译器提供，而是因为对该变量的修改会导致对只读内存段进行写操作，从而导致异常。

3.3.5 小结

以上我们初步展示了通过汇编定义全局变量的用法。但是真实的环境中我们并不推荐通过汇编定义变量——因为用Go语言定义变量更加简单和安全。在Go语言中定义变量，编译器可以帮助我们计算好变量的大小，生成变量的初始值，同时也包含了足够的类型信息。汇编语言的优势是挖掘机器的特性和性能，用汇编定义变量则无法发挥这些优势。因此在理解了汇编定义变量的用法后，建议大家谨慎使用。

3.4 函数

终于轮到函数了！因为Go汇编语言中，建议通过Go语言来定义全局变量，所以剩下的就只有函数了。只有掌握了汇编函数的基本用法，才能真正算是Go汇编语言入门。本章将简单讨论Go汇编中函数的定义和用法。

3.4.1 基本语法

函数标识符通过TEXT汇编指令定义，表示该行开始的指令定义在TEXT内存段。TEXT语句后的指令一般对应函数的实现，但是对TEXT指令本身来说并不关心后面是否有指令。因此TEXT和LABEL定义的符号是类似的，区别只是LABEL是用于跳转标号，但是本质上它们都是通过标识符映射一个内存地址。

函数定义的语法如下：

```
TEXT symbol(SB), [flags,] $framesize[-argsize]
```

函数的定义由5部分组成：TEXT指令、函数名、可选的`flags`标志、函数帧大小和可选的函数参数大小。

其中TEXT用于定义函数符号，函数名中当前包的路径可以省略。函数的名字后面是(SB)，表示是函数名符号相对于伪寄存器SB的偏移量，二者组合在一起最终是绝对地址。作为全局标识符的全局变量和全局函数的名字一般都是基于伪寄存器SB的相对地址。标志部分用于指示函数的一些特殊行为，常见的NOSPLIT主要用于指示叶子函数不进行栈分裂。`framesize`部分表示函数的局部变量需要多大栈空间，其中包含调用其他函数时准备调用参数的隐式栈空间。最后是可以省略的参数大小，之所以可以省略是因为编译器可以从 Go 语言的函数声明中推导出函数参数的大小。

我们首先从一个简单的 Swap() 函数开始。Swap() 函数用于交换输入的两个参数的顺序，然后通过返回值返回交换了顺序的结果。如果用 Go 语言声明 Swap() 函数，大致是这样的：

```
package main

//go:nosplit
func Swap(a, b int) (int, int)
```

下面是 main 包中 Swap() 函数在汇编中的两种定义方式：

```
// func Swap(a, b int) (int, int)
TEXT ·Swap(SB), NOSPLIT, $0-32

// func Swap(a, b int) (int, int)
TEXT ·Swap(SB), NOSPLIT, $0
```

图 3-8 给出的是 Swap() 函数几种不同写法的对比关系图。

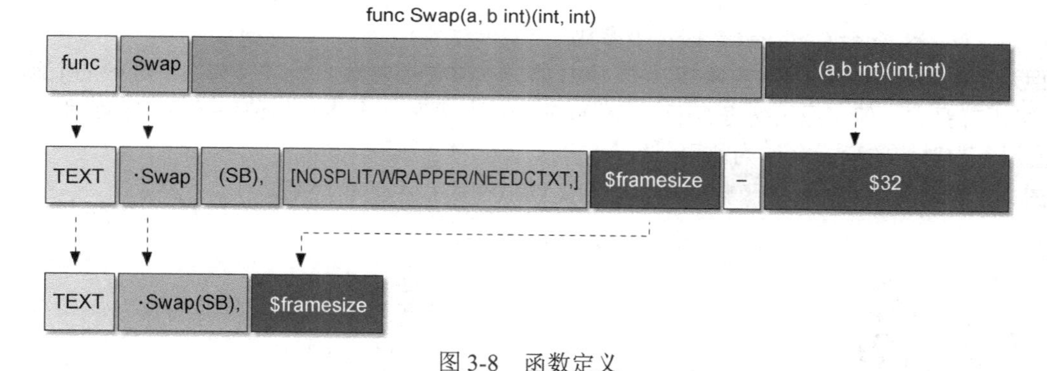

图 3-8　函数定义

第一种是最完整的写法：函数名部分包含了当前包的路径，同时指明了函数的参数大小为 32 字节（对应参数和返回值的 4 个 int 类型）。第二种写法则比较简洁，省略了当前包的路径和参数的大小。如果有 NOSPLIT 标注，会禁止汇编器为汇编函数插入栈分裂的代码。NOSPLIT 对应 Go 语言中的//go:nosplit 注释。

目前可能遇到的函数标志有 NOSPLIT、WRAPPER 和 NEEDCTXT。其中 NOSPLIT 不会生成或包含栈分裂代码，这一般用于没有任何其他函数调用的叶子函数，这样可以适当提高性能。WRAPPER 则表示这是一个包装函数，在 panic 或 runtime.caller 等某些处理函数帧的地方不会增加函数帧计数。最后的 NEEDCTXT 表示需要一个上下文参数，一般用于闭包函数。

需要注意的是，函数也没有类型，上面定义的 Swap() 函数签名可以采用下面任意一种格式：

```
func Swap(a, b, c int) int
func Swap(a, b, c, d int)
func Swap() (a, b, c, d int)
func Swap() (a []int, d int)
```

```
// ...
```

对汇编函数来说，只要是函数的名字和参数大小一致就可以是相同的函数了。而且在 Go 汇编语言中，输入参数和返回值参数是没有任何区别的。

3.4.2　函数参数和返回值

对函数来说，最重要的是函数对外提供的 API 约定，包含函数的名称、参数和返回值。当这些都确定之后，如何精确计算参数和返回值的大小是第一个需要解决的问题。

例如，有一个 `Swap()` 函数的签名如下：

```
func Swap(a, b int) (ret0, ret1 int)
```

对于这个函数，很容易看出，它需要 4 个 `int` 类型的空间，参数和返回值的大小也就是 32 字节：

```
TEXT ·Swap(SB), $0-32
```

那么，如何在汇编中引用这 4 个参数呢？为此 Go 汇编中引入了一个伪寄存器 `FP`，表示函数当前帧的地址，也就是第一个参数的地址。因此我们可以通过`+0(FP)`、`+8(FP)`、`+16(FP)`和`+24(FP)`来分别引用 `a`、`b`、`ret0` 和 `ret1` 这 4 个参数。

但是在汇编代码中，并不能直接以`+0(FP)`的方式来使用参数。为了编写易于维护的汇编代码，Go 汇编语言要求，任何通过伪寄存器 `FP` 访问的变量必须和一个临时标识符前缀组合后才能有效，一般使用参数对应的变量名作为前缀。

图 3-9 给出的是 `Swap()` 函数中的参数和返回值在内存中的布局图。

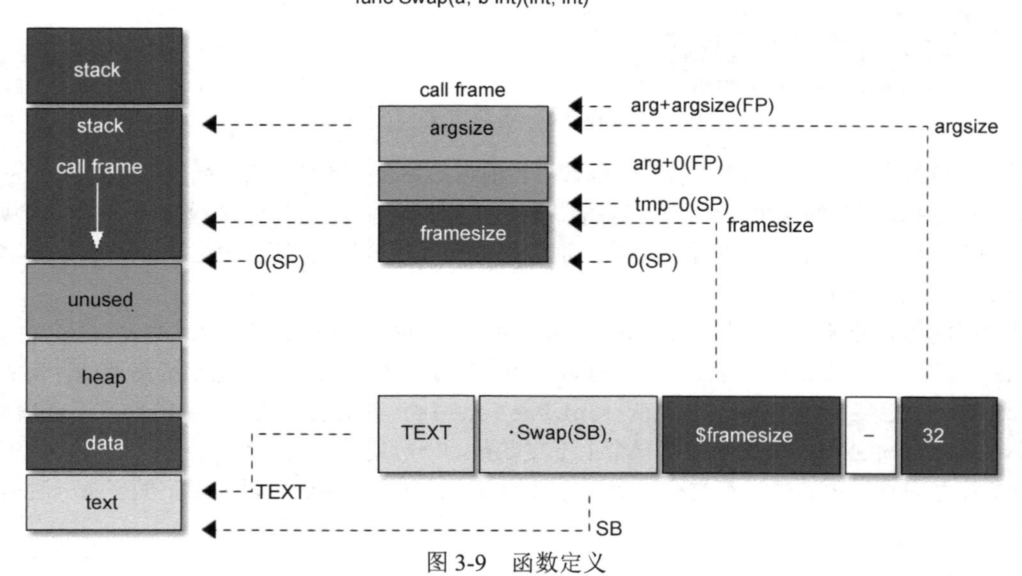

图 3-9　函数定义

下面的代码演示了如何在汇编函数中使用参数和返回值：

```
TEXT ·Swap(SB), $0
    MOVQ a+0(FP), AX     // AX = a
    MOVQ b+8(FP), BX     // BX = b
    MOVQ BX, ret0+16(FP) // ret0 = BX
    MOVQ AX, ret1+24(FP) // ret1 = AX
    RET
```

从以上代码可以看出 a、b、ret0 和 ret1 的内存地址是依次递增的，伪寄存器 FP 是第一个变量的开始地址。

3.4.3 参数和返回值的内存布局

如果是参数和返回值类型比较复杂的情况该如何处理呢？下面我们再尝试一个更复杂的函数参数和返回值的计算。例如有以下一个函数：

```
func Foo(a bool, b int16) (c []byte)
```

函数的参数有不同的类型，而且返回值中含有更复杂的切片类型。我们该如何计算每个参数的位置和总的大小呢？

其实函数参数和返回值的大小及对齐问题与结构体的大小及成员对齐问题是一致的，函数的第一个参数和第一个返回值会分别进行一次地址对齐。我们可以用类比思路将全部的参数和返回值以同样的顺序分别放到两个结构体中，将伪寄存器 FP 作为唯一的指针参数，而每个成员的地址也就对应原来参数的地址。

用这样的策略可以很容易计算前面的 Foo() 函数的参数和返回值的地址以及总大小。为了便于描述，我们定义一个 Foo_args_and_returns 临时结构体类型用于类比原始的参数和返回值：

```
type Foo_args struct {
    a bool
    b int16
    c []byte
}
type Foo_returns struct {
    c []byte
}
```

然后将 Foo() 原来的参数替换为结构体形式，并且只保留唯一的 FP 作为参数：

```
func Foo(FP *SomeFunc_args, FP_ret *SomeFunc_returns) {
    // a = FP + offsetof(&args.a)
    _ = unsafe.Offsetof(FP.a) + uintptr(FP) // a
    // b = FP + offsetof(&args.b)

    // argsize = sizeof(args)
    argsize = unsafe.Offsetof(FP)

    // c = FP + argsize + offsetof(&return.c)
    _ = uintptr(FP) + argsize + unsafe.Offsetof(FP_ret.c)

    // framesize = sizeof(args) + sizeof(returns)
```

```
    _ = unsafe.Offsetof(FP) + unsafe.Offsetof(FP_ret)

    return
}
```

代码完全和 `Foo()` 函数参数的方式类似。唯一的差异是每个函数的偏移量通过 `unsafe.Offsetof()` 函数自动计算生成。由于 Go 结构体中的每个成员已经满足了对齐要求，因此采用通用方式得到每个参数的偏移量也是满足对齐要求的。需要注意的是，第一个返回值地址需要重新对齐机器字大小的倍数。

`Foo()` 函数的参数和返回值的大小和内存布局如图 3-10 所示。

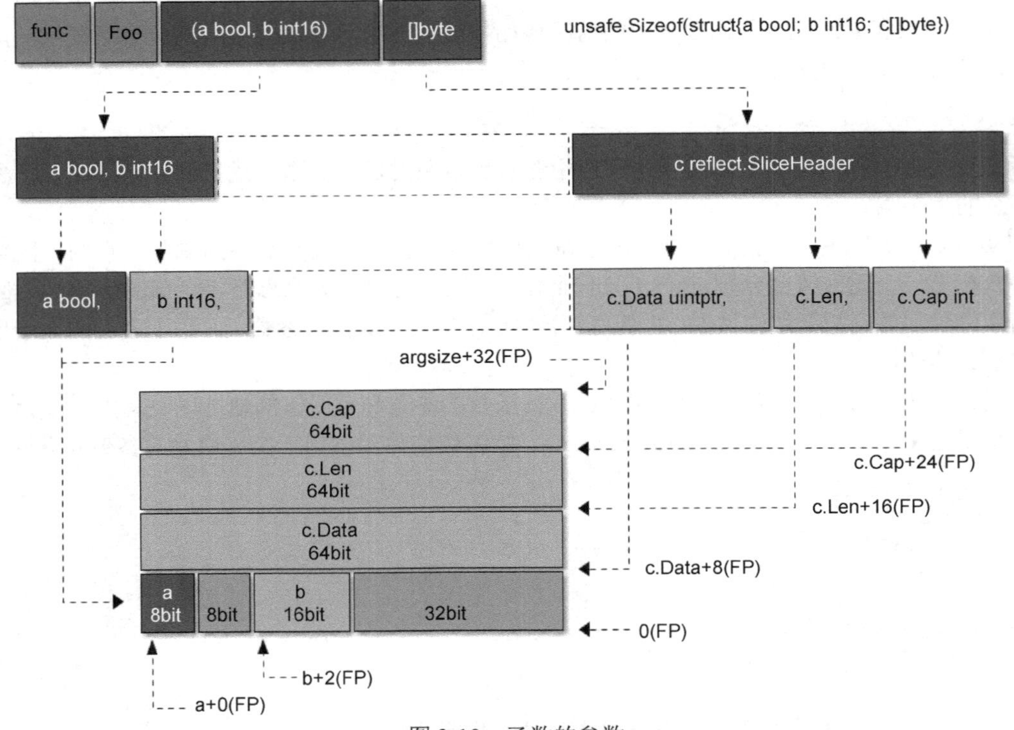

图 3-10　函数的参数

下面的代码演示了 `Foo` 汇编函数参数和返回值的定位：

```
TEXT ·Foo(SB), $0
    MOVEQ a+0(FP),       AX // a
    MOVEQ b+2(FP),       BX // b
    MOVEQ c_dat+8*1(FP), CX // c.Data
    MOVEQ c_len+8*2(FP), DX // c.Len
    MOVEQ c_cap+8*3(FP), DI // c.Cap
    RET
```

其中 `a` 和 `b` 参数之间出现了 1 字节的空洞，`b` 和 `c` 之间出现了 4 字节的空洞。出现空洞的原因是，要保证每个参数变量地址都要对齐到相应的倍数。

3.4.4 函数中的局部变量

从 Go 语言函数角度看，局部变量是函数内明确定义的变量，同时也包含函数的参数和返回值变量。但是从 Go 汇编角度看，局部变量是指函数运行时在当前函数栈帧所对应的内存内的变量，不包含函数的参数和返回值（因为访问方式有差异）。函数栈帧的空间主要由函数参数和返回值、局部变量和其他被调用函数的参数和返回值空间组成。为了便于理解，我们可以将汇编函数的局部变量类比为 Go 语言函数中显式定义的变量，不包含参数和返回值部分。

为了便于访问局部变量，Go 汇编语言引入了伪寄存器 SP，对应当前栈帧的底部。由于在当前栈帧时栈的底部是固定不变的，因此局部变量的相对于伪寄存器 SP 的偏移量也是固定的，这可以简化局部变量的维护工作。真伪寄存器 SP 的区分只有一个原则：如果使用 SP 时有一个临时标识符前缀就是伪寄存器 SP，否则就是真寄存器 SP。例如 a(SP) 和 b+8(SP) 有 a 和 b 临时前缀，这里就是伪寄存器 SP，而前缀部分一般用于表示局部变量的名字。而 (SP) 和 +8(SP) 没有临时标识符作为前缀，因此它们就是真寄存器 SP。

在 X86 平台，函数的调用栈是从高地址向低地址增长的，因此伪寄存器 SP 对应栈帧的底部其实是对应更大的地址。当前栈的顶部对应真实存在的寄存器 SP，对应当前函数栈帧的栈顶，对应更小的地址。如果整个内存用 Memory 数组表示，那么 Memory[0(SP):end-0(SP)] 就是对应当前栈帧的切片，其中开头位置是真寄存器 SP，结尾位置是伪寄存器 SP。真寄存器 SP 一般用于表示调用其他函数时的参数和返回值，真寄存器 SP 对应内存较低的地址，所以被访问变量的偏移量是正数；而伪寄存器 SP 对应高地址，对应的局部变量的偏移量是负数。

为了便于对比，我们将前面 Foo() 函数的参数和返回值变量改成局部变量：

```
func Foo() {
    var c []byte
    var b int16
    var a bool
}
```

然后通过汇编语言重新实现 Foo() 函数，并通过伪寄存器 SP 来定位局部变量：

```
TEXT ·Foo(SB), $32-0
    MOVQ a-32(SP),      AX // a
    MOVQ b-30(SP),      BX // b
    MOVQ c_data-24(SP), CX // c.Data
    MOVQ c_len-16(SP),  DX // c.Len
    MOVQ c_cap-8(SP),   DI // c.Cap
    RET
```

Foo() 函数有 3 个局部变量，但是没有调用其他函数，由于对齐和填充的问题导致函数的栈帧大小为 32 字节。因为 Foo() 函数没有参数和返回值，所以参数和返回值大小为 0 字节，当然这个部分可以省略不写。而局部变量中先定义的变量 c 与伪寄存器 SP 对应的地址最远，最后定义的变量 a 与伪寄存器 SP 对应的地址最近。有两个因素导致出现这种逆序的结果：一个从 Go 语言函数角度理解，先定义的 c 变量地址要比后定义的变量的地址更小；另一个是伪寄存器 SP 对应栈帧的底部，而 X86 中栈是从高向低生长的，所以最先定义的有更小地址的 c 变量离栈的底部伪寄存器 SP 更远。

我们同样可以通过结构体来模拟局部变量的布局：

```
func Foo() {
    var local [1]struct{
        a bool
        b int16
        c []byte
    }
    var SP = &local[1];

    _ = -(unsafe.Sizeof(local)-unsafe.Offsetof(local.a)) + uintptr(&SP) // a
    _ = -(unsafe.Sizeof(local)-unsafe.Offsetof(local.b)) + uintptr(&SP) // b
    _ = -(unsafe.Sizeof(local)-unsafe.Offsetof(local.c)) + uintptr(&SP) // c
}
```

我们将之前的 3 个局部变量挪到一个结构体中。然后构造一个 SP 变量对应的伪寄存器 SP，对应局部变量结构体的顶部。然后根据局部变量总大小和每个变量对应成员的偏移量计算相对于伪寄存器 SP 的距离，最终偏移量是一个负数。

通过这种方式可以处理复杂的局部变量的偏移，同时也能保证每个变量地址的对齐要求。当然，除地址对齐外，局部变量的布局并没有顺序要求。对汇编比较熟悉的读者可以根据自己的习惯组织变量的布局。

图 3-11 给出的是 Foo() 函数的局部变量的大小和内存布局。

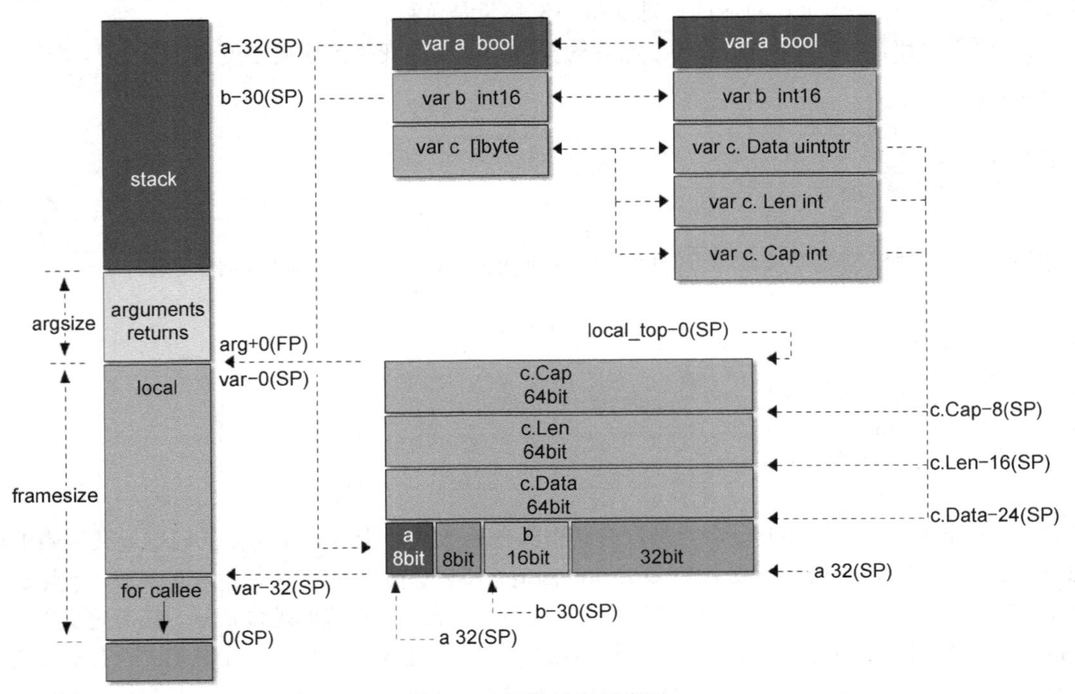

图 3-11　函数的局部变量

从图 3-11 中可以看出，Foo() 函数局部变量和前一个例子中参数和返回值的内存布局是完全一样的，这也是我们故意设计的结果。但是参数和返回值是通过伪寄存器 FP 定位的，寄存器 FP 对应第一个参数的开始地址（第一个参数地址较低），因此每个变量的偏移量是正数。局部变量是通过伪寄存器 SP 定位的，而伪寄存器 SP 对应的是第一个局部变量的结束地址（第一个局部变量地址较大），因此每个局部变量的偏移量都是负数。

3.4.5 调用其他函数

常见的用 Go 汇编实现的函数都是叶子函数，也就是被其他函数调用的函数，但是很少调用其他函数。这主要是因为叶子函数比较简单，可以简化汇编函数的编写；同时一般性能或特性的瓶颈也处于叶子函数。但是能够调用其他函数和能够被其他函数调用同样重要，否则 Go 汇编就不是一个完整的汇编语言。

在前文中，我们已经学习了一些汇编实现的函数参数和返回值处理的规则。那么一个显然的问题是，汇编函数的参数是从哪里来的？答案同样明显，被调用函数的参数是由调用方准备的：调用方在栈上设置好空间和数据后调用函数，被调用方在返回前将返回值放在对应的位置，函数通过 RET 指令返回调用方函数之后，调用方再从返回值对应的栈内存位置取出结果。Go 语言函数的调用参数和返回值均是通过栈传输的，这样做的优点是函数调用栈比较清晰，缺点是函数调用有一定的性能损耗（Go 编译器通过函数内联来缓解这个问题的影响）。

为了便于展示，我们先使用 Go 语言来构造 3 个逐级调用的函数：

```
func main() {
    printsum(1, 2)
}

func printsum(a, b int) {
    var ret = sum(a, b)
    println(sum)
}

func sum(a, b int) int {
    return a+b
}
```

其中 main() 函数通过字面值常量直接调用 printsum() 函数，printsum() 函数输出两个整数的和。而 printsum() 函数内部又通过调用 sum() 函数计算两个数的和，并最终调用打印函数进行输出。因为 printsum 既是被调用函数又是调用函数，所以它是要重点分析的函数。

图 3-12 展示了 3 个函数逐级调用时内存中函数参数和返回值的布局。

为了便于理解，我们对真实的内存布局进行了简化。要记住的是，调用函数时，被调用函数的参数和返回值的内存空间都必须由调用者提供。因此函数的局部变量和为调用其他函数准备的栈空间总和就确定了函数帧的大小。调用其他函数前调用方要选择保存相关寄存器到栈中，并在调用函数返回后选择要恢复的寄存器进行保存。最终通过 CALL 指令调用函数的过程和调用我们熟悉的 println() 函数输出的过程类似。

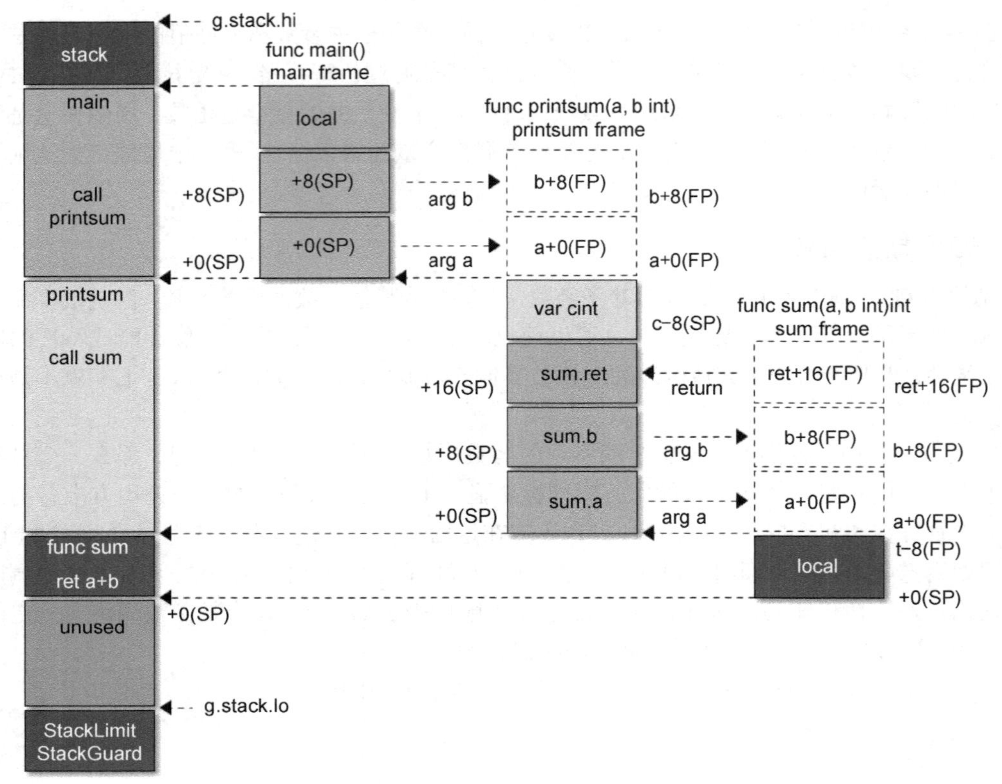

图 3-12　函数帧

Go 语言中函数调用是一个复杂的问题，因为 Go 函数不仅要了解函数调用参数的布局，还会涉及栈的跳转，以及栈上局部变量的生命周期管理。本节只是简单了解函数调用参数的布局规则，在后续的 3.6 节中会更详细地讨论函数的细节。

3.4.6　宏函数

宏函数并不是由 Go 汇编语言定义，而是 Go 汇编引入的预处理特性自带的特性。

在 C 语言中我们可以通过带参数的宏定义一个交换两个数的宏函数：

```
#define SWAP(x, y) do{ int t = x; x = y; y = t; }while(0)
```

我们可以用类似的方式定义一个交换两个寄存器的宏：

```
#define SWAP(x, y, t) MOVQ x, t; MOVQ y, x; MOVQ t, y
```

因为汇编语言中无法定义临时变量，所以增加一个参数用于临时寄存器。下面的代码是通过 SWAP 宏函数交换寄存器 AX 和 BX 的值，然后返回结果：

```
// func Swap(a, b int) (int, int)
TEXT ·Swap(SB), $0-32
    MOVQ a+0(FP), AX // AX = a
```

```
    MOVQ b+8(FP), BX // BX = b

    SWAP(AX, BX, CX)     // AX, BX = b, a

    MOVQ AX, ret0+16(FP) // return
    MOVQ BX, ret1+24(FP) //
    RET
```

预处理器可以通过条件编译针对不同的平台定义宏的实现，这样可以简化平台带来的差异。

3.5 控制流

程序主要有顺序、分支和循环几种执行流程。本节主要讨论如何将 Go 语言的控制流比较直观地转译为汇编程序，或者说如何以汇编思维来编写 Go 语言代码。

3.5.1 顺序执行

顺序执行是我们比较熟悉的工作模式，类似流水账编程。所有不含分支、循环和 `goto` 语句并且没有递归调用的 Go 函数一般都是顺序执行的。

例如，有如下顺序执行的代码：

```
func main() {
    var a = 10
    println(a)

    var b = (a+a)*a
    println(b)
}
```

我们尝试用 Go 汇编的思维改写上述函数。由于 X86 指令中一般只有两个操作数，因此在用汇编改写时要求出现的变量表达式中最多只能有一个运算符。同时对于一些函数调用，也需要用汇编中可以调用的函数来改写。

第一步改写依然使用 Go 语言，只不过是用汇编的思维改写：

```
func main() {
    var a, b int

    a = 10
    runtime.printint(a)
    runtime.printnl()

    b = a
    b += b
    b *= a
    runtime.printint(b)
    runtime.printnl()
}
```

首先模仿 C 语言的处理方式在函数入口处声明全部的局部变量。然后根据 `MOV`、`ADD`、`MUL` 等指令的风格，将之前的变量表达式展开为用=、+=和*=几种运算表达的多个指令。最后用 runtime 包内部的 printint() 和 printnl() 函数代替之前的 println() 函数输出结果。

经过用汇编的思维改写后，上述的 Go 函数虽然看起来烦琐了一点，但是还是比较容易理解的。下面进一步尝试将改写后的函数继续转译为汇编函数：

```
TEXT ·main(SB), $24-0
    MOVQ $0, a-8*2(SP) // a = 0
    MOVQ $0, b-8*1(SP) // b = 0

    // 将新的值写入 a 对应内存
    MOVQ $10, AX        // AX = 10
    MOVQ AX, a-8*2(SP) // a = AX

    // 以 a 为参数调用函数
    MOVQ AX, 0(SP)
    CALL runtime·printint(SB)
    CALL runtime·printnl(SB)

    // 函数调用后，AX/BX 寄存器可能被污染，需要重新加载
    MOVQ a-8*2(SP), AX // AX = a
    MOVQ b-8*1(SP), BX // BX = b

    // 计算 b 值，并写入内存
    MOVQ AX, BX          // BX = AX  // b = a
    ADDQ BX, BX          // BX += BX // b += a
    IMULQ AX, BX         // BX *= AX // b *= a
    MOVQ BX, b-8*1(SP) // b = BX

    // 以 b 为参数调用函数
    MOVQ BX, 0(SP)
    CALL runtime·printint(SB)
    CALL runtime·printnl(SB)

    RET
```

汇编实现 main() 函数的第一步是要计算函数栈帧的大小。因为函数内有 a、b 两个 int 类型变量，同时调用的 runtime·printint() 函数参数是一个 int 类型并且没有返回值，所以 main() 函数的栈帧是 3 个 int 类型组成的 24 字节的栈内存空间。

在函数的开始处先将变量初始化为 0，其中 a-8*2(SP) 对应 a 变量、a-8*1(SP) 对应 b 变量（由于 a 变量先定义，因此 a 变量的地址更小）。

然后给 a 变量分配一个寄存器 AX，并且通过寄存器 AX 将 a 变量对应的内存设置为 10，AX 也是 10。为了输出 a 变量，需要将寄存器 AX 的值放到 0(SP) 位置，这个位置的变量将在调用 runtime·printint() 函数时作为它的参数被打印。因为我们之前已经将 AX 的值保存到 a 变量内存中了，所以在调用函数前并不需要再进行寄存器的备份工作。

在调用函数返回之后，全部的寄存器将被视为可能被调用的函数修改，因此我们需要从 a、b 对应的内存中重新恢复寄存器 AX 和 BX。然后参考上面 Go 语言中 b 变量的计算方式更新 BX 对应的

值，计算完成后同样将 BX 的值写入 b 对应的内存。

需要说明的是，上面的代码中 IMULQ AX, BX 使用了 IMULQ 指令来计算乘法。没有使用 MULQ 指令的原因是 MULQ 指令默认使用 AX 保存结果。读者可以自己尝试用 MULQ 指令改写上述代码。

最后以 b 变量作为参数再次调用 runtime·printint() 函数进行输出工作。所有的寄存器同样可能被污染，不过 main() 函数马上就返回了，因此不再需要恢复 AX、BX 等寄存器了。

重新分析汇编改写后的整个函数，会发现里面有很多冗余代码。我们不需要 a、b 两个临时变量分配两个内存空间，而且也不需要在每个寄存器变化之后都写入内存。下面是经过优化的汇编函数：

```
TEXT ·main(SB), $16-0
    // var temp int

    // 将新的值写入 a 对应内存
    MOVQ $10, AX          // AX = 10
    MOVQ AX, temp-8(SP) // temp = AX

    // 以 a 为参数调用函数
    CALL runtime·printint(SB)
    CALL runtime·printnl(SB)

    // 函数调用后，AX 可能被污染，需要重新加载
    MOVQ temp-8*1(SP), AX // AX = temp

    // 计算 b 值，不需要写入内存
    MOVQ AX, BX           // BX = AX  // b = a
    ADDQ BX, BX           // BX += BX // b += a
    IMULQ AX, BX          // BX *= AX // b *= a

    // ...
```

首先是将 main() 函数的栈帧大小从 24 字节减少到 16 字节。唯一需要保存的是 a 变量的值，因此在调用 runtime·printint() 函数输出时全部的寄存器都可能被污染，我们无法通过寄存器备份 a 变量的值，只有在栈内存中的值才是安全的。然后 BX 的值并不需要保存到内存。其他部分的代码基本保持不变。

3.5.2 if/goto 跳转

Go 语言刚刚开源的时候并没有 goto 语句，后来 Go 语言虽然增加了 goto 语句，但是并不推荐在编程中使用。有一个与 CGO 类似的原则：如果可以不使用 goto 语句，那么就不要使用 goto 语句。Go 语言中的 goto 语句是有严格限制的：它无法跨越代码块，并且在被跨越的代码中不能含有变量定义的语句。虽然 Go 语言不推荐 goto 语句，但是 goto 语句确实是每个汇编语言程序员的最爱。因为 goto 近似等价于汇编语言中的无条件跳转指令 JMP，配合 if 条件 goto 就组成了有条件跳转指令，而有条件跳转指令正是构建整个汇编代码控制流的基石。

为了便于理解，我们用 Go 语言构造一个模拟三元表达式的 If() 函数：

```
func If(ok bool, a, b int) int {
    if ok { return a } else { return b }
}
```

例如求两个数最大值的三元表达式(a>b)?a:b 用 If()函数可以这样表达：If(a>b, a, b)。因为语言的限制，用来模拟三元表达式的 If()函数不支持泛型（可以将 a、b 和返回类型改为空接口，不过使用会烦琐一些）。

这个函数虽然看似只有简单的一行，但是包含了 if 分支语句。在改用汇编实现前，我们还是先用汇编的思维来重新审视 If()函数。在改写时同样要遵循每个表达式只能有一个运算符的限制，同时 if 语句的条件部分必须只有一个比较符号，if 语句的 body 部分只能是一个 goto 语句。

用汇编思维改写后的 If()函数实现如下：

```
func If(ok int, a, b int) int {
    if ok == 0 { goto L }
    return a
L:
    return b
}
```

因为汇编语言中没有 bool 类型，我们改用 int 类型代替 bool 类型（真实的汇编是用 byte 表示 bool 类型，可以通过 MOVBQZX 指令加载 byte 类型的值，这里做了简化处理）。当参数 ok 非 0 时返回变量 a，否则返回变量 b。我们将 ok 的逻辑反转下：当参数 ok 为 0 时，返回变量 b，否则返回变量 a。在 if 语句中，当参数 ok 为 0 时，goto 到 L 标号指定的语句，也就是返回变量 b。如果 if 条件不满足，也就是参数 ok 非 0 时，执行后面的语句返回变量 a。

上述函数的实现已经非常接近汇编语言，下面是改为汇编实现的代码：

```
TEXT ·If(SB), NOSPLIT, $0-32
    MOVQ ok+8*0(FP), CX // ok
    MOVQ a+8*1(FP), AX  // a
    MOVQ b+8*2(FP), BX  // b

    CMPQ CX, $0         // test ok
    JZ   L              // if ok == 0, goto L
    MOVQ AX, ret+24(FP) // return a
    RET

L:
    MOVQ BX, ret+24(FP) // return b
    RET
```

首先是将 3 个参数加载到寄存器中，参数 ok 对应寄存器 CX，a、b 分别对应寄存器 AX、BX。然后使用 CMPQ 比较指令将寄存器 CX 和常数 0 进行比较。如果比较的结果为 0，那么下一条 JZ 为 0 时跳转指令将跳转到 L 标号对应的语句，也就是返回变量 b 的值。如果比较的结果不为 0，那么 JZ 指令将没有效果，继续执行后面的指令，也就是返回变量 a 的值。

在跳转指令中，跳转的目标一般是通过一个标号表示。不过在有些通过宏实现的函数中，更希望通过相对位置跳转，这时候可以通过寄存器 PC 的偏移量来计算临近跳转的位置。

3.5.3 for 循环

Go 语言的 for 循环有多种用法，这里只选择最经典的 for 结构来讨论。经典的 for 循环由初始化、结束条件、迭代步长 3 部分组成，再配合循环体内部的 if 条件语句，这种 for 结构可以模拟其他各种循环类型。

基于经典的 for 循环结构，我们定义一个 LoopAdd() 函数，用于计算任意等差数列的和：

```
func LoopAdd(cnt, v0, step int) int {
    result, vi := 0, v0
    for i := 0; i < cnt; i++ {
        result, vi = result + vi, vi + step
    }
    return result
}
```

例如，1+2+...+100 等差数列可以计算 LoopAdd(100, 1, 1)，而 10+8+...+0 等差数列则可以计算 LoopAdd(5, 10, -2)。在用汇编彻底重写之前先采用前面 if/goto 类似的技术来改造 for 循环。

新的 LoopAdd() 函数只由 if/goto 语句构成：

```
func LoopAdd(cnt, v0, step int) int {
    var vi = v0
    var result = 0

// LOOP_BEGIN:
    var i = 0

LOOP_IF:
    if i < cnt { goto LOOP_BODY }
    goto LOOP_END

LOOP_BODY:
    i = i+1
    result = result + vi
    vi = vi + step
    goto LOOP_IF

LOOP_END:

    return result
}
```

函数的开头先定义两个局部变量便于后续代码使用。然后将 for 语句的初始化、结束条件、迭代步长 3 部分拆分为 3 个代码段，分别用 LOOP_BEGIN、LOOP_IF 和 LOOP_BODY 这 3 个标号表示。其中 LOOP_BEGIN 循环初始化部分只会执行一次，因此该标号并不会被引用，可以省略。最后的 LOOP_END 语句表示 for 循环的结束。4 个标号分隔出的 3 个代码段分别对应 for 循环的初始化语句、循环条件和循环体，其中迭代语句被合并到循环体中了。

下面用汇编语言重新实现 LoopAdd() 函数：

```
#inchlude "textflag.h"

// func LoopAdd(cnt, v0, step int) int
TEXT ·LoopAdd(SB), NOSPLIT, $0-32
    MOVQ $0, BX          // result
    MOVQ cnt+0(FP), AX   // cnt
    MOVQ v0+8(FP), DI    // vi = v0
```

```
    MOVQ step+16(FP), CX // step

LOOP_BEGIN:
    MOVQ $0, DX          // i

LOOP_IF:
    CMPQ DX, AX          // compare i, cnt
    JL   LOOP_BODY       // if i < cnt: goto LOOP_BODY
    goto LOOP_END

LOOP_BODY:
    ADDQ DI, BX          // result + = vi
    ADDQ CX, DI          // vi += step
    ADDQ $1, DX          // i++
    goto LOOP_IF

LOOP_END:

    MOVQ BX, ret+24(FP)  // return result
    RET
```

其中 v0 和 result 变量复用了一个 BX 寄存器。在 LOOP_BEGIN 标号对应的指令部分，用 MOVQ 将 DX 寄存器初始化为 0，DX 对应变量 i，即循环的迭代变量。在 LOOP_IF 标号对应的指令部分，使用 CMPQ 指令比较 DX 和 AX，如果循环没有结束则跳转到 LOOP_BODY 部分，否则跳转到 LOOP_END 部分结束循环。在 LOOP_BODY 部分，更新迭代变量并且执行循环体中的累加语句，然后直接跳转到 LOOP_IF 部分进入下一轮循环条件判断。LOOP_END 标号之后就是返回累加结果的语句。

循环是最复杂的控制流，循环中隐含了分支和跳转语句。掌握了循环的写法基本也就掌握了汇编语言的基础写法。更极客的玩法是通过汇编语言打破传统的控制流，例如跨越多层函数直接返回，参考基因编辑的手段直接执行一个从 C 语言构建的代码片段等。总之，掌握规律之后，你会发现其实汇编语言编程变得异常简单和有趣。

3.6 再论函数

在 3.4 节中我们已经简单讨论过 Go 的汇编函数，但是那些主要是叶子函数。叶子函数的最大特点是不会调用其他函数，也就是栈的大小是可以预期的，叶子函数也就可以基本忽略栈溢出的问题（如果已经栈溢出了，那也是上级函数的问题）。如果没有爆栈问题，那么也就不会有栈的分裂问题。如果没有栈的分裂也就不需要移动栈上的指针，也就不会有栈上指针管理的问题。但是现实中 Go 语言的函数是可以任意深度调用的，永远不用担心爆栈的风险。那么这些近似“黑科技”的特性是如何通过低级的汇编语言实现的呢？这些都是本节尝试讨论的问题。

3.6.1 函数调用规范

在 Go 汇编语言中 CALL 指令用于调用函数，RET 指令用于从调用函数返回。但是 CALL 和 RET 指令并没有处理函数调用时输入参数和返回值的问题。CALL 指令类似 PUSH IP 和 JMP somefunc 两个指令的组合，首先将当前的 IP 指令寄存器的值压入栈中，然后通过 JMP 指令将要调用函数的地址写入 IP 寄存器实现跳转。而 RET 指令则是和 CALL 相反的操作，基本和 POP IP 指令等价，也就是将执行 CALL 指令时保存在 SP 中的返回地址重新载入 IP 寄存器，实现函数的返回。

和 C 语言函数不同，Go 语言函数的参数和返回值完全通过栈传递。图 3-13 给出的是 Go 函数调用时栈的布局图。

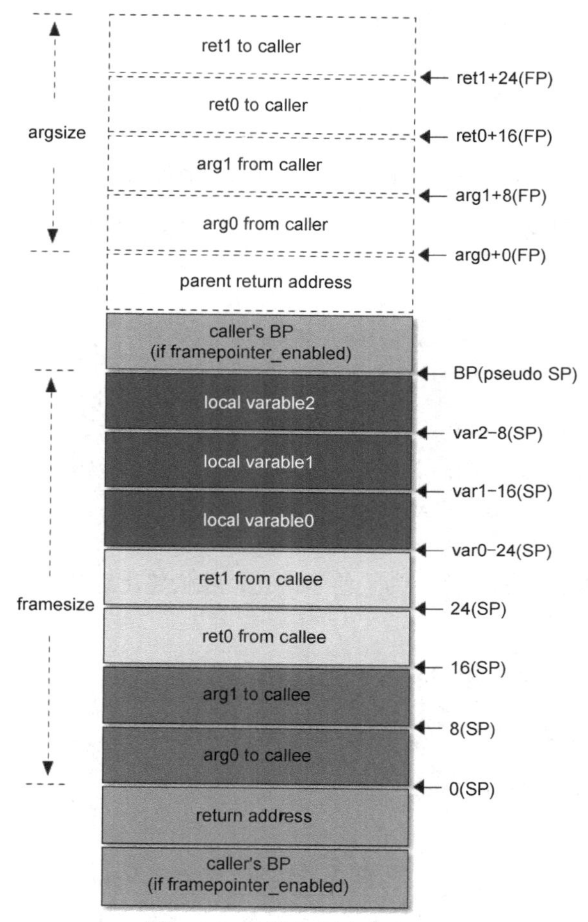

图 3-13 函数调用参数布局

首先是调用函数前准备的输入参数和返回值空间。然后 `CALL` 指令将首先触发返回地址入栈操作。在进入到被调用函数内之后，汇编器自动插入了 `BP` 寄存器相关的指令，因此 `BP` 寄存器和返回地址是紧挨着的。再下面就是当前函数的局部变量的空间，包含再次调用其他函数需要准备的调用参数空间。被调用的函数执行 `RET` 返回指令时，先从栈恢复 `BP` 和 `SP` 寄存器，接着取出的返回地址跳转到对应的指令执行。

3.6.2 高级汇编语言

Go 汇编语言其实是一种高级的汇编语言。在这里高级一词并没有任何褒义或贬义的色彩，而是要强调 Go 汇编代码和最终真实执行的代码并不完全等价。Go 汇编语言中一个指令在最终的目标代码中可能会被编译为其他等价的机器指令。Go 汇编实现的函数或调用函数的指令在最终代码中也会被插入额外的指令。要彻底理解 Go 汇编语言，就需要彻底了解汇编器到底插入了哪些指令。

为了便于分析，我们先构造一个禁止栈分裂的 printnl() 函数。printnl() 函数内部都通过调用 runtime.printnl() 函数输出换行：

```
TEXT ·printnl_nosplit(SB), NOSPLIT, $8
    CALL runtime·printnl(SB)
    RET
```

然后通过 go tool asm -S main_amd64.s 指令查看编译后的目标代码：

```
"".printnl_nosplit STEXT nosplit size=29 args=0xffffffff80000000 locals=0x10
0x0000 00000 (main_amd64.s:5) TEXT "".printnl_nosplit(SB), NOSPLIT    $16
0x0000 00000 (main_amd64.s:5) SUBQ $16, SP

0x0004 00004 (main_amd64.s:5) MOVQ BP, 8(SP)
0x0009 00009 (main_amd64.s:5) LEAQ 8(SP), BP

0x000e 00014 (main_amd64.s:6) CALL runtime.printnl(SB)

0x0013 00019 (main_amd64.s:7) MOVQ 8(SP), BP
0x0018 00024 (main_amd64.s:7) ADDQ $16, SP
0x001c 00028 (main_amd64.s:7) RET
```

输出代码中删除了非指令的部分。为了便于讲述，我们将上述代码重新排版，并根据缩进表示相关的功能：

```
TEXT "".printnl(SB), NOSPLIT, $16
    SUBQ $16, SP
        MOVQ BP, 8(SP)
        LEAQ 8(SP), BP
            CALL runtime.printnl(SB)
        MOVQ 8(SP), BP
    ADDQ $16, SP
RET
```

第一层是 TEXT 指令表示函数开始，到 RET 指令表示函数返回。第二层是 SUBQ $16, SP 指令为当前函数帧分配 16 字节的空间，在函数返回前通过 ADDQ $16, SP 指令回收 16 字节的栈空间。我们谨慎猜测在第二层为函数多分配了 8 字节的空间。那么为何要多分配 8 字节的空间呢？再继续查看第三层的指令：开始部分有两个指令 MOVQ BP, 8(SP) 和 LEAQ 8(SP), BP，首先是将 BP 寄存器保存到多分配的 8 字节栈空间，然后将 8(SP) 地址重新保存到了 BP 寄存器中，结束部分是 MOVQ 8(SP), BP 指令则是从栈中恢复之前备份的前 BP 寄存器的值。最里面第四层才是我们写的代码，调用 runtime.printnl() 函数输出换行。

如果去掉 NOSPILT 标志，再重新查看生成的目标代码，会发现在函数的开头和结尾的地方又增加了新的指令。下面是经过缩进格式化的结果：

```
TEXT "".printnl_nosplit(SB), $16
L_BEGIN:
    MOVQ (TLS), CX
    CMPQ SP, 16(CX)
```

```
    JLS   L_MORE_STK

        SUBQ $16, SP
            MOVQ BP, 8(SP)
            LEAQ 8(SP), BP
                CALL runtime.printnl(SB)
            MOVQ 8(SP), BP
        ADDQ $16, SP

L_MORE_STK:
    CALL runtime.morestack_noctxt(SB)
    JMP  L_BEGIN
RET
```

其中开头有 3 个新指令，MOVQ (TLS), CX 用于加载 g 结构体指针，然后第二个指令 CMPQ SP, 16(CX) 用于 SP 栈指针和 g 结构体中 stackguard0 成员比较，如果比较的结果小于 0，则跳转到结尾的 L_MORE_STK 部分。当获取到更多栈空间之后，通过 JMP L_BEGIN 指令跳转到函数的开始位置重新进行栈空间的检测。

g 结构体在$GOROOT/src/runtime/runtime2.go 文件定义，开头的结构成员如下：

```
type g struct {
    // Stack parameters.
    stack       stack   // offset known to runtime/cgo
    stackguard0 uintptr // offset known to liblink
    stackguard1 uintptr // offset known to liblink

    ...
}
```

第一个成员是 stack 类型，表示当前栈的开始和结束地址。stack 的定义如下：

```
// Stack describes a Go execution stack.
// The bounds of the stack are exactly [lo, hi),
// with no implicit data structures on either side.
type stack struct {
    lo uintptr
    hi uintptr
}
```

在 g 结构体中的 stackguard0 成员是出现爆栈前的警戒线。stackguard0 的偏移量是 16 字节，因此上述代码中的 CMPQ SP, 16(AX) 表示将当前的真实 SP 和爆栈警戒线比较，如果超出警戒线则表示需要进行栈扩容，也就是跳转到 L_MORE_STK。在 L_MORE_STK 标号处，先调用 runtime·morestack_noctxt 进行栈扩容，然后又跳回到函数的开始位置，此时此刻函数的栈已经调整了。然后再进行一次栈大小的检测，如果依然不足则继续扩容，直到栈足够大为止。

以上是栈的扩容，但是栈的回收是在何时处理的呢？我们知道 Go 运行时会定期进行垃圾回收操作，这其中包含栈的回收工作。如果栈使用到比例小于一定的阈值，则分配一个较小的栈空间，然后将栈上面的数据移动到新的栈中，栈移动的过程和栈扩容的过程类似。

3.6.3　PCDATA 和 FUNCDATA

Go 语言中有一个 runtime.Caller() 函数可以获取当前函数的调用者列表。可以非常容易地在运行时定位每个函数的调用位置，以及函数的调用链。因此在 panic 异常或用 log 输出信息时，可以精确定位代码的位置。

例如，以下代码可以打印程序的启动流程：

```
func main() {
    for skip := 0; ; skip++ {
        pc, file, line, ok := runtime.Caller(skip)
        if !ok {
            break
        }

        p := runtime.FuncForPC(pc)
        fnfile, fnline := p.FileLine(0)

        fmt.Printf("skip = %d, pc = 0x%08X\n", skip, pc)
        fmt.Printf("  func: file = %s, line = L%03d, name = %s, entry = 0x%08X\n", fn
file, fnline, p.Name(), p.Entry())
        fmt.Printf("  call: file = %s, line = L%03d\n", file, line)
    }
}
```

其中 runtime.Caller 先获取当时的 PC 寄存器值，以及文件和行号。然后根据 PC 寄存器表示的指令位置，通过 runtime.FuncForPC() 函数获取函数的基本信息。Go 语言是如何实现这种特性的呢？

Go 语言作为一门静态编译型语言，在执行时每个函数的地址都是固定的，函数的每条指令也是固定的。如果针对每个函数和函数的每条指令生成一个地址表格（也叫 PC 表格），那么在运行时我们就可以根据 PC 寄存器的值轻松查询到指令当时对应的函数和位置信息。而 Go 语言也是采用类似的策略，只不过地址表格经过裁剪，舍弃了不必要的信息。因为要在运行时获取任意一个地址的位置必然要有一个函数调用，所以我们只需要为函数的开始和结束位置，以及每个函数的调用位置生成地址表格就可以了。同时地址是有大小顺序的，在排序后可以通过只记录增量来减少数据的大小，在查询时可以通过二分法加快查找的速度。

在汇编中有一个 PCDATA 用于生成 PC 表格，PCDATA 的指令用法为：PCDATA tableid, tableoffset。PCDATA 有两个参数，第一个是表格的类型，第二个是表格的地址。在目前的实现中，有 PCDATA_StackMapIndex 和 PCDATA_InlTreeIndex 两种表格类型。这两种表格的数据是类似的，应该包含代码所在的文件路径、行号和函数的信息，只不过 PCDATA_ InlTreeIndex 是用于内联函数的表格。

此外对于汇编函数中返回值包含指针的类型，在返回值指针被初始化之后需要执行一个 GO_RESULTS_INITIALIZED 指令：

```
#define GO_RESULTS_INITIALIZED    PCDATA $PCDATA_StackMapIndex, $1
```

GO_RESULTS_INITIALIZED 记录的也是 PC 表格的信息，表示 PC 指针越过某个地址之后返回值才完成被初始化的状态。

Go 语言二进制文件中除了有 PC 表格，还有 FUNC 表格用于记录函数的参数、局部变量的指针信息。FUNCDATA 指令和 PCDATA 的格式类似：FUNCDATA tableid, tableoffset，第一个参数是表格的类型，第二个参数是表格的地址。目前的实现中定义了 3 种 FUNCDATA 表格类型：FUNCDATA_ArgsPointerMaps 表示函数参数的指针信息表，FUNCDATA_LocalsPointerMaps 表示局部指针信息表，FUNCDATA_InlTree 表示被内联展开的指针信息表。通过 FUNC 表格，Go 语言的垃圾回收器可以跟踪全部指针的生命周期，同时根据指针指向的地址是否在被移动的栈范围来确定是否要进行指针移动。

在前面递归函数的例子中，我们遇到一个 NO_LOCAL_POINTERS 宏。它的定义如下：

```
#define FUNCDATA_ArgsPointerMaps 0 /* garbage collector blocks */
#define FUNCDATA_LocalsPointerMaps 1
#define FUNCDATA_InlTree 2

#define NO_LOCAL_POINTERS FUNCDATA $FUNCDATA_LocalsPointerMaps, runtime·no_pointers_
stackmap(SB)
```

因此 NO_LOCAL_POINTERS 宏表示的是 FUNCDATA_LocalsPointerMaps 对应的局部指针表格，而 runtime·no_pointers_stackmap 是一个空的指针表格，也就是表示函数没有指针类型的局部变量。

PCDATA 和 FUNCDATA 的数据一般是由编译器自动生成的，手工编写并不现实。如果函数已经有 Go 语言声明，那么编译器可以自动输出参数和返回值的指针表格。同时所有的函数调用一般是对应 CALL 指令，编译器也是可以辅助生成 PCDATA 表格的。编译器唯一无法自动生成的是函数局部变量的表格，因此我们一般要在汇编函数的局部变量中谨慎使用指针类型。

对 PCDATA 和 FUNCDATA 细节感兴趣的读者可以尝试从 debug/gosym 包入手，参考包的实现和测试代码。

3.6.4 方法函数

Go 语言中方法函数和全局函数非常相似，例如，有以下方法：

```
package main

type MyInt int

func (v MyInt) Twice() int {
    return int(v)*2
}

func MyInt_Twice(v MyInt) int {
    return int(v)*2
}
```

其中 MyInt 类型的 Twice() 方法和 MyInt_Twice() 函数的类型是完全一样的，只不过 Twice()

在目标文件中被修饰为 main.MyInt.Twice 名称。我们可以用汇编实现该方法函数：

```
// func (v MyInt) Twice() int
TEXT ·MyInt·Twice(SB), NOSPLIT, $0-16
    MOVQ a+0(FP), AX   // v
    ADDQ AX, AX        // AX *= 2
    MOVQ AX, ret+8(FP) // return v
    RET
```

不过这只是接收非指针类型的方法函数。现在增加一个接收参数是指针类型的 Ptr() 方法，函数返回传入的指针：

```
func (p *MyInt) Ptr() *MyInt {
    return p
}
```

在目标文件中，Ptr() 方法名被修饰为 main.(*MyInt).Ptr()，也就是对应汇编中的·(*MyInt)·Ptr()。不过在 Go 汇编语言中，星号和小括号都无法用作函数名字，也就是无法用汇编直接实现接收参数是指针类型的方法。

在最终的目标文件中的标识符名字中还有很多 Go 汇编语言不支持的特殊符号（例如 type.string."hello"中的双引号），这导致了无法通过手写的汇编代码实现全部的特性。或许是 Go 语言官方故意限制了汇编语言的特性。

3.6.5　递归函数: 1 到 *n* 求和

递归函数是比较特殊的函数，递归函数通过调用自身并且在栈上保存状态，可以简化很多问题的处理。Go 语言中递归函数的强大之处是不用担心爆栈问题，因为栈可以根据需要进行扩容和回收。

首先通过 Go 递归函数实现一个 1 到 n 的求和函数：

```
// sum = 1+2+...+n
// sum(100) = 5050
func sum(n int) int {
    if n > 0 { return n+sum(n-1) } else { return 0 }
}
```

然后通过 if/goto 重构上面的递归函数，以便于转义为汇编版本：

```
func sum(n int) (result int) {
    var AX = n
    var BX int

    if n > 0 { goto L_STEP_TO_END }
    goto L_END

L_STEP_TO_END:
    AX -= 1
    BX = sum(AX)
```

```
    AX = n // 调用函数后，AX 重新恢复为 n
    BX += AX

    return BX

L_END:
    return 0
}
```

在改写之后，递归调用的参数需要引入局部变量，保存中间结果也需要引入局部变量。而通过栈来保存中间的调用状态正是递归函数的核心。因为输入参数也在栈上，所以我们可以通过输入参数来保存少量的状态。同时我们模拟定义了 AX 和 BX 寄存器，寄存器在使用前需要初始化，并且在函数调用后也需要重新初始化。

下面继续改造为汇编语言版本：

```
// func sum(n int) (result int)
TEXT ·sum(SB), NOSPLIT, $16-16
    MOVQ n+0(FP), AX        // n
    MOVQ result+8(FP), BX   // result

    CMPQ AX, $0             // test n - 0
    JG   L_STEP_TO_END      // if > 0: goto L_STEP_TO_END
    JMP  L_END              // goto L_STEP_TO_END

L_STEP_TO_END:
    SUBQ $1, AX             // AX -= 1
    MOVQ AX, 0(SP)          // arg: n-1
    CALL ·sum(SB)           // call sum(n-1)
    MOVQ 8(SP), BX          // BX = sum(n-1)

    MOVQ n+0(FP), AX        // AX = n
    ADDQ AX, BX             // BX += AX
    MOVQ BX, result+8(FP)   // return BX
    RET

L_END:
    MOVQ $0, result+8(FP)   // return 0
    RET
```

在汇编版本函数中并没有定义局部变量，只有用于调用自身的临时栈空间。因为函数本身的参数和返回值有 16 字节，所以栈帧的大小也为 16 字节。L_STEP_TO_END 标号部分用于处理递归调用，是函数比较复杂的部分。L_END 用于处理递归终结的部分。

调用 sum() 函数的参数在 0(SP) 位置，调用结束后的返回值在 8(SP) 位置。在函数调用之后要重新为需要的寄存器注入值，因为被调用的函数内部很可能会破坏了寄存器的状态。同时调用函数的参数值也是不可信任的，输入参数值也可能在被调用函数内部被修改了。

总的来说，用汇编实现递归函数和普通函数并没有什么区别，当然是在没有考虑栈溢出的前提下。我们的函数应该可以对较小的 n 进行求和，但是当 n 大到一定程度，也就是栈达到一定的深度，必然会出现栈溢出的问题。栈溢出是 C 语言的特性，不应该在哪怕是 Go 汇编语言中出现。

Go 语言的编译器在生成函数的机器代码时，会在开头插入一小段代码。因为 sum() 函数也需要深度递归调用，所以我们删除了 NOSPLIT 标志，让汇编器为我们自动生成一段栈扩容的代码：

```
// func sum(n int) int
TEXT ·sum(SB), $16-16
    NO_LOCAL_POINTERS

    // 原来的代码
```

除了去掉了 NOSPLIT 标志，我们还在函数开头增加了一个 NO_LOCAL_POINTERS 语句，该语句表示函数没有局部指针变量。栈的扩容必然要涉及函数参数和局部变量指针的调整，如果缺少局部指针信息将导致扩容工作无法进行。不仅是栈的扩容需要函数的参数和局部指针标记表格，在 GC 进行垃圾回收时也将需要。函数的参数和返回值的指针状态可以通过在 Go 语言中的函数声明中获取，函数的局部变量则需要手工指定。因为手工指定指针表格是一项非常烦琐的工作，所以一般要避免在手写汇编中出现局部指针。

喜欢深究的读者可能会有一个问题：如果进行垃圾回收或栈调整，寄存器中的指针是如何维护的？前文说过，Go 语言的函数调用是通过栈传递参数的，并没有使用寄存器传递参数。同时函数调用之后所有的寄存器视为失效。因此在调整和维护指针时，只需要扫描内存中的指针数据，寄存器中的数据在垃圾回收器函数返回后都需要重新加载，因此寄存器是不需要扫描的。

3.6.6　闭包函数

闭包函数是最强大的函数，因为闭包函数可以捕获外层局部作用域的局部变量，所以闭包函数本身就具有了状态。从理论上来说，全局的函数也是闭包函数的子集，只不过全局函数并没有捕获外层变量而已。

为了理解闭包函数如何工作，我们先构造如下的例子：

```
package main

func NewTwiceFunClosure(x int) func() int {
    return func() int {
        x *= 2
        return x
    }
}

func main() {
    fnTwice := NewTwiceFunClosure(1)

    println(fnTwice()) // 1*2 => 2
    println(fnTwice()) // 2*2 => 4
    println(fnTwice()) // 4*2 => 8
}
```

其中 NewTwiceFunClosure() 函数返回一个闭包函数对象，返回的闭包函数对象捕获了外层的 x

参数。返回的闭包函数对象在执行时，每次将捕获的外层变量乘以 2 之后再返回。在 main() 函数中，首先以 1 作为参数调用 NewTwiceFunClosure() 函数构造一个闭包函数，返回的闭包函数保存在 fnTwice 闭包函数类型的变量中。然后每次调用 fnTwice 闭包函数将返回翻倍后的结果，也就是：2，4，8。

上述的代码，从 Go 语言层面是非常容易理解的。但是闭包函数在汇编语言层面是如何工作的呢？下面我们尝试手工构造闭包函数来展示闭包的工作原理。首先构造 FunTwiceClosure 结构体类型，用来表示闭包对象：

```
type FunTwiceClosure struct {
    F uintptr
    X int
}

func NewTwiceFunClosure(x int) func() int {
    var p = &FunTwiceClosure{
        F: asmFunTwiceClosureAddr(),
        X: x,
    }
    return ptrToFunc(unsafe.Pointer(p))
}
```

FunTwiceClosure 结构体包含两个成员，第一个成员 F 表示闭包函数的函数指令的地址，第二个成员 X 表示闭包捕获的外部变量。如果闭包函数捕获了多个外部变量，那么 FunTwiceClosure 结构体也要做相应的调整。然后构造 FunTwiceClosure 结构体对象，其实也就是闭包函数对象。其中 asmFunTwiceClosureAddr() 函数用于辅助获取闭包函数的函数指令的地址，采用汇编语言实现。最后通过 ptrToFunc 辅助函数将结构体指针转为闭包函数对象返回，该函数也是通过汇编语言实现。

汇编语言实现了以下 3 个辅助函数：

```
func ptrToFunc(p unsafe.Pointer) func() int

func asmFunTwiceClosureAddr() uintptr
func asmFunTwiceClosureBody() int
```

其中 ptrToFunc 用于将指针转化为 func() int 类型的闭包函数，asmFunTwiceClosureAddr 用于返回闭包函数机器指令的开始地址（类似全局函数的地址），asmFunTwiceClosureBody 是闭包函数对应的全局函数的实现。

然后用 Go 汇编语言实现以上 3 个辅助函数：

```
#include "textflag.h"

TEXT ·ptrToFunc(SB), NOSPLIT, $0-16
    MOVQ ptr+0(FP), AX // AX = ptr
    MOVQ AX, ret+8(FP) // return AX
    RET
```

```
TEXT ·asmFunTwiceClosureAddr(SB), NOSPLIT, $0-8
    LEAQ ·asmFunTwiceClosureBody(SB), AX // AX = ·asmFunTwiceClosureBody(SB)
    MOVQ AX, ret+0(FP)                   // return AX
    RET

TEXT ·asmFunTwiceClosureBody(SB), NOSPLIT|NEEDCTXT, $0-8
    MOVQ 8(DX), AX
    ADDQ AX   , AX        // AX *= 2
    MOVQ AX   , 8(DX)     // ctx.X = AX
    MOVQ AX   , ret+0(FP) // return AX
    RET
```

其中·ptrToFunc()和·asmFunTwiceClosureAddr()函数的实现比较简单，我们不再详细描述。最重要的是·asmFunTwiceClosureBody()函数的实现：它有一个 NEEDCTXT 标志。采用 NEEDCTXT 标志定义的汇编函数表示需要一个上下文环境，在 AMD64 环境下通过寄存器 DX 来传递这个上下文环境指针，也就是对应 FunTwiceClosure 结构体的指针。函数首先从 FunTwiceClosure 结构体对象取出之前捕获的 X，将 X 乘以 2 之后写回内存，最后返回修改之后的 X 的值。

如果是在汇编语言中调用闭包函数，也需要遵循同样的流程：首先构造闭包对象，其中保存捕获的外层变量；在调用闭包函数时首先要拿到闭包对象，用闭包对象初始化 DX，然后从闭包对象中取出函数地址并通过 CALL 指令调用。

3.7 汇编语言的威力

汇编语言的真正威力来自两个维度：一是突破框架限制，实现看似不可能的任务；二是突破指令限制，通过高级指令挖掘极致的性能。对于第一个问题，我们将演示如何通过 Go 汇编语言直接访问系统调用，和直接调用 C 语言函数。对于第二个问题，我们将演示 X64 指令中 AVX 等高级指令的简单用法。

3.7.1 系统调用

系统调用是操作系统为外提供的公共接口。因为操作系统彻底接管了各种底层硬件设备，所以操作系统提供的系统调用成了实现某些操作的唯一方法。从另一个角度看，系统调用更像是一个 RPC 远程过程调用，不过信道是寄存器和内存。在系统调用时，我们向操作系统发送调用的编号和对应的参数，然后阻塞等待系统调用的返回。因为涉及阻塞等待，所以系统调用期间的 CPU 利用率一般是可以忽略的。另一个和 RPC 远程调用类似的地方是，操作系统内核处理系统调用时不会依赖用户的栈空间，一般不会导致爆栈发生。因此系统调用是最简单安全的一种调用了。

系统调用虽然简单，但是它是操作系统对外的接口，因此不同的操作系统调用规范可能有很大差异。我们先看看 Linux 在 AMD64 架构上的系统调用规范，在 syscall/asm_linux_amd64.s 文件中有注释说明：

```
//
// System calls for AMD64, Linux
```

```
//

// func Syscall(trap int64, a1, a2, a3 uintptr) (r1, r2, err uintptr);
// Trap # in AX, args in DI SI DX R10 R8 R9, return in AX DX
// Note that this differs from "standard" ABI convention, which
// would pass 4th arg in CX, not R10.
```

这是 `syscall.Syscall()` 函数的内部注释，简要说明了 Linux 系统调用的规范。系统调用的前 6 个参数直接由寄存器 `DI`、`SI`、`DX`、`R10`、`R8` 和 `R9` 传输，结果由寄存器 `AX` 和 `DX` 返回。macOS 等类 UNIX 系统调用的参数传输大多数都采用类似的规则。

macOS 的系统调用编号在 `/usr/include/sys/syscall.h` 头文件，Linux 的系统调用编号在 `/usr/include/asm/unistd.h` 头文件。虽然在 UNIX 家族中系统调用的参数和返回值的传输规则类似，但是不同操作系统提供的系统调用却不是完全相同的，因此系统调用编号也有很大的差异。以 UNIX 系统中著名的 `write` 系统调用为例，在 macOS 的系统调用编号为 `4`，而在 Linux 的系统调用编号却是 `1`。

我们将基于 `write` 系统调用包装一个字符串输出函数。下面是 macOS 版本的代码：

```
// func SyscallWrite_Darwin(fd int, msg string) int
TEXT ·SyscallWrite_Darwin(SB), NOSPLIT, $0
    MOVQ $(0x2000000+4), AX // #define SYS_write 4
    MOVQ fd+0(FP),       DI
    MOVQ msg_data+8(FP), SI
    MOVQ msg_len+16(FP), DX
    SYSCALL
    MOVQ AX, ret+0(FP)
    RET
```

其中第一个参数是输出文件的文件描述符编号，第二个参数是字符串的头部。字符串头部由 `reflect.StringHeader` 结构定义，第一个成员是 8 字节的数据指针，第二个成员是 8 字节的数据长度。在 macOS 系统中，执行系统调用时还需要将系统调用编号加上 `0x2000000` 后再传入 `AX`。然后再将 `fd`、数据地址和长度作为 `write` 系统调用的 3 个参数输入，分别对应 `DI`、`SI` 和 `DX` 这 3 个寄存器。最后通过 `SYSCALL` 指令执行系统调用，系统调用返回后从 `AX` 获取返回值。

这样我们就基于系统调用包装了一个定制的输出函数。在 UNIX 系统中，标准输入 `stdout` 的文件描述符编号是 `1`，因此我们可以用 `1` 作为参数实现字符串的输出：

```
func SyscallWrite_Darwin(fd int, msg string) int

func main() {
    if runtime.GOOS == "darwin" {
        SyscallWrite_Darwin(1, "hello syscall!\n")
    }
}
```

如果是 Linux 系统，只需要将编号改为 `write` 系统调用对应的 `1` 即可。而 Windows 的系统调用则有另外的参数传输规则。在 X64 环境 Windows 的系统调用参数传输规则和默认的 C 语言规则非常相似，在后续的直接调用 C 函数部分再进行讨论。

3.7.2　直接调用 C 函数

在计算机的发展过程中，C 语言和 UNIX 操作系统有着不可替代的作用。因此操作系统的系统调用、汇编语言和 C 语言函数调用规则几个技术是密切相关的。

在 X86 的 32 位系统时代，C 语言一般默认的是用栈传递参数并用 AX 寄存器返回结果，称为 `cdecl` 调用约定。Go 语言函数和 `cdecl` 调用约定非常相似，它们以栈来传递参数并且返回地址和 BP 寄存器的布局都是类似的。但是 Go 语言函数将返回值也通过栈返回，因此 Go 语言函数可以支持多个返回值。我们可以将 Go 语言函数看作是没有返回值的 C 语言函数，同时将 Go 语言函数中的返回值挪到 C 语言函数参数的尾部，这样栈不仅用于传入参数也用于返回多个结果。

在 X64 时代，AMD 架构增加了 8 个通用寄存器，为了提高效率 C 语言也默认改用寄存器来传递参数。在 X64 系统，默认有 System V AMD64 ABI 和 Microsoft x64 两种 C 语言函数调用规范。其中 System V 的规范适用于 Linux、FreeBSD、macOS 等诸多类 UNIX 系统，而 Windows 则是用自己特有的调用规范。

在理解了 C 语言函数的调用规范之后，汇编代码就可以绕过 CGO 技术直接调用 C 语言函数。为了便于演示，我们先用 C 语言构造一个简单的加法函数 `myadd()`：

```
#include <stdint.h>

int64_t myadd(int64_t a, int64_t b) {
    return a+b;
}
```

然后我们需要实现一个 `asmCallCAdd()` 函数：

```
func asmCallCAdd(cfun uintptr, a, b int64) int64
```

因为 Go 汇编语言和 CGO 特性不能同时在一个包中使用（CGO 会调用 gcc，而 gcc 会将 Go 汇编语言当作普通的汇编程序处理，从而导致错误），我们通过一个参数传入 C 语言 `myadd()` 函数的地址。`asmCallCAdd()` 函数的其余参数和 C 语言 `myadd()` 函数的参数保持一致。

我们只实现 System V AMD64 ABI 规范的版本。在 System V 版本中，寄存器可以最多传递 6 个参数，分别对应 `DI`、`SI`、`DX`、`CX`、`R8` 和 `R9` 这 6 个寄存器（如果是浮点数则需要通过 `XMM` 寄存器传送），返回值依然通过 `AX` 返回。通过对比系统调用的规范可以发现，系统调用的第四个参数是用 `R10` 寄存器传递的，而 C 语言函数的第四个参数是用 `CX` 传递的。

下面是 System V AMD64 ABI 规范的 `asmCallCAdd()` 函数的实现：

```
// System V AMD64 ABI
// func asmCallCAdd(cfun uintptr, a, b int64) int64
TEXT ·asmCallCAdd(SB), NOSPLIT, $0
    MOVQ cfun+0(FP), AX // cfun
    MOVQ a+8(FP),    DI // a
    MOVQ b+16(FP),   SI // b
    CALL AX
    MOVQ AX, ret+24(FP)
    RET
```

先将第一个参数表示的 C 函数地址保存到 AX 寄存器便于后续调用，再分别将第二个和第三个参数加载到 DI 和 SI 寄存器，然后用 CALL 指令通过 AX 中保存的 C 语言函数地址调用 C 函数，最后从 AX 寄存器获取 C 函数的返回值，并通过 asmCallCAdd() 函数返回。

Win64 环境的 C 语言调用规范类似。不过 Win64 规范中只有 CX、DX、R8 和 R9 这 4 个寄存器传递参数（如果是浮点数则需要通过 XMM 寄存器传送），返回值依然通过 AX 返回。虽然可以通过寄存器传输参数，但是调用栈依然要为前 4 个参数准备栈空间。需要注意的是，Windows x64 的系统调用和 C 语言函数可能是采用相同的调用规则。因为没有 Windows 测试环境，这里就不提供 Windows 版本的代码实现了，Windows 用户可以自己尝试实现类似功能。

然后我们就可以使用 asmCallCAdd() 函数直接调用 C 函数了：

```
/*
#include <stdint.h>

int64_t myadd(int64_t a, int64_t b) {
    return a+b;
}
*/
import "C"

import (
    asmpkg "path/to/asm"
)

func main() {
    if runtime.GOOS != "windows" {
        println(asmpkg.asmCallCAdd(
            uintptr(unsafe.Pointer(C.myadd)),
            123, 456,
        ))
    }
}
```

在上面的代码中，通过 C.myadd() 获取 C 函数的地址，然后转换为合适的类型再传人 asmCallCAdd() 函数。在这个例子中，汇编函数假设调用的 C 语言函数需要的栈很小，可以直接复用 Go 函数中多余的空间。如果 C 语言函数可能需要较大的栈，可以尝试像 CGO 那样切换到系统线程的栈上运行。

3.7.3 AVX 指令

从 Go 1.11 开始，Go 汇编语言引入了 AVX512 指令的支持。AVX 指令集是属于 Intel 的 SIMD 指令集中的一部分。AVX512 的最大特点是数据有 512 位宽度，可以一次计算 8 个 64 位数或者是等大的数据。因此 AVX 指令可以用于优化矩阵或图像等并行度很高的算法。不过并不是每个 X86 体系的 CPU 都支持 AVX 指令，因此首要的任务是如何判断 CPU 支持了哪些高级指令。

在 Go 语言标准库的 internal/cpu 包提供了 CPU 是否支持某些高级指令的基本信息，但是只有标准库才能引用这个包（因为 internal 路径的限制）。该包底层是通过 X86 提供的 CPUID 指令来识别处理器的详细信息。最简便的方法是直接将 internal/cpu 包克隆一份。不过这个包为了避免复杂的依赖没有使用 init() 函数自动初始化，因此需要根据情况手工调整代码执行 doinit() 函数初始化。

internal/cpu 包针对 X86 处理器提供了以下特性检测：

```
package cpu

var X86 x86

// The booleans in x86 contain the correspondingly named cpuid feature bit.
// HasAVX and HasAVX2 are only set if the OS does support XMM and YMM registers
// in addition to the cpuid feature bit being set.
// The struct is padded to avoid false sharing.
type x86 struct {
    HasAES       bool
    HasADX       bool
    HasAVX       bool
    HasAVX2      bool
    HasBMI1      bool
    HasBMI2      bool
    HasERMS      bool
    HasFMA       bool
    HasOSXSAVE   bool
    HasPCLMULQDQ bool
    HasPOPCNT    bool
    HasSSE2      bool
    HasSSE3      bool
    HasSSSE3     bool
    HasSSE41     bool
    HasSSE42     bool
}
```

因此可以用以下的代码测试运行时的 CPU 是否支持 AVX2 指令集：

```
import (
    cpu "path/to/cpu"
)

func main() {
    if cpu.X86.HasAVX2 {
        // support AVX2
    }
}
```

AVX512 是比较新的指令集，只有高端的 CPU 才会提供支持。为了主流的 CPU 也能运行代码测试，我们选择 AVX2 指令来构造例子。AVX2 指令每次可以处理 32 字节的数据，可以用来提升数据复制工作的效率。

下面的例子是用 AVX2 指令复制数据，每次复制 32 字节倍数大小的数据：

```
// func CopySlice_AVX2(dst, src []byte, len int)
TEXT ·CopySlice_AVX2(SB), NOSPLIT, $0
    MOVQ dst_data+0(FP),  DI
    MOVQ src_data+24(FP), SI
    MOVQ len+32(FP),      BX
    MOVQ $0,              AX

LOOP:
    VMOVDQU 0(SI)(AX*1), Y0
    VMOVDQU Y0, 0(DI)(AX*1)
    ADDQ $32, AX
    CMPQ AX, BX
    JL   LOOP
    RET
```

其中 `VMOVDQU` 指令先将 `0(SI)(AX*1)` 地址开始的 32 字节数据复制到 `Y0` 寄存器中，然后再复制到 `0(DI)(AX*1)` 对应的目标内存中。`VMOVDQU` 指令操作的数据地址可以不用对齐。

AVX2 共有 16 个 `Y` 寄存器，每个寄存器有 256 位。如果要复制的数据很多，可以多个寄存器同时复制，这样可以利用更高效的流水特性优化性能。

3.8 例子：Goroutine ID

在操作系统中，每个进程都会有一个唯一的进程编号，每个线程也有自己唯一的线程编号。同样在 Go 语言中，每个 Goroutine 也有自己唯一的编号，这个编号在 panic 等场景下经常遇到。虽然 Goroutine 有内在的编号，但是 Go 语言却刻意没有提供获取该编号的接口。本节我们尝试通过 Go 汇编语言获取 Goroutine ID。

3.8.1 故意设计没有 goid

根据官方的相关资料显示，Go 语言刻意没有提供 `goid` 的原因是为了避免被滥用。因为大部分用户在轻松拿到 `goid` 之后，在之后的编程中会不自觉地编写出强依赖 `goid` 的代码。强依赖 `goid` 将导致这些代码不好移植，同时也会导致并发模型复杂化。同时，Go 语言中可能同时存在海量的 Goroutine，但是每个 Goroutine 何时被销毁并不好实时监控，这也会导致依赖 `goid` 的资源无法很好地自动回收（需要手工回收）。不过，如果你是 Go 汇编语言用户，则完全可以忽略这些借口。

3.8.2 纯 Go 方式获取 goid

为了便于理解，我们先尝试用纯 Go 的方式获取 `goid`。使用纯 Go 的方式获取 `goid` 的方式虽然性能较低，但是代码有着很好的移植性，同时也可以用于测试验证其他方式获取的 `goid` 是否正确。

每个 Go 语言用户应该都知道 `panic()` 函数。调用 `panic()` 函数将导致 Goroutine 异常，如果 `panic()` 在传递到 Goroutine 的根函数还没有被 `recover()` 函数处理掉，那么运行时将打印相关的异常和栈信息并退出 Goroutine。

下面我们构造一个简单的例子，通过 `panic()` 来输出 `goid`：

```
package main

func main() {
    panic("goid")
}
```

运行后将输出以下信息：

```
panic: goid

goroutine 1 [running]:
main.main()
    /path/to/main.go:4 +0x40
```

我们可以猜测 panic() 的输出信息 goroutine 1 [running] 中的 1 就是 goid。但是如何才能在程序中获取 panic() 的输出信息呢？其实上述信息只是当前函数调用栈帧的文字化描述，runtime.Stack() 函数提供了获取该信息的功能。

我们基于 runtime.Stack() 函数重新构造一个例子，通过输出当前栈帧的信息来输出 goid：

```
package main

import "runtime"

func main() {
    var buf = make([]byte, 64)
    var stk = buf[:runtime.Stack(buf, false)]
    print(string(stk))
}
```

运行后将输出以下信息：

```
goroutine 1 [running]:
main.main()
    /path/to/main.g
```

因此从 runtime.Stack() 获取的字符串中就可以很容易解析出 goid 信息：

```
func GetGoid() int64 {
    var (
        buf [64]byte
        n = runtime.Stack(buf[:], false)
        stk = strings.TrimPrefix(string(buf[:n])
    )

    idField := strings.Fields(stk, "goroutine "))[0]
    id, err := strconv.Atoi(idField)
    if err != nil {
        panic(fmt.Errorf("can not get goroutine id: %v", err))
    }

    return int64(id)
}
```

GetGoid()函数的细节这里不再赘述。需要补充说明的是，runtime.Stack()函数不仅可以获取当前 Goroutine 的栈信息，还可以获取全部 Goroutine 的栈信息（通过第二个参数控制）。同时在 Go 语言内部的 net/http2.curGoroutineID 函数正是采用类似方式获取的 goid。

3.8.3 从 g 结构体获取 goid

根据官方的 Go 汇编语言文档，每个运行的 Goroutine 结构的 g 指针保存在当前运行 Goroutine 的系统线程的局部存储 TLS 中。可以先获取 TLS 线程局部存储，然后从 TLS 中获取 g 结构体的指针，最后从 g 结构体中取出 goid。

下面是参考 runtime 包中定义的 get_tls 宏获取 g 指针：

```
get_tls(CX)
MOVQ g(CX), AX     // Move g into AX.
```

其中 get_tls 是一个宏函数，在 runtime/go_tls.h 头文件中定义。

对于 AMD64 平台，get_tls 宏函数定义如下：

```
#ifdef GOARCH_amd64
#define    get_tls(r)    MOVQ TLS, r
#define    g(r)    0(r)(TLS*1)
#endif
```

将 get_tls 宏函数展开之后，获取 g 指针的代码如下：

```
MOVQ TLS, CX
MOVQ 0(CX)(TLS*1), AX
```

其实 TLS 类似线程局部存储的地址，地址对应的内存里的数据才是 g 指针。我们还可以更直接一点:

```
MOVQ (TLS), AX
```

基于上述方法可以包装一个 getg()函数，用于获取 g 指针：

```
// func getg() unsafe.Pointer
TEXT ·getg(SB), NOSPLIT, $0-8
    MOVQ (TLS), AX
    MOVQ AX, ret+0(FP)
    RET
```

然后在 Go 代码中通过 goid 成员在 g 结构体中的偏移量来获取 goid 的值：

```
const g_goid_offset = 152 // Go 1.10

func GetGroutineId() int64 {
    g := getg()
    p := (*int64)(unsafe.Pointer(uintptr(g) + g_goid_offset))
    return *p
}
```

其中 g_goid_offset 是 goid 成员的偏移量，关于 g 结构体可以参考 runtime/runtime2.go。

在 Go 1.10 版本中，goid 的偏移量是 152 字节。因此上述代码只能正确运行在 goid 偏移量也是 152 字节的 Go 版本中。根据 Thompson 的编程哲学，枚举和暴力穷举是解决一切疑难杂症的万金油。也可以将 goid 的偏移保存到表格中，然后根据 Go 版本号查询 goid 的偏移量。

下面是改进后的代码：

```
var offsetDictMap = map[string]int64{
    "go1.10": 152,
    "go1.9":  152,
    "go1.8":  192,
}

var g_goid_offset = func() int64 {
    goversion := runtime.Version()
    for key, off := range offsetDictMap {
        if goversion == key || strings.HasPrefix(goversion, key) {
            return off
        }
    }
    panic("unsupport go verion:"+goversion)
}()
```

现在的 goid 偏移量终于可以自动适配已经发布的 Go 语言版本了。

3.8.4　获取 g 结构体对应的接口对象

枚举和暴力穷举虽然直接，但是对于正在开发中的未发布的 Go 版本支持并不好，我们无法提前知晓开发中的某个版本的 goid 成员的偏移量。

如果是在 runtime 包内部，我们可以通过 unsafe.OffsetOf(g.goid) 直接获取成员的偏移量，也可以通过反射获取 g 结构体的类型，然后通过类型查询某个成员的偏移量。因为 g 结构体是一个内部类型，所以 Go 代码无法从外部包获取 g 结构体的类型信息。但是在 Go 汇编语言中，我们是可以看到全部的符号的，因此理论上我们也可以获取 g 结构体的类型信息。

在任意的类型被定义之后，Go 语言都会为该类型生成对应的类型信息。例如，g 结构体会生成一个 type·runtime·g 标识符表示 g 结构体的值类型信息，同时还有一个 type·*runtime·g 标识符表示指针类型的信息。如果 g 结构体带有方法，那么同时还会生成 go.itab.runtime.g 和 go.itab.*runtime.g 类型信息，用于表示带方法的类型信息。

如果我们能够拿到表示 g 结构体类型的 type·runtime·g 和 g 指针，那么就可以构造 g 对象的接口。下面是改进的 getg() 函数，返回 g 指针对象的接口：

```
// func getg() interface{}
TEXT ·getg(SB), NOSPLIT, $32-16
    // get runtime.g
    MOVQ (TLS), AX
    // get runtime.g type
    MOVQ $type·runtime·g(SB), BX
```

```
    // convert (*g) to interface{}
    MOVQ AX, 8(SP)
    MOVQ BX, 0(SP)
    CALL runtime·convT2E(SB)
    MOVQ 16(SP), AX
    MOVQ 24(SP), BX

    // return interface{}
    MOVQ AX, ret+0(FP)
    MOVQ BX, ret+8(FP)
    RET
```

其中 AX 寄存器对应 g 指针，BX 寄存器对应 g 结构体的类型。然后通过 runtime·convT2E() 函数将类型转为接口。由于我们使用的不是 g 结构体指针类型，因此返回的接口表示的是 g 结构体值类型。理论上我们也可以构造 g 指针类型的接口，但是因为 Go 汇编语言的限制，我们无法使用 type·*runtime·g 标识符。

基于 g 返回的接口，就可以容易获取 goid 了：

```
func GetGoid() int64 {
    g := getg()
    gid := reflect.ValueOf(g).FieldByName("goid").Int()
    return goid
}
```

上述代码通过反射直接获取 goid，理论上只要反射的接口和 goid 成员的名字不发生变化，代码就可以正常运行。经过实际测试，以上的代码可以在 Go 1.8、Go 1.9 和 Go 1.10 版本中正确运行。乐观推测，如果 g 结构体类型的名字不发生变化且 Go 语言反射的机制也不发生变化，那么未来的 Go 语言版本应该也是可以运行的。

反射虽然具备一定的灵活性，但是反射的性能一直是被大家诟病的地方。一个改进的思路是通过反射获取 goid 的偏移量，然后通过 g 指针和偏移量获取 goid，这样反射只需要在初始化阶段执行一次。

下面是 g_goid_offset 变量的初始化代码：

```
var g_goid_offset uintptr = func() uintptr {
    g := GetGroutine()
    if f, ok := reflect.TypeOf(g).FieldByName("goid"); ok {
        return f.Offset
    }
    panic("can not find g.goid field")
}()
```

有了正确的 goid 偏移量之后，采用前面讲过的方式获取 goid：

```
func GetGroutineId() int64 {
    g := getg()
    p := (*int64)(unsafe.Pointer(uintptr(g) + g_goid_offset))
    return *p
}
```

至此，我们获取 goid 的实现思路已经足够完善了，不过汇编的代码依然有严重的安全隐患。

虽然 getg() 函数是用 NOSPLIT 标志声明的禁止栈分裂的函数类型，但是 getg() 内部又调用了更为复杂的 runtime·convT2E() 函数。runtime·convT2E() 函数如果遇到栈空间不足，可能触发栈分裂的操作。而栈分裂时，GC 将要挪动栈上所有函数的参数和返回值，以及局部变量的栈指针。但是我们的 getg() 函数并没有提供局部变量的指针信息。

下面是改进后的 getg() 函数的完整实现：

```
// func getg() interface{}
TEXT ·getg(SB), NOSPLIT, $32-16
    NO_LOCAL_POINTERS

    MOVQ $0, ret_type+0(FP)
    MOVQ $0, ret_data+8(FP)
    GO_RESULTS_INITIALIZED

    // get runtime.g
    MOVQ (TLS), AX

    // get runtime.g type
    MOVQ $type·runtime·g(SB), BX

    // convert (*g) to interface{}
    MOVQ AX, 8(SP)
    MOVQ BX, 0(SP)
    CALL runtime·convT2E(SB)
    MOVQ 16(SP), AX
    MOVQ 24(SP), BX

    // return interface{}
    MOVQ AX, ret_type+0(FP)
    MOVQ BX, ret_data+8(FP)
    RET
```

其中 NO_LOCAL_POINTERS 表示函数没有局部指针变量。同时对返回的接口进行零值初始化，初始化完成后通过 GO_RESULTS_INITIALIZED 告知 GC。这样可以保证在栈分裂时，GC 能够正确处理返回值和局部变量的指针。

3.8.5　goid 的应用：局部存储

有了 goid 之后，构造 Goroutine 局部存储就非常容易了。我们可以定义一个 gls 包提供 goid 的特性：

```
package gls

var gls struct {
    m map[int64]map[interface{}]interface{}
    sync.Mutex
}
```

```
func init() {
    gls.m = make(map[int64]map[interface{}]interface{})
}
```

gls 包变量简单包装了 map，同时通过 sync.Mutex 互斥量支持并发访问。

然后定义一个 getMap() 内部函数，用于获取每个 Goroutine 字节的 map：

```
func getMap() map[interface{}]interface{} {
    gls.Lock()
    defer gls.Unlock()

    goid := GetGoid()
    if m, _ := gls.m[goid]; m != nil {
        return m
    }

    m := make(map[interface{}]interface{})
    gls.m[goid] = m
    return m
}
```

获取到 Goroutine 私有的 map 之后，就是正常的增、删、改操作接口了：

```
func Get(key interface{}) interface{} {
    return getMap()[key]
}
func Put(key interface{}, v interface{}) {
    getMap()[key] = v
}
func Delete(key interface{}) {
    delete(getMap(), key)
}
```

最后我们再提供一个 Clean() 函数，用于释放 Goroutine 对应的 map 资源：

```
func Clean() {
    gls.Lock()
    defer gls.Unlock()

    delete(gls.m, GetGoid())
}
```

这样，一个极简单的 Goroutine 局部存储 gls 对象就完成了。

下面是使用局部存储的简单例子：

```
import (
    gls "path/to/gls"
)

func main() {
    var wg sync.WaitGroup
```

```
        for i := 0; i < 5; i++ {
            wg.Add(1)
            go func(idx int) {
                defer wg.Done()
                defer gls.Clean()

                defer func() {
                    fmt.Printf("%d: number = %d\n", idx, gls.Get("number"))
                }()
                gls.Put("number", idx+100)
            }(i)
        }
        wg.Wait()
    }
```

通过 Goroutine 局部存储，不同层次函数之间可以共享存储资源。同时为了避免资源泄漏，需要在 Goroutine 的根函数中，通过 `defer` 语句调用 `gls.Clean()` 函数释放资源。

3.9 Delve 调试器

目前 Go 语言支持 GDB、LLDB 和 Delve 几种调试器。其中 GDB 是最早支持的调试工具，LLDB 是 macOS 系统推荐的标准调试工具。但是 GDB 和 LLDB 对 Go 语言的专有特性都缺乏很好的支持，只有 Delve 是专门为 Go 语言设计开发的调试工具。而且 Delve 本身也是采用 Go 语言开发，对 Windows 平台也提供了同样的支持。本节将基于 Delve 简单解释如何调试 Go 汇编程序。

3.9.1 Delve 入门

首先根据官方的文档正确安装 Delve 调试器。我们会先构造一段简单的 Go 语言代码，用于熟悉一下 Delve 的简单用法。

创建 `main.go` 文件，`main()` 函数先通过循环来初始化一个切片，然后输出切片的内容：

```
package main

import (
    "fmt"
)

func main() {
    nums := make([]int, 5)
    for i := 0; i < len(nums); i++ {
        nums[i] = i * i
    }
    fmt.Println(nums)
}
```

命令行进入包所在的目录，然后输入 `dlv debug` 命令进入调试：

```
$ dlv debug
Type 'help' for list of commands.
```

```
(dlv)
```

输入 help 命令可以查看到 Delve 提供的调试命令列表：

```
(dlv) help
The following commands are available:
    args ------------------------ Print function arguments.
    break (alias: b) ------------ Sets a breakpoint.
    breakpoints (alias: bp) ----- Print out info for active breakpoints.
    clear ----------------------- Deletes breakpoint.
    clearall -------------------- Deletes multiple breakpoints.
    condition (alias: cond) ----- Set breakpoint condition.
    config ---------------------- Changes configuration parameters.
    continue (alias: c) --------- Run until breakpoint or program termination.
    disassemble (alias: disass) - Disassembler.
    down ------------------------ Move the current frame down.
    exit (alias: quit | q) ------ Exit the debugger.
    frame ----------------------- Set the current frame, or execute command...
    funcs ----------------------- Print list of functions.
    goroutine ------------------- Shows or changes current goroutine
    goroutines ------------------ List program goroutines.
    help (alias: h) ------------- Prints the help message.
    list (alias: ls | l) -------- Show source code.
    locals ---------------------- Print local variables.
    next (alias: n) ------------- Step over to next source line.
    on -------------------------- Executes a command when a breakpoint is hit.
    print (alias: p) ------------ Evaluate an expression.
    regs ------------------------ Print contents of CPU registers.
    restart (alias: r) ---------- Restart process.
    set ------------------------- Changes the value of a variable.
    source ---------------------- Executes a file containing a list of delve...
    sources --------------------- Print list of source files.
    stack (alias: bt) ----------- Print stack trace.
    step (alias: s) ------------- Single step through program.
    step-instruction (alias: si)  Single step a single cpu instruction.
    stepout --------------------- Step out of the current function.
    thread (alias: tr) ---------- Switch to the specified thread.
    threads --------------------- Print out info for every traced thread.
    trace (alias: t) ------------ Set tracepoint.
    types ----------------------- Print list of types
    up -------------------------- Move the current frame up.
    vars ------------------------ Print package variables.
    whatis ---------------------- Prints type of an expression.
Type help followed by a command for full documentation.
(dlv)
```

每个 Go 程序的入口是 main.main() 函数，可以用 break 命令在此设置一个断点：

```
(dlv) break main.main
Breakpoint 1 set at 0x10ae9b8 for main.main() ./main.go:7
```

然后通过 breakpoints 命令查看已经设置的所有断点：

```
(dlv) breakpoints
Breakpoint unrecovered-panic at 0x102a380 for runtime.startpanic()
    /usr/local/go/src/runtime/panic.go:588 (0)
        print runtime.curg._panic.arg
Breakpoint 1 at 0x10ae9b8 for main.main() ./main.go:7 (0)
```

我们发现，除了我们自己设置的 `main.main()` 函数断点外，Delve 内部已经为 `panic()` 异常函数设置了一个断点。

通过 `vars` 命令可以查看全部包级的变量。因为最终的目标程序可能含有大量的全局变量，所以可以通过一个正则参数选择想查看的全局变量：

```
(dlv) vars main
main.initdone· = 2
runtime.main_init_done = chan bool 0/0
runtime.mainStarted = true
(dlv)
```

然后就可以通过 `continue` 命令让程序运行到下一个断点处：

```
(dlv) continue
> main.main() ./main.go:7 (hits goroutine(1):1 total:1) (PC: 0x10ae9b8)
     2:
     3: import (
     4:         "fmt"
     5: )
     6:
=>   7: func main() {
     8:         nums := make([]int, 5)
     9:         for i := 0; i < len(nums); i++ {
    10:                 nums[i] = i * i
    11:         }
    12:         fmt.Println(nums)
(dlv)
```

输入 `next` 命令单步执行进入 `main()` 函数内部：

```
(dlv) next
> main.main() ./main.go:8 (PC: 0x10ae9cf)
     3: import (
     4:         "fmt"
     5: )
     6:
     7: func main() {
=>   8:         nums := make([]int, 5)
     9:         for i := 0; i < len(nums); i++ {
    10:                 nums[i] = i * i
    11:         }
    12:         fmt.Println(nums)
    13: }
(dlv)
```

进入函数之后可以通过 args 和 locals 命令查看函数的参数和局部变量：

```
(dlv) args
(no args)
(dlv) locals
nums = []int len: 842350763880, cap: 17491881, nil
```

因为 main() 函数没有参数，所以 args 命令没有任何输出。而 locals 命令则输出了局部变量 nums 切片的值：此时切片还未完成初始化，切片的底层指针为 nil，长度和容量都是一个随机数值。

再次输入 next 命令单步执行后就可以查看到 nums 切片初始化之后的结果了：

```
(dlv) next
> main.main() ./main.go:9 (PC: 0x10aea12)
     4:         "fmt"
     5: )
     6:
     7: func main() {
     8:         nums := make([]int, 5)
=>   9:         for i := 0; i < len(nums); i++ {
    10:                 nums[i] = i * i
    11:         }
    12:         fmt.Println(nums)
    13: }
(dlv) locals
nums = []int len: 5, cap: 5, [...]
i = 17601536
(dlv)
```

此时，因为调试器已经到了 for 语句行，所以局部变量出现了还未初始化的循环迭代变量 i。

下面我们通过组合使用命令 break 和 condition，在循环内部设置一个条件断点，当循环变量 i 等于 3 时断点生效：

```
(dlv) break main.go:10
Breakpoint 2 set at 0x10aea33 for main.main() ./main.go:10
(dlv) condition 2 i==3
(dlv)
```

然后通过 continue 命令执行到刚设置的条件断点，并且输出局部变量：

```
(dlv) continue
> main.main() ./main.go:10 (hits goroutine(1):1 total:1) (PC: 0x10aea33)
     5: )
     6:
     7: func main() {
     8:         nums := make([]int, 5)
     9:         for i := 0; i < len(nums); i++ {
=>  10:                 nums[i] = i * i
    11:         }
    12:         fmt.Println(nums)
```

```
    13: }
(dlv) locals
nums = []int len: 5, cap: 5, [...]
i = 3
(dlv) print nums
[]int len: 5, cap: 5, [0,1,4,0,0]
(dlv)
```

我们发现当循环变量 `i` 等于 3 时，`nums` 切片的前 3 个元素已经正确初始化。

我们还可以通过 `stack` 命令查看当前执行函数的栈帧信息：

```
(dlv) stack
0  0x00000000010aea33 in main.main
   at ./main.go:10
1  0x000000000102bd60 in runtime.main
   at /usr/local/go/src/runtime/proc.go:198
2  0x0000000001053bd1 in runtime.goexit
   at /usr/local/go/src/runtime/asm_amd64.s:2361
(dlv)
```

或者通过命令 `goroutine` 和 `goroutines` 查看当前 Goroutine 相关的信息：

```
(dlv) goroutine
Thread 101686 at ./main.go:10
Goroutine 1:
  Runtime: ./main.go:10 main.main (0x10aea33)
  User: ./main.go:10 main.main (0x10aea33)
  Go: /usr/local/go/src/runtime/asm_amd64.s:258 runtime.rt0_go (0x1051643)
  Start: /usr/local/go/src/runtime/proc.go:109 runtime.main (0x102bb90)
(dlv) goroutines
[4 goroutines]
* Goroutine 1 - User: ./main.go:10 main.main (0x10aea33) (thread 101686)
  Goroutine 2 - User: /usr/local/go/src/runtime/proc.go:292 \
                runtime.gopark (0x102c189)
  Goroutine 3 - User: /usr/local/go/src/runtime/proc.go:292 \
                runtime.gopark (0x102c189)
  Goroutine 4 - User: /usr/local/go/src/runtime/proc.go:292 \
                runtime.gopark (0x102c189)
(dlv)
```

最后完成调试工作后输入 `quit` 命令退出调试器。至此我们已经掌握了 Delve 调试器的简单用法。

3.9.2　调试汇编程序

用 Delve 调试 Go 汇编程序的过程比调试 Go 语言程序更加简单。调试汇编程序时，需要时刻关注寄存器的状态，如果涉及函数调用或局部变量和参数，还需要重点关注栈寄存器 `SP` 的状态。

为了编译演示，我们重新实现一个更简单的 `main()` 函数：

```
package main
```

```
func main() { asmSayHello() }

func asmSayHello()
```

在 main()函数中调用汇编语言实现的 asmSayHello()函数输出一个字符串。

asmSayHello()函数在 main_amd64.s 文件中实现：

```
#include "textflag.h"
#include "funcdata.h"

// "Hello World!\n"
DATA  text<>+0(SB)/8,$"Hello Wo"
DATA  text<>+8(SB)/8,$"rld!\n"
GLOBL text<>(SB),NOPTR,$16

// func asmSayHello()
TEXT ·asmSayHello(SB), $16-0
    NO_LOCAL_POINTERS
    MOVQ $text<>+0(SB), AX
    MOVQ AX, (SP)
    MOVQ $16, 8(SP)
    CALL runtime·printstring(SB)
    RET
```

参考前面的调试流程，在执行到 main()函数断点时，可以用 disassemble 反汇编命令查看 main()函数对应的汇编代码：

```
(dlv) break main.main
Breakpoint 1 set at 0x105011f for main.main() ./main.go:3
(dlv) continue
> main.main() ./main.go:3 (hits goroutine(1):1 total:1) (PC: 0x105011f)
  1: package main
  2:
=>3: func main() { asmSayHello() }
  4:
  5: func asmSayHello()
(dlv) disassemble
TEXT main.main(SB) /path/to/pkg/main.go
  main.go:3 0x1050110  65488b0c25a0080000 mov rcx, qword ptr g  [0x8a0]
  main.go:3 0x1050119  483b6110           cmp rsp, qword ptr [r  +0x10]
  main.go:3 0x105011d  761a               jbe 0x1050139
=>main.go:3 0x105011f* 4883ec08           sub rsp, 0x8
  main.go:3 0x1050123  48892c24           mov qword ptr [rsp], rbp
  main.go:3 0x1050127  488d2c24           lea rbp, ptr [rsp]
  main.go:3 0x105012b  e880000000         call $main.asmSayHello
  main.go:3 0x1050130  488b2c24           mov rbp, qword ptr [rsp]
  main.go:3 0x1050134  4883c408           add rsp, 0x8
  main.go:3 0x1050138  c3                 ret
  main.go:3 0x1050139  e87288ffff         call $runtime.morestack_noctxt
  main.go:3 0x105013e  ebd0               jmp $main.main
(dlv)
```

虽然 main()函数内部只有一行函数调用语句，但是却生成了很多汇编指令。在函数的开头通过比较 rsp 寄存器判断栈空间是否不足，如果不足则跳转到 0x1050139 地址调用 runtime.morestack()函数进行栈扩容，然后跳回到 main()函数开始位置重新进行栈空间测试。而在 asmSayHello()函数调用之前，先扩展 rsp 空间用于临时存储 rbp 寄存器的状态，在函数返回后通过栈恢复 rbp 的值并回收临时栈空间。通过对比 Go 语言代码和对应的汇编代码，可以加深对 Go 汇编语言的理解。

从汇编语言角度深刻理解 Go 语言各种特性的工作机制对调试工作也是一个很大的帮助。如果希望在汇编指令层面调试Go代码，Delve还提供了一个 step-instruction 单步执行汇编指令的命令。

现在我们依然用 break 命令在 asmSayHello()函数设置断点，并且输入 continue 命令让调试器执行到断点位置停下：

```
(dlv) break main.asmSayHello
Breakpoint 2 set at 0x10501bf for main.asmSayHello() ./main_amd64.s:10
(dlv) continue
> main.asmSayHello() ./main_amd64.s:10 (hits goroutine(1):1 total:1) (PC: 0x10501bf)
     5: DATA  text<>+0(SB)/8,$"Hello Wo"
     6: DATA  text<>+8(SB)/8,$"rld!\n"
     7: GLOBL text<>(SB),NOPTR,$16
     8:
     9: // func asmSayHello()
=>  10: TEXT ·asmSayHello(SB), $16-0
    11:         NO_LOCAL_POINTERS
    12:         MOVQ $text<>+0(SB), AX
    13:         MOVQ AX, (SP)
    14:         MOVQ $16, 8(SP)
    15:         CALL runtime·printstring(SB)
(dlv)
```

此时可以通过 regs 查看全部的寄存器状态：

```
(dlv) regs
       rax = 0x0000000001050110
       rbx = 0x0000000000000000
       rcx = 0x000000c420000300
       rdx = 0x0000000001070be0
       rdi = 0x000000c42007c020
       rsi = 0x0000000000000001
       rbp = 0x000000c420049f78
       rsp = 0x000000c420049f70
        r8 = 0x7fffffffffffffff
        r9 = 0xffffffffffffffff
       r10 = 0x0000000000000100
       r11 = 0x0000000000000286
       r12 = 0x000000c41fffff7c
       r13 = 0x0000000000000000
       r14 = 0x0000000000000178
```

```
          r15 = 0x0000000000000004
          rip = 0x00000000010501bf
       rflags = 0x0000000000000206
...
(dlv)
```

因为 AMD64 的各种寄存器非常多，项目的信息中刻意省略了非通用的寄存器。如果再单步执行到第 13 行，可以发现 AX 寄存器值的变化。

```
(dlv) regs
          rax = 0x00000000010a4060
          rbx = 0x0000000000000000
          rcx = 0x000000c420000300
...
(dlv)
```

因此可以推断汇编程序内部定义的 text<>数据的地址为 0x00000000010a4060。我们可以通过 print 命令来查看该内存内的数据：

```
(dlv) print *(*[5]byte)(uintptr(0x00000000010a4060))
[5]uint8 [72,101,108,108,111]
(dlv)
```

我们可以发现输出的[5]uint8 [72,101,108,108,111]刚好是对应“Hello”字符串。通过类似的方法，我们可以通过查看 SP 对应的栈指针位置，查看栈中局部变量的值。

至此我们就掌握了 Go 汇编程序的简单调试技术。

3.10 补充说明

如果是纯粹学习汇编语言，则可以从《深入理解程序设计：使用 Linux 汇编语言》开始，该书讲述了如何以 C 语言的思维变现汇编程序。如果是学习 X86 汇编，则可以从《汇编语言：基于 x86 处理器》一开始，然后再结合《现代 x86 汇编语言程序设计》学习 AVX 等高级汇编指令的使用。

Go 汇编语言的官方文档非常匮乏。其中“A Quick Guide to Go's Assembler”是唯一的一篇系统讲述 Go 汇编语言的官方文章，该文章中又引入了另外两篇 Plan9 的文档“A Manual for the Plan9 Assembler”和“Plan9 C Compilers”。关于 Plan9 的这两篇文档分别讲述了汇编语言以及与汇编有关联的 C 语言编译器的细节。看过这几篇文档之后读者会对 Go 汇编语言有一些模糊的概念，剩下的就是在实战中通过代码来学习了。

Go 语言的编译器和汇编器都带了一个-S 参数，可以用来查看生成的最终目标代码。通过对比目标代码和原始的 Go 语言或 Go 汇编语言代码的差异可以加深对底层实现的理解。同时 Go 语言连接器的实现代码也包含了很多相关的信息。Go 汇编语言是依托 Go 语言的语言，因此理解 Go 语言的工作原理也是必要的。比较重要的部分是 Go 语言 runtime 和 reflect 包的实现原理。了解 CGO 技术对学习 Go 汇编语言也是一个巨大的帮助。最后，要了解 syscall 包是如何实现系统调用的。

得益于 Go 语言的设计，Go 汇编语言的优势也非常明显：跨操作系统、不同 CPU 之间的用法非常相似、支持 C 语言预处理器、支持模块。同时 Go 汇编语言也存在很多不足：它不是一个独立的语言，底层需要依赖 Go 语言甚至操作系统；很多高级特性很难通过手工汇编完成。虽然 Go 语言官方尽量保持 Go 汇编语言简单，但是汇编语言是一个比较大的话题，大到足以写一本 Go 汇编语言的教程。本章的目的是让大家对 Go 汇编语言简单入门，在看到底层汇编代码的时候不会一头雾水，在某些性能受限制的场合，能够通过 Go 汇编语言突破限制。

第4章

RPC和Protobuf

学习编程，重要的是什么？多练、多看、多实践！跨语言学习，掌握基础语法和语言的特性之后，实战，效率来的最快！

——khlipeng

RPC是远程过程调用（Remote Procedure Call）的缩写，通俗地说就是调用远处的一个函数。远处到底有多远呢？可能是同一个文件内的不同函数，也可能是同一个机器的另一个进程的函数，还可能是远在火星好奇号上面的某个秘密方法。因为RPC涉及的函数可能非常远，远到它们之间说着完全不同的语言，所以语言就成了两边的沟通障碍。而Protobuf由于支持多种不同的语言（甚至不支持的语言也可以扩展支持），其本身特性也非常方便描述服务的接口（也就是方法列表），因此非常适合作为RPC世界的接口交流语言。

本章将讨论RPC的基本用法，如何针对不同场景设计自己的RPC服务，以及围绕Protobuf构造的更为庞大的RPC生态。

4.1 RPC入门

RPC是远程过程调用的简称，是分布式系统中不同节点间流行的通信方式。在互联网时代，RPC已经和IPC一样成为一个不可或缺的基础构件。因此Go语言的标准库也提供了一个简单的RPC实现，我们将以此为入口学习RPC的各种用法。

4.1.1 RPC版“Hello, World”

Go语言的RPC包的路径为`net/rpc`，也就是放在了`net`包目录下面。因此我们可以猜测该RPC包是建立在`net`包基础之上的。在1.2节最后，我们基于HTTP实现了一个打印例子。下面我们将尝试基于`rpc`实现一个类似的例子。

我们先构造一个`HelloService`类型，其中的`Hello()`方法用于实现打印功能：

```
type HelloService struct {}
```

```
func (p *HelloService) Hello(request string, reply *string) error {
    *reply = "hello:" + request
    return nil
}
```

其中 Hello() 方法必须满足 Go 语言的 RPC 规则：方法只能有两个可序列化的参数，其中第二个参数是指针类型，并且返回一个 error 类型，同时必须是公开的方法。

然后就可以将 HelloService 类型的对象注册为一个 RPC 服务：

```
func main() {
    rpc.RegisterName("HelloService", new(HelloService))

    listener, err := net.Listen("tcp", ":1234")
    if err != nil {
        log.Fatal("ListenTCP error:", err)
    }

    conn, err := listener.Accept()
    if err != nil {
        log.Fatal("Accept error:", err)
    }

    rpc.ServeConn(conn)
}
```

其中 rpc.RegisterName() 函数调用会将对象类型中所有满足 RPC 规则的对象方法注册为 RPC 函数，所有注册的方法会放在 HelloService 服务的空间之下。然后建立一个唯一的 TCP 链接，并且通过 rpc.ServeConn() 函数在该 TCP 链接上为对方提供 RPC 服务。

下面是客户端请求 HelloService 服务的代码：

```
func main() {
    client, err := rpc.Dial("tcp", "localhost:1234")
    if err != nil {
        log.Fatal("dialing:", err)
    }

    var reply string
    err = client.Call("HelloService.Hello", "hello", &reply)
    if err != nil {
        log.Fatal(err)
    }

    fmt.Println(reply)
}
```

首先是通过 rpc.Dial 拨号 RPC 服务，然后通过 client.Call() 调用具体的 RPC 方法。在调用 client.Call() 时，第一个参数是用点号链接的 RPC 服务名字和方法名字，第二个和第三个参数分别是定义 RPC 方法的两个参数。

由这个例子可以看出 RPC 的使用其实非常简单。

4.1.2 更安全的 RPC 接口

在涉及 RPC 的应用中，作为开发人员一般至少有 3 种角色：首先是服务器端实现 RPC 方法的开发人员，其次是客户端调用 RPC 方法的人员，最后也是最重要的是制定服务器端和客户端 RPC 接口规范的设计人员。在前面的例子中，为了简化我们将以上几种角色的工作全部放到了一起，虽然看似实现简单，但是不利于后期的维护和工作的切割。

如果要重构 HelloService 服务，第一步需要明确服务的名字和接口：

```
const HelloServiceName = "path/to/pkg.HelloService"

type HelloServiceInterface = interface {
    Hello(request string, reply *string) error
}

func RegisterHelloService(svc HelloServiceInterface) error {
    return rpc.RegisterName(HelloServiceName, svc)
}
```

我们将 RPC 服务的接口规范分为 3 部分：首先是服务的名字，然后是服务要实现的详细方法列表，最后是注册该类型服务的函数。为了避免名字冲突，我们在 RPC 服务的名字中增加了包路径前缀（这个是 RPC 服务抽象的包路径，并非完全等价于 Go 语言的包路径）。RegisterHelloService 注册服务时，编译器会要求传入的对象满足 HelloServiceInterface 接口。

在定义了 RPC 服务接口规范之后，客户端就可以根据规范编写 RPC 调用的代码了：

```
func main() {
    client, err := rpc.Dial("tcp", "localhost:1234")
    if err != nil {
        log.Fatal("dialing:", err)
    }

    var reply string
    err = client.Call(HelloServiceName+".Hello", "hello", &reply)
    if err != nil {
        log.Fatal(err)
    }
}
```

其中唯一的变化是 client.Call() 的第一个参数用 HelloServiceName+".Hello" 代替了 "HelloService.Hello"。然而通过 client.Call() 函数调用 RPC 方法依然比较烦琐，同时参数的类型依然无法得到编译器提供的安全保障。

为了简化客户端用户调用 RPC 函数，我们可以在接口规范部分增加对客户端的简单包装：

```
type HelloServiceClient struct {
    *rpc.Client
}
```

```
var _ HelloServiceInterface = (*HelloServiceClient)(nil)

func DialHelloService(network, address string) (*HelloServiceClient, error) {
    c, err := rpc.Dial(network, address)
    if err != nil {
        return nil, err
    }
    return &HelloServiceClient{Client: c}, nil
}

func (p *HelloServiceClient) Hello(request string, reply *string) error {
    return p.Client.Call(HelloServiceName+".Hello", request, reply)
}
```

我们在接口规范中针对客户端新增加了 HelloServiceClient 类型，该类型也必须满足 HelloServiceInterface 接口，这样客户端用户就可以直接通过接口对应的方法调用 RPC 函数。同时提供了一个 DialHelloService() 函数，直接拨号 HelloService 服务。

基于新的客户端接口，我们可以简化客户端用户的代码：

```
func main() {
    client, err := DialHelloService("tcp", "localhost:1234")
    if err != nil {
        log.Fatal("dialing:", err)
    }

    var reply string
    err = client.Hello("hello", &reply)
    if err != nil {
        log.Fatal(err)
    }
}
```

现在客户端用户不用再担心 RPC 方法名字或参数类型不匹配等低级错误的发生。

最后是基于 RPC 接口规范编写真实的服务器端代码：

```
type HelloService struct {}

func (p *HelloService) Hello(request string, reply *string) error {
    *reply = "hello:" + request
    return nil
}

func main() {
    RegisterHelloService(new(HelloService))

    listener, err := net.Listen("tcp", ":1234")
    if err != nil {
        log.Fatal("ListenTCP error:", err)
    }
```

```go
    for {
        conn, err := listener.Accept()
        if err != nil {
            log.Fatal("Accept error:", err)
        }

        go rpc.ServeConn(conn)
    }
}
```

在新的 RPC 服务器端实现中，我们用 `RegisterHelloService()`函数来注册函数，这样不仅可以避免命名服务名称的工作，同时也保证了传入的服务对象满足 RPC 接口的定义。最后新的服务改为支持多个 TCP 链接，然后为每个 TCP 链接提供 RPC 服务。

4.1.3 跨语言的 RPC

标准库的 RPC 默认采用 Go 语言特有的 Gob 编码，因此从其他语言调用 Go 语言实现的 RPC 服务将比较困难。在互联网的微服务时代，每个 RPC 以及服务的使用者都可能采用不同的编程语言，因此跨语言是互联网时代 RPC 的一个首要条件。得益于 RPC 的框架设计，Go 语言的 RPC 其实也是很容易实现跨语言支持的。

Go 语言的 RPC 框架有两个比较有特色的设计：一个是 RPC 数据打包时可以通过插件实现自定义的编码和解码；另一个是 RPC 建立在抽象的 `io.ReadWriteCloser` 接口之上，我们可以将 RPC 架设在不同的通信协议之上。这里我们将尝试通过官方自带的 `net/rpc/jsonrpc` 扩展实现一个跨语言的 RPC。

首先是基于 JSON 编码重新实现 RPC 服务：

```go
func main() {
    rpc.RegisterName("HelloService", new(HelloService))

    listener, err := net.Listen("tcp", ":1234")
    if err != nil {
        log.Fatal("ListenTCP error:", err)
    }

    for {
        conn, err := listener.Accept()
        if err != nil {
            log.Fatal("Accept error:", err)
        }

        go rpc.ServeCodec(jsonrpc.NewServerCodec(conn))
    }
}
```

代码中最大的变化是用 `rpc.ServeCodec()`函数替代了 `rpc.ServeConn()`函数，传入的参数是针对服务器端的 JSON 编解码器。

然后是实现 JSON 版本的客户端：

```
func main() {
    conn, err := net.Dial("tcp", "localhost:1234")
    if err != nil {
        log.Fatal("net.Dial:", err)
    }

    client := rpc.NewClientWithCodec(jsonrpc.NewClientCodec(conn))

    var reply string
    err = client.Call("HelloService.Hello", "hello", &reply)
    if err != nil {
        log.Fatal(err)
    }

    fmt.Println(reply)
}
```

先手工调用 `net.Dial()`函数建立 TCP 链接，然后基于该链接建立针对客户端的 JSON 编解码器。

在确保客户端可以正常调用 RPC 服务的方法之后，我们用一个普通的 TCP 服务代替 Go 语言版本的 RPC 服务，这样可以查看客户端调用时发送的数据格式。例如，通过命令 `nc -l 1234` 在同样的端口启动一个 TCP 服务。然后再次执行一次 RPC 调用将会发现 `nc` 输出了以下的信息：

```
{"method":"HelloService.Hello","params":["hello"],"id":0}
```

这是一个 JSON 编码的数据，其中 `method` 部分对应要调用的由 RPC 服务和方法组合成的名字，`params` 部分的第一个元素为参数，`id` 是由调用方维护的唯一的调用编号。

请求的 JSON 数据对象在内部对应两个结构体：客户端是 `clientRequest`，服务器端是 `serverRequest`。`clientRequest` 和 `serverRequest` 结构体的内容基本是一致的：

```
type clientRequest struct {
    Method string         `json:"method"`
    Params [1]interface{} `json:"params"`
    Id     uint64         `json:"id"`
}

type serverRequest struct {
    Method string           `json:"method"`
    Params *json.RawMessage `json:"params"`
    Id     *json.RawMessage `json:"id"`
}
```

在获取到 RPC 调用对应的 JSON 数据后，可以通过直接向架设了 RPC 服务的 TCP 服务器发送 JSON 数据模拟 RPC 方法调用：

```
$ echo -e '{"method":"HelloService.Hello","params":["hello"],"id":1}' | nc localhost
1234
```

返回的结果也是 JSON 格式的数据：

```
{"id":1,"result":"hello:hello","error":null}
```

其中 id 对应输入的 id 参数，result 为返回的结果，error 部分在出问题时表示错误信息。对顺序调用来说，id 不是必需的。但是 Go 语言的 RPC 框架支持异步调用，当返回结果的顺序和调用的顺序不一致时，可以通过 id 来识别对应的调用。

返回的 JSON 数据也对应内部的两个结构体：客户端是 clientResponse，服务器端是 serverResponse。两个结构体的内容同样也是类似的：

```
type clientResponse struct {
    Id     uint64           `json:"id"`
    Result *json.RawMessage `json:"result"`
    Error  interface{}      `json:"error"`
}

type serverResponse struct {
    Id     *json.RawMessage `json:"id"`
    Result interface{}      `json:"result"`
    Error  interface{}      `json:"error"`
}
```

因此无论采用何种语言，只要遵循同样的 JSON 结构，以同样的流程就可以和 Go 语言编写的 RPC 服务进行通信。这样就实现了跨语言的 RPC。

4.1.4 HTTP 上的 RPC

Go 语言内在的 RPC 框架已经支持在 HTTP 协议上提供 RPC 服务。但是框架的 HTTP 服务同样采用了内置的 Gob 协议，并且没有提供采用其他协议的接口，因此从其他语言依然无法访问。在前面的例子中，我们已经实现了在 TCP 协议之上运行 jsonrpc 服务，并且通过 nc 命令行工具成功实现了 RPC 方法调用。现在我们尝试在 HTTP 协议上提供 jsonrpc 服务。

新的 RPC 服务其实是一个类似 REST 规范的接口，接收请求并采用相应处理流程：

```
func main() {
    rpc.RegisterName("HelloService", new(HelloService))

    http.HandleFunc("/jsonrpc", func(w http.ResponseWriter, r *http.Request) {
        var conn io.ReadWriteCloser = struct {
            io.Writer
            io.ReadCloser
        }{
            ReadCloser: r.Body,
            Writer:     w,
        }

        rpc.ServeRequest(jsonrpc.NewServerCodec(conn))
    })

    http.ListenAndServe(":1234", nil)
}
```

RPC 的服务架设在/jsonrpc 路径，在处理函数中基于 http.ResponseWriter 和 http.Request 类型的参数构造一个 io.ReadWriteCloser 类型的 conn 通道。然后基于 conn 构建针对服务器端的 JSON 编码解码器。最后通过 rpc.ServeRequest()函数为每次请求处理一次 RPC 方法调用。

模拟一次 RPC 调用的过程就是向该链接发送一个 JSON 字符串：

```
$ curl localhost:1234/jsonrpc -X POST \
    --data '{"method":"HelloService.Hello","params":["hello"],"id":0}'
```

返回的结果依然是 JSON 字符串：

```
{"id":0,"result":"hello:hello","error":null}
```

这样就可以很方便地从不同语言中访问 RPC 服务了。

4.2 Protobuf

Protobuf 是 Protocol Buffers 的简称，它是谷歌公司开发的一种数据描述语言，并于 2008 年开源。Protobuf 刚开源时的定位类似于 XML、JSON 等数据描述语言，通过附带工具生成代码并实现将结构化数据序列化的功能。但是我们更关注的是 Protobuf 作为接口规范的描述语言，可以作为设计安全的跨语言 RPC 接口的基础工具。

4.2.1 Protobuf 入门

对于没有用过 Protobuf 的读者，建议先从官网了解下基本用法。这里我们尝试将 Protobuf 和 RPC 结合在一起使用，通过 Protobuf 来最终保证 RPC 的接口规范和安全。Protobuf 中最基本的数据单元是 message，是类似 Go 语言中结构体的存在。在 message 中可以嵌套 message 或其他的基础数据类型的成员。

首先创建 hello.proto 文件，其中包装 HelloService 服务中用到的字符串类型：

```
syntax = "proto3";

package main;

message String {
    string value = 1;
}
```

开头的 syntax 语句表示采用 proto3 的语法。第 3 版的 Protobuf 对语言进行了提炼简化，所有成员均采用类似 Go 语言中的零值初始化（不再支持自定义默认值），因此消息成员也不再需要支持 required 特性。然后 package 指令指明当前是 main 包（这样可以和 Go 的包名保持一致，简化例子代码），当然用户也可以针对不同的语言定制对应的包路径和名称。最后 message 关键字定义一个新的 String 类型，在最终生成的 Go 语言代码中对应一个 String 结构体。String 类型中只有一个字符串类型的 value 成员，该成员编码时用编号 1 代替名字。

在 XML 或 JSON 等数据描述语言中，一般通过成员的名字来绑定对应的数据。但是 Protobuf 编码却是通过成员的唯一编号来绑定对应的数据，因此 Protobuf 编码后数据的体积会比较小，但是也非常不便于人们查阅。我们目前并不关注 Protobuf 的编码技术，最终生成的 Go 结构体可以自由采用 JSON 或 Gob 等编码格式，因此大家可以暂时忽略 Protobuf 的成员编码部分。

Protobuf 核心的工具集是用 C++语言开发的，在官方的 protoc 编译器中并不支持 Go 语言。要想基于上面的 hello.proto 文件生成相应的 Go 代码，需要安装相应的插件。首先是安装官方的 protoc 工具，可以从其 GitHub 官方网站下载。然后是安装针对 Go 语言的代码生成插件，可以通过 go get github.com/golang/protobuf/protoc-gen-go 命令安装。

然后通过以下命令生成相应的 Go 代码：

```
$ protoc --go_out=. hello.proto
```

其中 go_out 参数告知 protoc 编译器去加载对应的 protoc-gen-go 工具，然后通过该工具生成代码放到当前目录。最后是一系列要处理的 Protobuf 文件的列表。

这里只生成了一个 hello.pb.go 文件，其中 String 结构体内容如下：

```
type String struct {
    Value string `protobuf:"bytes,1,opt,name=value" json:"value,omitempty"`
}

func (m *String) Reset()         { *m = String{} }
func (m *String) String() string { return proto.CompactTextString(m) }
func (*String) ProtoMessage()    {}
func (*String) Descriptor() ([]byte, []int) {
    return fileDescriptor_hello_069698f99dd8f029, []int{0}
}

func (m *String) GetValue() string {
    if m != nil {
        return m.Value
    }
    return ""
}
```

生成的结构体中还会包含一些以 XXX_为名字前缀的成员，我们已经隐藏了这些成员。同时 String 类型还自动生成了一组方法，其中 ProtoMessage()方法表示这是一个实现了 proto.Message 接口的方法。此外，Protobuf 还为每个成员生成了一个 Get 方法，Get 方法不仅可以处理空指针类型，而且可以和 Protobuf 第 2 版的方法保持一致（第二版的自定义默认值特性依赖这类方法）。

基于新的 String 类型，我们可以重新实现 HelloService 服务：

```
type HelloService struct{}

func (p *HelloService) Hello(request *String, reply *String) error {
    reply.Value = "hello:" + request.GetValue()
    return nil
```

```
}
```

其中 Hello()方法的输入参数和输出参数均改用 Protobuf 定义的 String 类型表示。因为新的输入参数为结构体类型，所以改用指针类型作为输入参数，函数的内部代码同时也做了相应的调整。

至此，我们初步实现了 Protobuf 和 RPC 组合。在启动 RPC 服务时，我们依然可以选择默认的 Gob 或手工指定 JSON 编码，甚至可以重新基于 Protobuf 编码实现一个插件。虽然做了这么多工作，但是似乎并没有看到什么收益！

回顾第一章中更安全的 RPC 接口部分的内容，当时我们花费了极大的力气给 RPC 服务增加安全的保障。最终得到的更安全的 RPC 接口的代码本身就非常烦琐，需要使用手工维护，同时全部安全相关的代码只适用于 Go 语言环境！既然使用了 Protobuf 定义的输入和输出参数，那么 RPC 服务接口是否也可以通过 Protobuf 定义呢？其实用 Protobuf 定义与语言无关的 RPC 服务接口才是它真正的价值所在！

下面更新 hello.proto 文件，通过 Protobuf 来定义 HelloService 服务：

```
service HelloService {
    rpc Hello (String) returns (String);
}
```

但是重新生成的 Go 代码并没有发生变化。这是因为世界上的 RPC 实现有千万种，protoc 编译器并不知道该如何为 HelloService 服务生成代码。

不过在 protoc-gen-go 内部已经集成了一个名为 grpc 的插件，可以针对 gRPC 生成代码：

```
$ protoc --go_out=plugins=grpc:. hello.proto
```

在生成的代码中多了一些类似 HelloServiceServer、HelloServiceClient 的新类型。这些类型是为 gRPC 服务的，并不符合 RPC 要求。

不过 gRPC 插件为我们提供了改进的思路，下面将探索如何为 RPC 生成安全的代码。

4.2.2　定制代码生成插件

Protobuf 的 protoc 编译器是通过插件机制实现对不同语言的支持。例如，如果 protoc 命令出现--xxx_out 格式的参数，那么 protoc 将首先查询是否有内置的 xxx 插件，如果没有内置的 xxx 插件，将继续查询当前系统中是否存在以 protoc-gen-xxx 命名的可执行程序，最终通过查询到的插件生成代码。对于 Go 语言的 protoc-gen-go 插件，里面又实现了一层静态插件系统。例如，protoc-gen-go 内置了一个 gRPC 插件，用户可以通过--go_out=plugins=grpc 参数来生成 gRPC 相关代码，否则只会针对 service 生成相关代码。

参考 gRPC 插件的代码，可以发现 generator.RegisterPlugin()函数可以用来注册插件。插件是一个 generator.Plugin 接口：

```
// A Plugin provides functionality to add to the output during
// Go code generation, such as to produce RPC stubs.
type Plugin interface {
    // Name identifies the plugin.
```

```
    Name() string
    // Init is called once after data structures are built but before
    // code generation begins.
    Init(g *Generator)
    // Generate produces the code generated by the plugin for this file,
    // except for the imports, by calling the generator's methods P, In,
    // and Out.
    Generate(file *FileDescriptor)
    // GenerateImports produces the import declarations for this file.
    // It is called after Generate.
    GenerateImports(file *FileDescriptor)
}
```

其中 Name()方法返回插件的名字，这是 Go 语言的 Protobuf 实现的插件体系，和 protoc 插件的名字没有关系。然后 Init()函数通过参数 g 对插件进行初始化，参数 g 中包含 Proto 文件的所有信息。最后的 Generate()和 GenerateImports()方法用于生成主体代码和对应的导入包代码。

因此我们可以设计一个 netrpcPlugin 插件，用于为标准库的 RPC 框架生成代码：

```
import (
    "github.com/golang/protobuf/protoc-gen-go/generator"
)

type netrpcPlugin struct{ *generator.Generator }

func (p *netrpcPlugin) Name() string                { return "netrpc" }
func (p *netrpcPlugin) Init(g *generator.Generator) { p.Generator = g }

func (p *netrpcPlugin) GenerateImports(file *generator.FileDescriptor) {
    if len(file.Service) > 0 {
        p.genImportCode(file)
    }
}

func (p *netrpcPlugin) Generate(file *generator.FileDescriptor) {
    for _, svc := range file.Service {
        p.genServiceCode(svc)
    }
}
```

首先 Name()方法返回插件的名字。netrpcPlugin 插件内置了一个匿名的*generator.Generator 成员，然后在 Init()初始化的时候用参数 g 进行初始化，因此插件是从参数 g 对象继承了全部的公有方法。其中 GenerateImports()方法调用自定义的 genImportCode()方法生成导入代码。Generate()方法调用自定义的 genServiceCode()方法生成每个服务的代码。

目前，自定义的 genImportCode()和 genServiceCode()方法只是输出一行简单的注释：

```
func (p *netrpcPlugin) genImportCode(file *generator.FileDescriptor) {
    p.P("// TODO: import code")
}
```

```
func (p *netrpcPlugin) genServiceCode(svc *descriptor.ServiceDescriptorProto) {
    p.P("// TODO: service code, Name = " + svc.GetName())
}
```

要使用该插件需要先通过 `generator.RegisterPlugin()`函数注册插件，可以在 `init()`函数中完成：

```
func init() {
    generator.RegisterPlugin(new(netrpcPlugin))
}
```

因为 Go 语言的包只能静态导入，所以我们无法向已经安装的 `protoc-gen-go` 添加新编写的插件。我们将重新克隆 `protoc-gen-go` 对应的 `main()`函数：

```
package main

import (
    "io/ioutil"
    "os"

    "github.com/golang/protobuf/proto"
    "github.com/golang/protobuf/protoc-gen-go/generator"
)

func main() {
    g := generator.New()

    data, err := ioutil.ReadAll(os.Stdin)
    if err != nil {
        g.Error(err, "reading input")
    }

    if err := proto.Unmarshal(data, g.Request); err != nil {
        g.Error(err, "parsing input proto")
    }

    if len(g.Request.FileToGenerate) == 0 {
        g.Fail("no files to generate")
    }

    g.CommandLineParameters(g.Request.GetParameter())

    // Create a wrapped version of the Descriptors and EnumDescriptors that
    // point to the file that defines them.
    g.WrapTypes()

    g.SetPackageNames()
    g.BuildTypeNameMap()
```

```
        g.GenerateAllFiles()

        // Send back the results.
        data, err = proto.Marshal(g.Response)
        if err != nil {
            g.Error(err, "failed to marshal output proto")
        }
        _, err = os.Stdout.Write(data)
        if err != nil {
            g.Error(err, "failed to write output proto")
        }
    }
```

为了避免对 protoc-gen-go 插件造成干扰，我们将可执行程序命名为 protoc-gen-go-netrpc，表示包含了 netrpc 插件，然后用以下命令重新编译 hello.proto 文件：

```
$ protoc --go-netrpc_out=plugins=netrpc:. hello.proto
```

其中--go-netrpc_out 参数告知 protoc 编译器加载名为 protoc-gen-go-netrpc 的插件，插件中的 plugins=netrpc 指示启用内部唯一的名为 netrpc 的 netrpcPlugin 插件。在新生成的 hello.pb.go 文件中将包含增加的注释代码。

至此，手工定制的 Protobuf 代码生成插件终于可以工作了。

4.2.3 自动生成完整的 RPC 代码

在前面的例子中我们已经构建了最小化的 netrpcPlugin 插件，并且通过克隆 protoc-gen-go 的 main() 函数创建了新的 protoc-gen-go-netrpc 的插件程序。现在开始继续完善 netrpcPlugin 插件，最终目标是生成 RPC 安全接口。

首先是在自定义的 genImportCode() 方法中生成导入包的代码：

```
func (p *netrpcPlugin) genImportCode(file *generator.FileDescriptor) {
    p.P(`import "net/rpc"`)
}
```

然后要在自定义的 genServiceCode() 方法中为每个服务生成相关的代码。通过分析可以发现每个服务最重要的是服务的名字，然后每个服务有一组方法。而对于服务定义的方法，最重要的是方法的名字，还有输入参数和输出参数类型的名字。

为此我们定义了一个 ServiceSpec 类型，用于描述服务的元信息：

```
type ServiceSpec struct {
    ServiceName string
    MethodList  []ServiceMethodSpec
}

type ServiceMethodSpec struct {
```

```
    MethodName     string
    InputTypeName  string
    OutputTypeName string
}
```

然后新建一个 buildServiceSpec() 方法用来解析每个服务的 ServiceSpec 元信息：

```
func (p *netrpcPlugin) buildServiceSpec(
    svc *descriptor.ServiceDescriptorProto,
) *ServiceSpec {
    spec := &ServiceSpec{
        ServiceName: generator.CamelCase(svc.GetName()),
    }

    for _, m := range svc.Method {
        spec.MethodList = append(spec.MethodList, ServiceMethodSpec{
            MethodName:     generator.CamelCase(m.GetName()),
            InputTypeName:  p.TypeName(p.ObjectNamed(m.GetInputType())),
            OutputTypeName: p.TypeName(p.ObjectNamed(m.GetOutputType())),
        })
    }

    return spec
}
```

其中输入参数是*descriptor.ServiceDescriptorProto 类型，完整描述了一个服务的所有信息。然后通过 svc.GetName() 就可以获取 Protobuf 文件中定义的服务的名字。Protobuf 文件中的名字转为 Go 语言的名字后，需要通过 generator.CamelCase() 函数进行一次转换。类似地，在 for 循环中我们通过 m.GetName() 获取方法的名字，然后再转为 Go 语言中对应的名字。比较复杂的是对输入和输出参数名字的解析：首先需要通过 m.GetInputType() 获取输入参数的类型，然后通过 p.ObjectNamed() 获取类型对应的类对象信息，最后获取类对象的名字。

然后我们就可以基于 buildServiceSpec() 方法构造的服务的元信息生成服务的代码：

```
func (p *netrpcPlugin) genServiceCode(svc *descriptor.ServiceDescriptorProto) {
    spec := p.buildServiceSpec(svc)

    var buf bytes.Buffer
    t := template.Must(template.New("").Parse(tmplService))
    err := t.Execute(&buf, spec)
    if err != nil {
        log.Fatal(err)
    }

    p.P(buf.String())
}
```

为了便于维护，我们基于 Go 语言的模板来生成服务代码，其中 tmplService 是服务的模板。在编写模板之前，我们先看一下我们期望生成的最终代码大概是什么样子：

```
type HelloServiceInterface interface {
```

```
    Hello(in String, out *String) error
}

func RegisterHelloService(srv *rpc.Server, x HelloService) error {
    if err := srv.RegisterName("HelloService", x); err != nil {
        return err
    }
    return nil
}

type HelloServiceClient struct {
    *rpc.Client
}

var _ HelloServiceInterface = (*HelloServiceClient)(nil)

func DialHelloService(network, address string) (*HelloServiceClient, error) {
    c, err := rpc.Dial(network, address)
    if err != nil {
        return nil, err
    }
    return &HelloServiceClient{Client: c}, nil
}

func (p *HelloServiceClient) Hello(in String, out *String) error {
    return p.Client.Call("HelloService.Hello", in, out)
}
```

其中 HelloService 是服务名字，同时还有一系列的方法相关的名字。

参考最终要生成的代码可以构建如下模板：

```
const tmplService = `
{{$root := .}}

type {{.ServiceName}}Interface interface {
    {{- range $_, $m := .MethodList}}
    {{$m.MethodName}}(*{{$m.InputTypeName}}, *{{$m.OutputTypeName}}) error
    {{- end}}
}

func Register{{.ServiceName}}(
    srv *rpc.Server, x {{.ServiceName}}Interface,
) error {
    if err := srv.RegisterName("{{.ServiceName}}", x); err != nil {
        return err
    }
    return nil
}

type {{.ServiceName}}Client struct {
    *rpc.Client
}
```

```
var _ {{.ServiceName}}Interface = (*{{.ServiceName}}Client)(nil)

func Dial{{.ServiceName}}(network, address string) (
    *{{.ServiceName}}Client, error,
) {
    c, err := rpc.Dial(network, address)
    if err != nil {
        return nil, err
    }
    return &{{.ServiceName}}Client{Client: c}, nil
}

{{range $_, $m := .MethodList}}
func (p *{{$root.ServiceName}}Client) {{$m.MethodName}}(
    in *{{$m.InputTypeName}}, out *{{$m.OutputTypeName}},
) error {
    return p.Client.Call("{{$root.ServiceName}}.{{$m.MethodName}}", in, out)
}
{{end}}
`
```

当 Protobuf 的插件定制工作完成后，每次 hello.proto 文件中 RPC 服务的变化都可以自动生成代码。也可以通过更新插件的模板，调整或增加生成代码的内容。在掌握了定制 Protobuf 插件技术后，你将彻底拥有这个技术。

4.3 玩转 RPC

在不同的场景中对 RPC 有着不同的需求，因此开源的社区就诞生了各种 RPC 框架。本节将尝试 Go 内置 RPC 框架在一些比较特殊场景的用法。

4.3.1 客户端 RPC 的实现原理

Go 语言的 RPC 库最简单的使用方式是通过 Client.Call() 方法进行同步阻塞调用，该方法的实现如下：

```
func (client *Client) Call(
    serviceMethod string, args interface{},
    reply interface{},
) error {
    call := <-client.Go(serviceMethod, args, reply, make(chan *Call, 1)).Done
    return call.Error
}
```

首先通过 Client.Go() 方法进行一次异步调用，返回一个表示这次调用的 Call 结构体。然后等待 Call 结构体的 Done 通道返回调用结果。

我们也可以通过 Client.Go() 方法异步调用前面的 HelloService 服务：

```
func doClientWork(client *rpc.Client) {
```

```
    helloCall := client.Go("HelloService.Hello", "hello", new(string), nil)

    // 处理其他工作

    helloCall = <-helloCall.Done
    if err := helloCall.Error; err != nil {
        log.Fatal(err)
    }

    args := helloCall.Args.(string)
    reply := helloCall.Reply.(*string)
    fmt.Println(args, reply)
}
```

在异步调用命令发出后，一般会执行其他的任务，因此异步调用的输入参数和返回值可以通过返回的 Call 变量进行获取。

执行异步调用的 Client.Go()方法实现如下：

```
func (client *Client) Go(
    serviceMethod string, args interface{},
    reply interface{},
    done chan *Call,
) *Call {
    call := new(Call)
    call.ServiceMethod = serviceMethod
    call.Args = args
    call.Reply = reply
    call.Done = make(chan *Call, 10) // buffered.

    client.send(call)
    return call
}
```

首先构造一个表示当前调用的 call 变量，然后通过 client.send()将 call 的完整参数发送到 RPC 框架。client.send()方法调用是线程安全的，因此可以从多个 Goroutine 同时向同一个 RPC 链接发送调用指令。

当调用完成或者发生错误时，将调用 call.done()方法通知完成：

```
func (call *Call) done() {
    select {
    case call.Done <- call:
        // ok
    default:
        // We don't want to block here. It is the caller's responsibility to make
        // sure the channel has enough buffer space. See comment in Go().
    }
}
```

从 Call.done()方法的实现可以得知 call.Done 通道会将处理后的 call 返回。

4.3.2 基于 RPC 实现监视功能

在很多系统中都提供了监视（watch）功能的接口，当系统满足某种条件时 `Watch()` 方法返回监控的结果。在这里可以尝试通过 RPC 框架实现一个基本的监视功能。如前文所述，因为 `client.send` 是线程安全的，所以也可以通过在不同的 Goroutine 中同时并发阻塞调用 RPC 方法。通过在一个独立的 Goroutine 中调用 `Watch()` 方法进行监控。

为了便于演示，我们计划通过 RPC 构造一个简单的内存键值数据库。首先定义服务如下：

```
type KVStoreService struct {
    m      map[string]string
    filter map[string]func(key string)
    mu     sync.Mutex
}

func NewKVStoreService() *KVStoreService {
    return &KVStoreService{
        m:      make(map[string]string),
        filter: make(map[string]func(key string)),
    }
}
```

其中 `m` 成员是一个 `map` 类型，用于存储键值数据。`filter` 成员对应每个 `Watch()` 调用时定义的过滤器函数列表。而 `mu` 成员为互斥锁，用于在多个 Goroutine 访问或修改时对其他成员提供保护。

然后就是方法 `Get()` 和 `Set()`：

```
func (p *KVStoreService) Get(key string, value *string) error {
    p.mu.Lock()
    defer p.mu.Unlock()

    if v, ok := p.m[key]; ok {
        *value = v
        return nil
    }

    return fmt.Errorf("not found")
}

func (p *KVStoreService) Set(kv [2]string, reply *struct{}) error {
    p.mu.Lock()
    defer p.mu.Unlock()

    key, value := kv[0], kv[1]

    if oldValue := p.m[key]; oldValue != value {
        for _, fn := range p.filter {
            fn(key)
        }
    }
```

```
    p.m[key] = value
    return nil
}
```

在 Set()方法中，输入参数是键和值组成的数组，用一个匿名的空结构体表示忽略了输出参数。当修改某个键对应的值时会调用每一个过滤器函数。

而过滤器列表在 Watch()方法中提供：

```
func (p *KVStoreService) Watch(timeoutSecond int, keyChanged *string) error {
    id := fmt.Sprintf("watch-%s-%03d", time.Now(), rand.Int())
    ch := make(chan string, 10) // buffered

    p.mu.Lock()
    p.filter[id] = func(key string) { ch <- key }
    p.mu.Unlock()

    select {
    case <-time.After(time.Duration(timeoutSecond) * time.Second):
        return fmt.Errorf("timeout")
    case key := <-ch:
        *keyChanged = key
        return nil
    }

    return nil
}
```

Watch()方法的输入参数是超时的秒数。当有键变化时将键作为返回值返回。如果超过时间后依然没有键被修改，则返回超时的错误。Watch()的实现中，用唯一的 id 表示每个 Watch()调用，然后根据 id 将自身对应的过滤器函数注册到 p.filter 列表。

KVStoreService 服务的注册和启动过程这里不再赘述。下面我们看看如何从客户端使用 Watch()方法：

```
func doClientWork(client *rpc.Client) {
    go func() {
        var keyChanged string
        err := client.Call("KVStoreService.Watch", 30, &keyChanged)
        if err != nil {
            log.Fatal(err)
        }
        fmt.Println("watch:", keyChanged)
    } ()

    err := client.Call(
        "KVStoreService.Set", [2]string{"abc", "abc-value"},
        new(struct{}),
    )
    if err != nil {
        log.Fatal(err)
```

```
	}

	time.Sleep(time.Second*3)
}
```

首先启动一个独立的 Goroutine 监控键的变化。同步的 `Watch()` 调用会阻塞，直到有键发生变化或者超时。然后在通过 `Set()` 方法修改键值时，服务器会将变化的键通过 `Watch()` 方法返回。这样就可以实现对某些状态的监控。

4.3.3　反向 RPC

通常的 RPC 是基于客户/服务器结构，RPC 的服务器端对应网络的服务器，RPC 的客户端也对应网络客户端。但是对于一些特殊场景，例如，在公司内网提供一个 RPC 服务，但是在外网无法链接到内网的服务器，这种时候我们可以参考类似反向代理的技术，首先从内网主动链接到外网的 TCP 服务器，然后基于 TCP 链接向外网提供 RPC 服务。

以下是启动反向 RPC 服务的代码：

```
func main() {
	rpc.Register(new(HelloService))

	for {
		conn, _ := net.Dial("tcp", "localhost:1234")
		if conn == nil {
			time.Sleep(time.Second)
			continue
		}

		rpc.ServeConn(conn)
		conn.Close()
	}
}
```

反向 RPC 的内网服务将不再主动提供 TCP 监听服务，而是首先主动链接到对方的 TCP 服务器。然后基于每个建立的 TCP 链接向对方提供 RPC 服务。

而 RPC 客户端则需要在一个公共的地址提供一个 TCP 服务，用于接受 RPC 服务器的链接请求：

```
func main() {
	listener, err := net.Listen("tcp", ":1234")
	if err != nil {
		log.Fatal("ListenTCP error:", err)
	}

	clientChan := make(chan *rpc.Client)

	go func() {
		for {
			conn, err := listener.Accept()
			if err != nil {
				log.Fatal("Accept error:", err)
```

```
            }

            clientChan <- rpc.NewClient(conn)
        }
    }()

    doClientWork(clientChan)
}
```

当每个链接建立后，基于网络链接构造 RPC 客户端对象并发送到 clientChan 通道。

客户端执行 RPC 调用的操作在 doClientWork() 函数完成：

```
func doClientWork(clientChan <-chan *rpc.Client) {
    client := <-clientChan
    defer client.Close()

    var reply string
    err := client.Call("HelloService.Hello", "hello", &reply)
    if err != nil {
        log.Fatal(err)
    }

    fmt.Println(reply)
}
```

首先从通道去取一个 RPC 客户端对象，并且通过 defer 语句指定在函数退出前关闭客户端。然后是执行正常的 RPC 调用。

4.3.4 上下文信息

基于上下文可以针对不同客户端提供定制化的 RPC 服务。我们可以通过为每个链接提供独立的 RPC 服务来实现对上下文特性的支持。

首先改造 HelloService，里面增加了对应链接的 conn 成员：

```
type HelloService struct {
    conn net.Conn
}
```

然后为每个链接启动独立的 RPC 服务：

```
func main() {
    listener, err := net.Listen("tcp", ":1234")
    if err != nil {
        log.Fatal("ListenTCP error:", err)
    }

    for {
        conn, err := listener.Accept()
        if err != nil {
            log.Fatal("Accept error:", err)
        }
```

```
        go func() {
            defer conn.Close()

            p := rpc.NewServer()
            p.Register(&HelloService{conn: conn})
            p.ServeConn(conn)
        } ()
    }
}
```

Hello()方法中就可以根据 conn 成员识别不同链接的 RPC 调用：

```
func (p *HelloService) Hello(request string, reply *string) error {
    *reply = "hello:" + request + ", from" + p.conn.RemoteAddr().String()
    return nil
}
```

基于上下文信息，可以方便地为 RPC 服务增加简单的登录状态的验证：

```
type HelloService struct {
    conn    net.Conn
    isLogin bool
}

func (p *HelloService) Login(request string, reply *string) error {
    if request != "user:password" {
        return fmt.Errorf("auth failed")
    }
    log.Println("login ok")
    p.isLogin = true
    return nil
}

func (p *HelloService) Hello(request string, reply *string) error {
    if !p.isLogin {
        return fmt.Errorf("please login")
    }
    *reply = "hello:" + request + ", from" + p.conn.RemoteAddr().String()
    return nil
}
```

这样可以要求在客户端链接 RPC 服务时，首先要执行登录操作，登录成功后才能正常执行其他的服务。

4.4　gRPC 入门

gRPC 是谷歌公司基于 Protobuf 开发的跨语言的开源 RPC 框架。gRPC 基于 HTTP/2 协议设计，可以基于一个 HTTP/2 链接提供多个服务，对移动设备更加友好。本节将讲述 gRPC 的简单用法。

4.4.1 gRPC 技术栈

Go 语言的 gRPC 技术栈如图 4-1 所示。

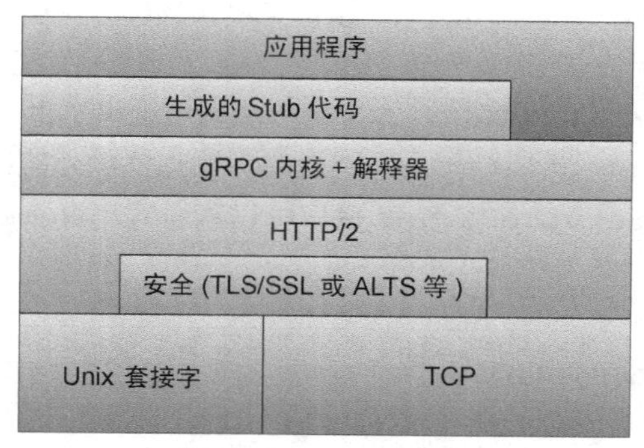

图 4-1 gRPC 技术栈

最底层为 TCP 或 Unix 套接字协议，在此之上是 HTTP/2 协议的实现，然后在 HTTP/2 协议之上又构建了针对 Go 语言的 gRPC 核心库（gRPC 内核+解释器）。应用程序通过 gRPC 插件生成的 Stub 代码和 gRPC 核心库通信，也可以直接和 gRPC 核心库通信。

4.4.2 gRPC 入门

如果从 Protobuf 的角度看，gRPC 只不过是一个针对服务接口生成代码的生成器。我们在 4.2 节中手工实现了一个简单的 Protobuf 代码生成器插件，但是当时生成的代码是适配标准库的 RPC 框架的。现在我们来学习 gRPC 的用法。

创建 `hello.proto` 文件，定义 `HelloService` 接口：

```
syntax = "proto3";

package main;

message String {
    string value = 1;
}

service HelloService {
    rpc Hello (String) returns (String);
}
```

使用 `protoc-gen-go` 内置的 gRPC 插件生成 gRPC 代码：

```
$ protoc --go_out=plugins=grpc:. hello.proto
```

gRPC 插件会为服务器端和客户端生成不同的接口：

```
type HelloServiceServer interface {
    Hello(context.Context, *String) (*String, error)
```

```
}

type HelloServiceClient interface {
    Hello(context.Context, *String, ...grpc.CallOption) (*String, error)
}
```

gRPC 通过 context.Context 参数，为每个方法调用提供了上下文支持。客户端在调用方法的时候，可以通过可选的 grpc.CallOption 类型的参数提供额外的上下文信息。

基于服务器端的 HelloServiceServer 接口可以重新实现 HelloService 服务：

```
type HelloServiceImpl struct{}

func (p *HelloServiceImpl) Hello(
    ctx context.Context, args *String,
) (*String, error) {
    reply := &String{Value: "hello:" + args.GetValue()}
    return reply, nil
}
```

gRPC 服务的启动流程和标准库的 RPC 服务启动流程类似：

```
func main() {
    grpcServer := grpc.NewServer()
    RegisterHelloServiceServer(grpcServer, new(HelloServiceImpl))

    lis, err := net.Listen("tcp", ":1234")
    if err != nil {
        log.Fatal(err)
    }
    grpcServer.Serve(lis)
}
```

首先通过 grpc.NewServer()构造一个 gRPC 服务对象，然后通过 gRPC 插件生成的 RegisterHelloServiceServer()函数注册我们实现的 HelloServiceImpl 服务，再通过 grpcServer.Serve(lis)在一个监听端口上提供 gRPC 服务。

这样就可以通过客户端链接 gRPC 服务了：

```
func main() {
    conn, err := grpc.Dial("localhost:1234", grpc.WithInsecure())
    if err != nil {
        log.Fatal(err)
    }
    defer conn.Close()

    client := NewHelloServiceClient(conn)
    reply, err := client.Hello(context.Background(), &String{Value: "hello"})
```

```
        if err != nil {
            log.Fatal(err)
        }
        fmt.Println(reply.GetValue())
    }
```

其中 grpc.Dial 负责和 gRPC 服务建立链接，然后 NewHelloServiceClient() 函数基于已经建立的链接构造 HelloServiceClient 对象。返回的 client 其实是一个 HelloServiceClient 接口对象，通过接口定义的方法就可以调用服务器端对应的 gRPC 服务提供的方法。

gRPC 和标准库的 RPC 框架有一个区别，即 gRPC 生成的接口并不支持异步调用。不过，我们可以在多个 Goroutine 之间安全地共享 gRPC 底层的 HTTP/2 链接，因此可以通过在另一个 Goroutine 阻塞调用的方式模拟异步调用。

4.4.3 gRPC 流

RPC 是远程函数调用，因此每次调用的函数参数和返回值不能太大，否则将严重影响每次调用的响应时间。因此传统的 RPC 方法调用对上传和下载较大数据量的场景并不适合。同时传统 RPC 模式也不适用于时间不确定的订阅和发布模式。为此，gRPC 框架针对服务器端和客户端分别提供了流特性。

服务器端或客户端的单向流是双向流的特例，我们在 HelloService 增加一个支持双向流的 Channel() 方法：

```
service HelloService {
    rpc Hello (String) returns (String);

    rpc Channel (stream String) returns (stream String);
}
```

关键字 stream 指定启用流特性，参数部分是接收客户端参数的流，返回值是返回给客户端的流。

重新生成代码，可以看到接口中新增加的 Channel() 方法的定义：

```
type HelloServiceServer interface {
    Hello(context.Context, *String) (*String, error)
    Channel(HelloService_ChannelServer) error
}
type HelloServiceClient interface {
    Hello(ctx context.Context, in *String, opts ...grpc.CallOption) (
        *String, error,
    )
    Channel(ctx context.Context, opts ...grpc.CallOption) (
        HelloService_ChannelClient, error,
    )
}
```

服务器端的 Channel() 方法的参数是一个新的 HelloService_ChannelServer 类型的参

数，可以用于和客户端双向通信。客户端的 Channel() 方法返回一个 HelloService_ChannelClient 类型的返回值，可以用于和服务器端进行双向通信。

HelloService_ChannelServer 和 HelloService_ChannelClient 均为接口类型：

```
type HelloService_ChannelServer interface {
    Send(*String) error
    Recv() (*String, error)
    grpc.ServerStream
}

type HelloService_ChannelClient interface {
    Send(*String) error
    Recv() (*String, error)
    grpc.ClientStream
}
```

由此可以发现，服务器端和客户端的流辅助接口均定义了方法 Send() 和 Recv()，用于流数据的双向通信。

现在我们可以实现流服务：

```
func (p *HelloServiceImpl) Channel(stream HelloService_ChannelServer) error {
    for {
        args, err := stream.Recv()
        if err != nil {
            if err == io.EOF {
                return nil
            }
            return err
        }

        reply := &String{Value: "hello:" + args.GetValue()}

        err = stream.Send(reply)
        if err != nil {
            return err
        }
    }
}
```

服务器端在循环中接收客户端发来的数据，如果遇到 io.EOF 表示客户端流关闭，如果函数退出表示服务器端流关闭。生成返回的数据通过流发送给客户端，双向流数据的发送和接收是完全独立的行为。需要注意的是，发送和接收的操作并不需要一一对应，用户可以根据真实场景组织代码。

客户端需要先调用 Channel() 方法获取返回的流对象：

```
stream, err := client.Channel(context.Background())
if err != nil {
    log.Fatal(err)
}
```

在客户端我们将发送和接收操作放到两个独立的 Goroutine。首先是向服务器端发送数据：

```
go func() {
    for {
        if err := stream.Send(&String{Value: "hi"}); err != nil {
            log.Fatal(err)
        }
        time.Sleep(time.Second)
    }
}()
```

然后在循环中接收服务器端返回的数据：

```
for {
    reply, err := stream.Recv()
    if err != nil {
        if err == io.EOF {
            break
        }
        log.Fatal(err)
    }
    fmt.Println(reply.GetValue())
}
```

这样就完成了完整的流接收和发送支持。

4.4.4 发布和订阅模式

在前一节中，我们基于 Go 内置的 RPC 库实现了一个简化版的 `Watch()` 方法。基于 `Watch()` 的思路虽然也可以构造发布和订阅系统，但是因为 RPC 缺乏流机制导致每次只能返回一个结果。在发布和订阅模式中，由调用者主动发起的发布行为类似一个普通函数调用，而被动的订阅者则类似 gRPC 客户端单向流中的接收者。现在我们可以尝试基于 gRPC 的流特性构造一个发布和订阅系统。

发布和订阅是一个常见的设计模式，开源社区中已经存在很多该模式的实现。其中 Docker 项目中提供了一个 `pubsub` 的极简实现，下面是基于 `pubsub` 包实现的本地发布和订阅的代码：

```
import (
    "github.com/docker/docker/pkg/pubsub"
)

func main() {
    p := pubsub.NewPublisher(100*time.Millisecond, 10)

    golang := p.SubscribeTopic(func(v interface{}) bool {
        if key, ok := v.(string); ok {
            if strings.HasPrefix(key, "golang:") {
                return true
            }
        }
        return false
    })
```

```
    docker := p.SubscribeTopic(func(v interface{}) bool {
        if key, ok := v.(string); ok {
            if strings.HasPrefix(key, "docker:") {
                return true
            }
        }
        return false
    })

    go p.Publish("hi")
    go p.Publish("golang: https://golang.org")
    go p.Publish("docker: https://www.docker.com/")
    time.Sleep(1)

    go func() {
        fmt.Println("golang topic:", <-golang)
    }()
    go func() {
        fmt.Println("docker topic:", <-docker)
    }()

    <-make(chan bool)
}
```

其中 `pubsub.NewPublisher` 构造一个发布对象，`p.SubscribeTopic()` 可以通过函数筛选感兴趣的主题进行订阅。

现在尝试基于 gRPC 和 `pubsub` 包，提供一个跨网络的发布和订阅系统。首先通过 Protobuf 定义一个发布和订阅服务接口：

```
service PubsubService {
    rpc Publish (String) returns (String);
    rpc Subscribe (String) returns (stream String);
}
```

其中 `Publish` 是普通的 RPC 方法，`Subscribe` 则是一个单向的流服务。然后 gRPC 插件会分别为服务器端和客户端生成对应的接口：

```
type PubsubServiceServer interface {
    Publish(context.Context, *String) (*String, error)
    Subscribe(*String, PubsubService_SubscribeServer) error
}
type PubsubServiceClient interface {
    Publish(context.Context, *String, ...grpc.CallOption) (*String, error)
    Subscribe(context.Context, *String, ...grpc.CallOption) (
        PubsubService_SubscribeClient, error,
    )
}

type PubsubService_SubscribeServer interface {
    Send(*String) error
```

```
    grpc.ServerStream
}
```

因为 Subscribe 是服务器端的单向流，所以生成的 PubsubService_SubscribeServer 接口中只有 Send() 方法。

然后就可以实现发布和订阅服务了：

```
type PubsubService struct {
    pub *pubsub.Publisher
}

func NewPubsubService() *PubsubService {
    return &PubsubService{
        pub: pubsub.NewPublisher(100*time.Millisecond, 10),
    }
}
```

下面是实现发布方法和订阅方法：

```
func (p *PubsubService) Publish(
    ctx context.Context, arg *String,
) (*String, error) {
    p.pub.Publish(arg.GetValue())
    return &String{}, nil
}

func (p *PubsubService) Subscribe(
    arg *String, stream PubsubService_SubscribeServer,
) error {
    ch := p.pub.SubscribeTopic(func(v interface{}) bool {
        if key, ok := v.(string); ok {
            if strings.HasPrefix(key,arg.GetValue()) {
                return true
            }
        }
        return false
    })

    for v := range ch {
        if err := stream.Send(&String{Value: v.(string)}); err != nil {
            return err
        }
    }

    return nil
}
```

这样就可以从客户端向服务器发布信息了：

```
func main() {
    conn, err := grpc.Dial("localhost:1234", grpc.WithInsecure())
```

```
    if err != nil {
        log.Fatal(err)
    }
    defer conn.Close()

    client := NewPubsubServiceClient(conn)

    _, err = client.Publish(
        context.Background(), &String{Value: "golang: hello Go"},
    )
    if err != nil {
        log.Fatal(err)
    }
    _, err = client.Publish(
        context.Background(), &String{Value: "docker: hello Docker"},
    )
    if err != nil {
        log.Fatal(err)
    }
}
```

然后就可以在另一个客户端订阅信息了：

```
func main() {
    conn, err := grpc.Dial("localhost:1234", grpc.WithInsecure())
    if err != nil {
        log.Fatal(err)
    }
    defer conn.Close()

    client := NewPubsubServiceClient(conn)
    stream, err := client.Subscribe(
        context.Background(), &String{Value: "golang:"},
    )
    if err != nil {
        log.Fatal(err)
    }

    for {
        reply, err := stream.Recv()
        if err != nil {
            if err == io.EOF {
                break
            }
            log.Fatal(err)
        }

        fmt.Println(reply.GetValue())
    }
}
```

到此我们就基于 gRPC 简单实现了一个跨网络的发布和订阅服务。

4.5 gRPC 进阶

作为一个基础的 RPC 框架，安全和扩展是经常遇到的问题。本节将简单介绍如何对 gRPC 进行安全认证。然后介绍通过 gRPC 的截取器特性，以及如何通过截取器优雅地实现 Token 认证、调用跟踪和 Panic 捕获等特性。最后介绍 gRPC 服务如何和其他 Web 服务共存。

4.5.1 证书认证

gRPC 建立在 HTTP/2 协议之上，对 TLS 提供了很好的支持。4.4 节中 gRPC 的服务都没有提供证书支持，因此客户端在链接服务器中通过 `grpc.WithInsecure()` 选项跳过了对服务器证书的验证。没有启用证书的 gRPC 服务和客户端进行的是明文通信，信息面临被任何第三方监听的风险。为了保证 gRPC 通信不被第三方监听、篡改或伪造，可以对服务器启动 TLS 加密特性。

可以用以下命令为服务器和客户端分别生成私钥和证书：

```
$ openssl genrsa -out server.key 2048
$ openssl req -new -x509 -days 3650 \
    -subj "/C=GB/L=China/O=grpc-server/CN=server.grpc.io" \
    -key server.key -out server.crt

$ openssl genrsa -out client.key 2048
$ openssl req -new -x509 -days 3650 \
    -subj "/C=GB/L=China/O=grpc-client/CN=client.grpc.io" \
    -key client.key -out client.crt
```

以上命令将生成 `server.key`、`server.crt`、`client.key` 和 `client.crt` 这 4 个文件。其中以 `.key` 为扩展名的是私钥文件，需要妥善保管；以 `.crt` 为扩展名的是证书文件，也可以简单理解为公钥文件，并不需要秘密保存。在 `subj` 参数中的 `/CN=server.grpc.io` 表示服务器的名字为 `server.grpc.io`，在验证服务器的证书时需要用到该信息。

有了证书之后，就可以在启动 gRPC 服务时传入证书选项参数：

```
func main() {
    creds, err := credentials.NewServerTLSFromFile("server.crt", "server.key")
    if err != nil {
        log.Fatal(err)
    }

    server := grpc.NewServer(grpc.Creds(creds))

    ...
}
```

其中 `credentials.NewServerTLSFromFile()` 函数是从文件为服务器构造证书对象，然后通过 `grpc.Creds(creds)` 函数将证书包装为选项后作为参数传入 `grpc.NewServer()` 函数。

在客户端基于服务器端的证书和服务器端名字就可以对服务器端进行验证：

```
func main() {
    creds, err := credentials.NewClientTLSFromFile(
        "server.crt", "server.grpc.io",
    )
    if err != nil {
        log.Fatal(err)
    }

    conn, err := grpc.Dial("localhost:5000",
        grpc.WithTransportCredentials(creds),
    )
    if err != nil {
        log.Fatal(err)
    }
    defer conn.Close()

    ...
}
```

其中 `credentials.NewClientTLSFromFile` 是构造客户端用的证书对象，第一个参数是服务器的证书文件，第二个参数是签发证书的服务器的名字。然后通过 `grpc.WithTransportCredentials(creds)` 将证书对象转为参数选项传入 `grpc.Dial()` 函数。

以上这种方式，需要提前将服务器的证书告知客户端，这样客户端在链接服务器时才能对服务器证书进行认证。在复杂的网络环境中，服务器证书的传输本身也是非常危险的。如果在中间某个环节服务器证书被监听或替换，那么对服务器的认证也将不再可靠。

为了避免证书在传递过程中被篡改，可以通过一个安全可靠的根证书分别对服务器和客户端的证书进行签名。这样客户端或服务器在收到对方的证书后可以通过根证书验证证书的有效性。

根证书的生成方式和自签名证书的生成方式类似：

```
$ openssl genrsa -out ca.key 2048
$ openssl req -new -x509 -days 3650 \
    -subj "/C=GB/L=China/O=gobook/CN=github.com" \
    -key ca.key -out ca.crt
```

然后重新对服务器端证书进行签名：

```
$ openssl req -new \
    -subj "/C=GB/L=China/O=server/CN=server.io" \
    -key server.key \
    -out server.csr
$ openssl x509 -req -sha256 \
    -CA ca.crt -CAkey ca.key -CAcreateserial -days 3650 \
    -in server.csr \
    -out server.crt
```

签名的过程中引入了一个新的以 `.csr` 为扩展名的文件，它表示证书签名请求文件。在证书签名完成之后可以删除 `.csr` 文件。

然后在客户端就可以基于 CA 证书对服务器进行证书验证：

```
func main() {
    certificate, err := tls.LoadX509KeyPair("client.crt", "client.key")
    if err != nil {
        log.Fatal(err)
    }

    certPool := x509.NewCertPool()
    ca, err := ioutil.ReadFile("ca.crt")
    if err != nil {
        log.Fatal(err)
    }
    if ok := certPool.AppendCertsFromPEM(ca); !ok {
        log.Fatal("failed to append ca certs")
    }

    creds := credentials.NewTLS(&tls.Config{
        Certificates:       []tls.Certificate{certificate},
        ServerName:         tlsServerName, // NOTE: this is required!
        RootCAs:            certPool,
    })

    conn, err := grpc.Dial(
        "localhost:5000", grpc.WithTransportCredentials(creds),
    )
    if err != nil {
        log.Fatal(err)
    }
    defer conn.Close()

    ...
}
```

在新的客户端代码中，我们不再直接依赖服务器端证书文件。在 `credentials.NewTLS()` 函数调用中，客户端通过引入一个 CA 根证书和服务器的名字来实现对服务器进行验证。客户端在链接服务器时会首先请求服务器的证书，然后使用 CA 根证书对收到的服务器端证书进行验证。

如果客户端的证书也采用 CA 根证书签名的话，服务器端也可以对客户端进行证书认证。我们用 CA 根证书对客户端证书签名：

```
$ openssl req -new \
    -subj "/C=GB/L=China/O=client/CN=client.io" \
    -key client.key \
    -out client.csr
$ openssl x509 -req -sha256 \
    -CA ca.crt -CAkey ca.key -CAcreateserial -days 3650 \
    -in client.csr \
    -out client.crt
```

因为引入了 CA 根证书签名，所以在启动服务器时同样要配置根证书：

```
func main() {
```

```
    certificate, err := tls.LoadX509KeyPair("server.crt", "server.key")
    if err != nil {
        log.Fatal(err)
    }

    certPool := x509.NewCertPool()
    ca, err := ioutil.ReadFile("ca.crt")
    if err != nil {
        log.Fatal(err)
    }
    if ok := certPool.AppendCertsFromPEM(ca); !ok {
        log.Fatal("failed to append certs")
    }

    creds := credentials.NewTLS(&tls.Config{
        Certificates: []tls.Certificate{certificate},
        ClientAuth:   tls.RequireAndVerifyClientCert, // NOTE: this is optional!
        ClientCAs:    certPool,
    })

    server := grpc.NewServer(grpc.Creds(creds))
    ...
}
```

服务器端同样改用 `credentials.NewTLS()`函数生成证书，通过 `ClientCAs` 选择 CA 根证书，并通过 `ClientAuth` 选项启用对客户端进行验证。

至此我们就实现了一个服务器和客户端进行双向证书验证的通信可靠的 gRPC 系统。

4.5.2 Token 认证

前面讲述的基于证书的认证是针对每个 gRPC 链接的认证。gRPC 还为每个 gRPC 方法调用提供了认证支持，这样就可以基于用户 Token 对不同的方法访问进行权限管理。

要实现对每个 gRPC 方法进行认证，需要实现 `grpc.PerRPCCredentials` 接口：

```
type PerRPCCredentials interface {
    // GetRequestMetadata gets the current request metadata, refreshing
    // tokens if required. This should be called by the transport layer on
    // each request, and the data should be populated in headers or other
    // context. If a status code is returned, it will be used as the status
    // for the RPC. uri is the URI of the entry point for the request.
    // When supported by the underlying implementation, ctx can be used for
    // timeout and cancellation.
    // TODO(zhaoq): Define the set of the qualified keys instead of leaving
    // it as an arbitrary string.
    GetRequestMetadata(ctx context.Context, uri ...string) (
        map[string]string,    error,
    )
    // RequireTransportSecurity indicates whether the credentials requires
    // transport security.
    RequireTransportSecurity() bool
```

```
}
```

在 GetRequestMetadata()方法中返回认证需要的必要信息。RequireTransportSecurity()方法表示是否要求底层使用安全链接。在真实的环境中建议必须要求底层启用安全的链接，否则认证信息有泄露和被篡改的风险。

我们可以创建一个 Authentication 类型，用于实现用户名和密码的认证：

```
type Authentication struct {
    User     string
    Password string
}

func (a *Authentication) GetRequestMetadata(context.Context, ...string) (
    map[string]string, error,
) {
    return map[string]string{"user":a.User, "password": a.Password}, nil
}
func (a *Authentication) RequireTransportSecurity() bool {
    return false
}
```

在 GetRequestMetadata()方法中，返回的认证信息包括 user 和 password 两个信息。为了演示代码简单，RequireTransportSecurity()方法表示不要求底层使用安全链接。

然后在每次请求 gRPC 服务时就可以将 Token 信息作为参数选项传入：

```
func main() {
    auth := Authentication{
        Login:    "gopher",
        Password: "password",
    }

    conn, err := grpc.Dial("localhost"+port, grpc.WithInsecure(), grpc.WithPerRPCCred
entials(&auth))
    if err != nil {
        log.Fatal(err)
    }
    defer conn.Close()

    ...
}
```

通过 grpc.WithPerRPCCredentials()函数将 Authentication 对象转为 grpc.Dial 参数。因为这里没有启用安全链接，所以需要传入 grpc.WithInsecure()表示忽略证书认证。

然后在 gRPC 服务器端的每个方法中通过 Authentication 类型的 Auth()方法进行身份认证：

```
type grpcServer struct { auth *Authentication }

func (p *grpcServer) SomeMethod(
```

```
    ctx context.Context, in *HelloRequest,
) (*HelloReply, error) {
    if err := p.auth.Auth(ctx); err != nil {
        return nil, err
    }

    return &HelloReply{Message: "Hello " + in.Name}, nil
}

func (a *Authentication) Auth(ctx context.Context) error {
    md, ok := metadata.FromIncomingContext(ctx)
    if !ok {
        return fmt.Errorf("missing credentials")
    }

    var appid string
    var appkey string

    if val, ok := md["login"]; ok { appid = val[0] }
    if val, ok := md["password"]; ok { appkey = val[0] }

    if appid != a.Login || appkey != a.Password {
        return grpc.Errorf(codes.Unauthenticated, "invalid token")
    }

    return nil
}
```

详细的认证工作主要在 `Authentication.Auth()` 方法中完成。首先通过 `metadata.FromIncomingContext()` 从 `ctx` 上下文中获取元信息，然后取出相应的认证信息进行认证。如果认证失败，则返回一个 `codes.Unauthenticated` 类型的错误。

4.5.3 截取器

gRPC 中的 `grpc.UnaryInterceptor` 和 `grpc.StreamInterceptor` 分别对普通方法和流方法提供了截取器的支持。这里简单介绍普通方法的截取器用法。

要实现普通方法的截取器，需要为 `grpc.UnaryInterceptor` 的参数实现一个函数：

```
func filter(ctx context.Context,
    req interface{}, info *grpc.UnaryServerInfo,
    handler grpc.UnaryHandler,
) (resp interface{}, err error) {
    log.Println("fileter:", info)
    return handler(ctx, req)
}
```

函数的参数 `ctx` 和 `req` 就是每个普通的 RPC 方法的前两个参数，第三个参数 `info` 表示当前对应的那个 gRPC 方法，第四个参数 handler 对应当前的 gRPC 函数。上面的函数中首先是日志输出 info 参数，然后调用 handler 对应的 gRPC 函数。

要使用 filter() 截取器函数，只需要在启动 gRPC 服务时作为参数输入即可：

```
server := grpc.NewServer(grpc.UnaryInterceptor(filter))
```

然后服务器在收到每个 gRPC 方法调用之前，会首先输出一行日志，然后再调用对方的方法。

如果截取器函数返回了错误，那么该次 gRPC 方法调用将被视作失败处理。因此，我们可以在截取器中对输入的参数做一些简单的验证工作。同样，也可以对 handler 返回的结果做一些验证工作。截取器也非常适合前面对 Token 的认证工作。

下面是截取器增加了对 gRPC 方法异常的捕获：

```
func filter(
    ctx context.Context, req interface{},
    info *grpc.UnaryServerInfo,
    handler grpc.UnaryHandler,
) (resp interface{}, err error) {
    log.Println("fileter:", info)

    defer func() {
        if r := recover(); r != nil {
            err = fmt.Errorf("panic: %v", r)
        }
    }()

    return handler(ctx, req)
}
```

不过 gRPC 框架中只能为每个服务设置一个截取器，因此所有的截取工作只能在一个函数中完成。开源的 grpc-ecosystem 项目中的 go-grpc-middleware 包已经基于 gRPC 对截取器实现了链式截取的支持。

以下是 go-grpc-middleware 包中链式截取器的简单用法：

```
import "github.com/grpc-ecosystem/go-grpc-middleware"

myServer := grpc.NewServer(
    grpc.UnaryInterceptor(grpc_middleware.ChainUnaryServer(
        filter1, filter2, ...
    )),
    grpc.StreamInterceptor(grpc_middleware.ChainStreamServer(
        filter1, filter2, ...
    )),
)
```

感兴趣的读者可以参考 go-grpc-middleware 包的代码。

4.5.4　和 Web 服务共存

gRPC 构建在 HTTP/2 协议之上，因此我们可以将 gRPC 服务和普通的 Web 服务架设在同一个端口之上。

对于没有启动 TLS 协议的服务则需要对 HTTP/2 特性做适当的调整：

```
func main() {
    mux := http.NewServeMux()

    h2Handler := h2c.NewHandler(mux, &http2.Server{})
    server = &http.Server{Addr: ":3999", Handler: h2Handler}
    server.ListenAndServe()
}
```

启用普通的 HTTPS 服务器则非常简单：

```
func main() {
    mux := http.NewServeMux()
    mux.HandleFunc("/", func(w http.ResponseWriter, req *http.Request) {
        fmt.Fprintln(w, "hello")
    })

    http.ListenAndServeTLS(port, "server.crt", "server.key",
        http.HandlerFunc(func(w http.ResponseWriter, r *http.Request) {
            mux.ServeHTTP(w, r)
            return
        }),
    )
}
```

而单独启用带证书的 gRPC 服务也同样简单：

```
func main() {
    creds, err := credentials.NewServerTLSFromFile("server.crt", "server.key")
    if err != nil {
        log.Fatal(err)
    }

    grpcServer := grpc.NewServer(grpc.Creds(creds))

    ...
}
```

因为 gRPC 服务已经实现了 `ServeHTTP()` 方法，可以直接作为 Web 路由处理对象。如果将 gRPC 和 Web 服务放在一起，会导致 gRPC 和 Web 路径的冲突，在处理时我们需要区分这两类服务。

我们可以通过以下方式生成同时支持 Web 和 gRPC 协议的路由处理函数：

```
func main() {
    ...

    http.ListenAndServeTLS(port, "server.crt", "server.key",
```

```
        http.HandlerFunc(func(w http.ResponseWriter, r *http.Request) {
            if r.ProtoMajor != 2 {
                mux.ServeHTTP(w, r)
                return
            }
            if strings.Contains(
                r.Header.Get("Content-Type"), "application/grpc",
            ) {
                grpcServer.ServeHTTP(w, r) // gRPC Server
                return
            }

            mux.ServeHTTP(w, r)
            return
        }),
    )
}
```

首先 gRPC 建立在 HTTP/2 版本之上，如果 HTTP 不是 HTTP/2 协议则必然无法提供 gRPC 支持。同时，每个 gRPC 调用请求的 `Content-Type` 类型会被标注为`"application/grpc"`类型。

这样就可以在 gRPC 端口上同时提供 Web 服务了。

4.6 gRPC 和 Protobuf 扩展

目前开源社区已经围绕 Protobuf 和 gRPC 开发出众多扩展，形成了庞大的生态。本节我们将简单介绍验证器和 REST 接口扩展。

4.6.1 验证器

到目前为止，我们接触的全部是第 3 版的 Protobuf 语法。第 2 版的 Protobuf 有一个默认值特性，可以为字符串或数值类型的成员定义默认值。

我们采用第 2 版的 Protobuf 语法创建文件：

```
syntax = "proto2";

package main;

message Message {
    optional string name = 1 [default = "gopher"];
    optional int32 age = 2 [default = 10];
}
```

内置的默认值语法其实是通过 Protobuf 的扩展选项特性实现的。第 3 版的 Protobuf 中不再支持默认值特性，但是我们可以通过扩展选项自己模拟默认值特性。

下面是用 proto3 语法的扩展特性重新改写上述的 proto 文件：

```
syntax = "proto3";
```

```
package main;

import "google/protobuf/descriptor.proto";

extend google.protobuf.FieldOptions {
    string default_string = 50000;
    int32 default_int = 50001;
}

message Message {
    string name = 1 [(default_string) = "gopher"];
    int32 age = 2[(default_int) = 10];
}
```

其中成员后面的方括号内部的就是扩展语法。重新生成 Go 语言代码，里面会包含扩展选项相关的元信息：

```
var E_DefaultString = &proto.ExtensionDesc{
    ExtendedType:  (*descriptor.FieldOptions)(nil),
    ExtensionType: (*string)(nil),
    Field:         50000,
    Name:          "main.default_string",
    Tag:           "bytes,50000,opt,name=default_string,json=defaultString",
    Filename:      "helloworld.proto",
}

var E_DefaultInt = &proto.ExtensionDesc{
    ExtendedType:  (*descriptor.FieldOptions)(nil),
    ExtensionType: (*int32)(nil),
    Field:         50001,
    Name:          "main.default_int",
    Tag:           "varint,50001,opt,name=default_int,json=defaultInt",
    Filename:      "helloworld.proto",
}
```

我们可以在运行时通过类似反射的技术解析出 `Message` 每个成员定义的扩展选项，然后从每个扩展的相关联的信息中解析出我们定义的默认值。

在开源社区中，`github.com/mwitkow/go-proto-validators` 已经基于 Protobuf 的扩展特性实现了功能较为强大的验证器功能。要使用该验证器首先需要下载其提供的代码生成插件：

```
$ go get github.com/mwitkow/go-proto-validators/protoc-gen-govalidators
```

然后基于 `go-proto-validators` 验证器的规则为 `Message` 成员增加验证规则：

```
syntax = "proto3";

package main;

import "github.com/mwitkow/go-proto-validators/validator.proto";

message Message {
```

```
    string important_string = 1 [
        (validator.field) = {regex: "^[a-z]{2,5}$"}
    ];
    int32 age = 2 [
        (validator.field) = {int_gt: 0, int_lt: 100}
    ];
}
```

在方括号表示的成员扩展中，validator.field 表示扩展是 validator 包中定义的名为 field 的扩展选项。validator.field 的类型是 FieldValidator 结构体，在导入的 validator.proto 文件中定义。

所有的验证规则都由 validator.proto 文件中的 FieldValidator 定义：

```
syntax = "proto2";
package validator;

import "google/protobuf/descriptor.proto";

extend google.protobuf.FieldOptions {
    optional FieldValidator field = 65020;
}

message FieldValidator {
    // Uses a Golang RE2-syntax regex to match the field contents.
    optional string regex = 1;
    // Field value of integer strictly greater than this value.
    optional int64 int_gt = 2;
    // Field value of integer strictly smaller than this value.
    optional int64 int_lt = 3;

    // ... 更多 ...
}
```

从 FieldValidator 定义的注释中我们可以看到验证器扩展的一些语法：其中 regex 表示用于字符串验证的正则表达式，int_gt 和 int_lt 表示数值的范围。

然后采用以下的命令生成验证函数代码：

```
protoc  \
    --proto_path=${GOPATH}/src \
    --proto_path=${GOPATH}/src/github.com/google/protobuf/src \
    --proto_path=. \
    --govalidators_out=. \
    hello.proto
```

以上的命令会调用 protoc-gen-govalidators 程序，生成一个独立的名为 hello.validator.pb.go 的文件：

```
var _regex_Message_ImportantString = regexp.MustCompile("^[a-z]{2,5}$")

func (this *Message) Validate() error {
```

```
    if !_regex_Message_ImportantString.MatchString(this.ImportantString) {
        return go_proto_validators.FieldError("ImportantString", fmt.Errorf(
            `value '%v' must be a string conforming to regex "^[a-z]{2,5}$"`,
            this.ImportantString,
        ))
    }
    if !(this.Age > 0) {
        return go_proto_validators.FieldError("Age", fmt.Errorf(
            `value '%v' must be greater than '0'`, this.Age,
        ))
    }
    if !(this.Age < 100) {
        return go_proto_validators.FieldError("Age", fmt.Errorf(
            `value '%v' must be less than '100'`, this.Age,
        ))
    }
    return nil
}
```

生成的代码为 `Message` 结构体增加了一个 `Validate()` 方法，用于验证该成员是否满足 Protobuf 中定义的条件约束。无论采用何种类型，所有的 `Validate()` 方法都用相同的签名，因此可以满足相同的验证接口。

通过生成的验证函数，并结合 gRPC 的截取器，可以很容易为每个方法的输入参数和返回值进行验证。

4.6.2 REST 接口

gRPC 服务一般用于集群内部通信，如果需要对外公布服务一般会提供等价的 REST 接口。通过 REST 接口比较方便前端 JavaScript 和后端交互。开源社区中的 grpc-gateway 项目就实现了将 gRPC 服务转为 REST 服务。

在 Protobuf 文件中添加路由相关的元信息，通过自定义的代码插件生成路由相关的处理代码，最终将 REST 请求转给更后端的 gRPC 服务处理。

路由扩展元信息也是通过 Protobuf 的元数据扩展用法提供：

```
syntax = "proto3";

package main;

import "google/api/annotations.proto";

message StringMessage {
  string value = 1;
}

service RestService {
    rpc Get(StringMessage) returns (StringMessage) {
        option (google.api.http) = {
            get: "/get/{value}"
```

```
        };
    }
    rpc Post(StringMessage) returns (StringMessage) {
        option (google.api.http) = {
            post: "/post"
            body: "*"
        };
    }
}
```

我们首先为 gRPC 定义了 `Get()` 和 `Post()` 方法，然后通过元扩展语法在对应的方法后添加路由信息。其中`/get/{value}`路径对应的是 `Get()` 方法，`{value}`部分对应参数中的 `value` 成员，结果通过 JSON 格式返回。`/post` 路径对应 `Post()` 方法，`body` 中包含 JSON 格式的请求信息。

然后通过以下命令安装 `protoc-gen-grpc-gateway` 插件：

```
go get -u github.com/grpc-ecosystem/grpc-gateway/protoc-gen-grpc-gateway
```

再通过插件生成 `grpc-gateway` 必需的路由处理代码：

```
$ protoc -I/usr/local/include -I. \
    -I$GOPATH/src \
    -I$GOPATH/src/github.com/grpc-ecosystem/grpc-gateway/third_party/googleapis \
    --grpc-gateway_out=. \
    hello.proto
```

插件会为`RestService` 服务生成对应的`RegisterRestServiceHandler-FromEndpoint()`函数：

```
func RegisterRestServiceHandlerFromEndpoint(
    ctx context.Context, mux *runtime.ServeMux, endpoint string,
    opts []grpc.DialOption,
) (err error) {
    ...
}
```

`RegisterRestServiceHandlerFromEndpoint()`函数用于将定义了 REST 接口的请求转发到真正的 gRPC 服务。注册路由处理函数之后就可以启动 Web 服务了：

```
func main() {
    ctx := context.Background()
    ctx, cancel := context.WithCancel(ctx)
    defer cancel()

    mux := runtime.NewServeMux()

    err := RegisterRestServiceHandlerFromEndpoint(
        ctx, mux, "localhost:5000",
        grpc.WithInsecure(),
    )
    if err != nil {
        log.Fatal(err)
```

```
    }

    http.ListenAndServe(":8080", mux)
}
```

首先通过 runtime.NewServeMux() 函数创建路由处理器，然后通过 Register-RestServiceHandlerFromEndpoint() 函数将 RestService 服务相关的 REST 接口转到后面的 gRPC 服务。grpc-gateway 提供的 runtime.ServeMux 类也实现了 http. Handler 接口，因此可以和标准库中的相关函数配合使用。

当 gRPC 和 REST 服务全部启动之后，就可以用 curl 请求 REST 服务了：

```
$ curl localhost:8080/get/gopher
{"value":"Get: gopher"}

$ curl localhost:8080/post -X POST --data '{"value":"grpc"}'
{"value":"Post: grpc"}
```

在对外公布 REST 接口时，一般还会提供一个 Swagger 格式的文件用于描述这个接口规范：

```
$ go get -u github.com/grpc-ecosystem/grpc-gateway/protoc-gen-swagger

$ protoc -I. \
  -I$GOPATH/src/github.com/grpc-ecosystem/grpc-gateway/third_party/googleapis \
  --swagger_out=. \
  hello.proto
```

然后会生成一个 hello.swagger.json 文件。这样就可以通过 swagger-ui 这个项目，在网页中提供 REST 接口的文档和测试等功能。

4.6.3 Nginx

最新的 Nginx 对 gRPC 提供了深度支持。可以通过 Nginx 将后端多个 gRPC 服务聚合到一个 Nginx 服务。同时 Nginx 也提供了为同一种 gRPC 服务注册多个后端的功能，这样可以轻松实现对 gRPC 负载均衡的支持。Nginx 的 gRPC 扩展是一个较大的主题，感兴趣的读者可以自行参考相关文档。

4.7 pbgo：基于 Protobuf 的框架

pbgo 是专门针对本节内容设计的较为完整的迷你框架，它基于 Protobuf 的扩展语法，通过插件自动生成 RPC 和 REST 相关代码。4.2 节已经展示过如何定制一个 Protobuf 代码生成插件，并生成了 RPC 部分的代码。本节将重点讲述 pbgo 中和 Protobuf 扩展语法相关的 REST 部分的工作原理。

4.7.1 Protobuf 扩展语法

目前 Protobuf 相关的很多开源项目都使用了 Protobuf 的扩展语法。在 4.6.1 节中提到的验证器就是通过给结构体成员增加扩展元信息实现验证。在 grpc-gateway 项目中，则是通过为服务的每个方法增加 HTTP 相关的映射规则实现对 REST 接口的支持。pbgo 也是通过 Protobuf 的扩展语法来为 REST 接口增加元信息。

pbgo 的扩展语法在 github.com/chai2010/pbgo/pbgo.proto 文件定义：

```
syntax = "proto3";
package pbgo;

option go_package = "github.com/chai2010/pbgo;pbgo";

import "google/protobuf/descriptor.proto";

extend google.protobuf.MethodOptions {
    HttpRule rest_api = 20180715;
}

message HttpRule {
    string get = 1;
    string put = 2;
    string post = 3;
    string delete = 4;
    string patch = 5;
}
```

pbgo.proto 文件是 pbgo 框架的一部分，需要被其他的 proto 文件导入。Protobuf 本身自有一套完整的包体系，在这里包的路径就是 pbgo。Go 语言也有自己的一套包体系，需要通过 go_package 的扩展语法定义 Protobuf 和 Go 语言之间包的映射关系。定义 Protobuf 和 Go 语言之间包的映射关系之后，其他导入 pbgo.ptoto 包的 Protobuf 文件在生成 Go 语言时，会生成 pbgo.proto 映射的 Go 语言包路径。

Protobuf 扩展语法有 5 种类型，分别是针对文件的扩展信息、针对 message 的扩展信息、针对 message 成员的扩展信息、针对 service 的扩展信息和针对 service 的方法的扩展信息。在使用扩展前首先需要通过 extend 关键字定义扩展的类型和可以用于扩展的成员。扩展成员可以是基础类型，也可以是一个结构体类型。pbgo 中只定义了服务的方法的扩展，即定义了一个名为 rest_api 的扩展成员，类型是 HttpRule 结构体。

定义好扩展之后，我们就可以从其他的 Protobuf 文件中使用 pbgo 的扩展。创建一个 hello.proto 文件：

```
syntax = "proto3";
package hello_pb;

import "github.com/chai2010/pbgo/pbgo.proto";

message String {
    string value = 1;
}

service HelloService {
    rpc Hello (String) returns (String) {
        option (pbgo.rest_api) = {
            get: "/hello/:value"
```

```
        };
    }
}
```

首先我们通过导入 github.com/chai2010/pbgo/pbgo.proto 文件引入扩展定义，然后在 HelloService 的 Hello()方法中使用了 pbgo 定义的扩展。Hello()方法扩展的信息表示该方法对应一个 REST 接口，只有一个/hello/:value 路径对应 GET 方法。在 REST 方法的路径中采用了 httprouter 路由包的语法规则，:value 表示路径中的该字段对应的是参数中同名的成员。

4.7.2　插件中读取扩展信息

在 4.2 节中已经简单讲述过 Protobuf 插件的工作原理，并且展示了如何生成 RPC 必要的代码。插件是一个 generator.Plugin 接口：

```
type Plugin interface {
    // Name identifies the plugin.
    Name() string
    // Init is called once after data structures are built but before
    // code generation begins.
    Init(g *Generator)
    // Generate produces the code generated by the plugin for this file,
    // except for the imports, by calling the generator's methods P, In,
    // and Out.
    Generate(file *FileDescriptor)
    // GenerateImports produces the import declarations for this file.
    // It is called after Generate.
    GenerateImports(file *FileDescriptor)
}
```

我们需要在函数 Generate()和 GenerateImports()中分别生成相关的代码。而 Protobuf 文件的全部信息都在*generator.FileDescriptor 类型函数参数中描述，因此我们需要从函数参数中提前扩展定义的元数据。

pbgo 框架中的插件对象是 pbgoPlugin，在 Generate()方法中首先需要遍历 Protobuf 文件中定义的全部服务，然后再遍历每个服务的每个方法。在得到方法结构之后再通过自定义的 getServiceMethodOption()方法提取 REST 扩展信息：

```
func (p *pbgoPlugin) Generate(file *generator.FileDescriptor) {
    for _, svc := range file.Service {
        for _, m := range svc.Method {
            httpRule := p.getServiceMethodOption(m)
            ...
        }
    }
}
```

在讲述 getServiceMethodOption()方法之前我们先回顾一下方法扩展的定义：

```
extend google.protobuf.MethodOptions {
    HttpRule rest_api = 20180715;
```

```
}
```

pbgo 为服务的方法定义了一个名为 rest_api 的扩展，在最终生成的 Go 语言代码中会包含一个 pbgo.E_RestApi 全局变量，通过该全局变量可以获取用户定义的扩展信息。

下面是 getServiceMethodOption() 方法的实现：

```
func (p *pbgoPlugin) getServiceMethodOption(
    m *descriptor.MethodDescriptorProto,
) *pbgo.HttpRule {
    if m.Options != nil && proto.HasExtension(m.Options, pbgo.E_RestApi) {
        ext, _ := proto.GetExtension(m.Options, pbgo.E_RestApi)
        if ext != nil {
            if x, _ := ext.(*pbgo.HttpRule); x != nil {
                return x
            }
        }
    }
    return nil
}
```

首先通过 proto.HasExtension() 函数判断每个方法是否定义了扩展，然后通过 proto.GetExtension() 函数获取用户定义的扩展信息。在获取到扩展信息之后，我们再将扩展转型为 pbgo.HttpRule 类型。

有了扩展信息之后，我们就可以参考 4.2 节中生成 RPC 代码的方式生成 REST 相关的代码。

4.7.3 生成 REST 代码

pbgo 框架也提供了一个插件用于生成 REST 代码。不过我们的目的是学习 pbgo 框架的设计过程，因此我们先尝试手写 Hello() 方法对应的 REST 代码，然后插件再根据手写的代码构造模板自动生成代码。

HelloService 只有一个 Hello() 方法，Hello() 方法只定义了一个 GET 方式的 REST 接口：

```
message String {
    string value = 1;
}

service HelloService {
    rpc Hello (String) returns (String) {
        option (pbgo.rest_api) = {
            get: "/hello/:value"
        };
    }
}
```

为了方便最终的用户，需要为 HelloService 构造一个路由。因此我们希望有一个类似 HelloServiceHandler 的函数，可以基于 HelloServiceInterface 服务的接口生成一个路由处理器：

```
type HelloServiceInterface interface {
```

```
    Hello(in *String, out *String) error
}

func HelloServiceHandler(svc HelloServiceInterface) http.Handler {
    var router = httprouter.New()
    _handle_HelloService_Hello_get(router, svc)
    return router
}
```

这段代码中选择的是开源界中比较流行的httprouter路由引擎，其中_handle_HelloService_Hello_get()函数用于将 Hello()方法注册到路由处理器：

```
func _handle_HelloService_Hello_get(
    router *httprouter.Router, svc HelloServiceInterface,
) {
    router.Handle("GET", "/hello/:value",
        func(w http.ResponseWriter, r *http.Request, ps httprouter.Params) {
            var protoReq, protoReply String

            err := pbgo.PopulateFieldFromPath(&protoReq, fieldPath, ps.ByName("value"))
            if err != nil {
                http.Error(w, err.Error(), http.StatusBadRequest)
                return
            }

            if err := svc.Hello(&protoReq, &protoReply); err != nil {
                http.Error(w, err.Error(), http.StatusInternalServerError)
                return
            }

            if err := json.NewEncoder(w).Encode(&protoReply); err != nil {
                http.Error(w, err.Error(), http.StatusInternalServerError)
                return
            }
        },
    )
}
```

首先通过 router.Handle()方法注册路由函数。在路由函数内部首先通过 ps.ByName("value")从 URL 中加载 value 参数，然后通过 pbgo.PopulateFieldFromPath 辅助函数设置 value 参数对应的成员。当输入参数准备就绪之后就可以调用 HelloService 服务的 Hello()方法，最终将 Hello()方法返回的结果用 JSON 编码返回。

在手工构造完成最终代码的结构之后，就可以在此基础上构造插件生成代码的模板。完整的插件代码和模板在 protoc-gen-pbgo/pbgo.go 文件中，读者可以自行参考。

4.7.4 启动 REST 服务

虽然从头构造 pbgo 框架的过程比较烦琐，但是使用 pbgo 构造 REST 服务却是异常简单。首先要构造一个满足 HelloServiceInterface 接口的服务对象：

```
import (
    "github.com/chai2010/pbgo/examples/hello.pb"
)

type HelloService struct{}

func (p *HelloService) Hello(request *hello_pb.String, reply *hello_pb.String) error {
    reply.Value = "hello:" + request.GetValue()
    return nil
}
```

和 RPC 代码一样，在 `Hello()` 方法中简单返回结果。然后调用该服务对应的 `HelloServiceHandler()` 函数生成路由处理器，并启动服务：

```
func main() {
    router := hello_pb.HelloServiceHandler(new(HelloService))
    log.Fatal(http.ListenAndServe(":8080", router))
}
```

然后在命令行测试 REST 服务：

```
$ curl localhost:8080/hello/vgo
```

这样一个超级简单的 pbgo 框架就完成了！

4.8 grpcurl 工具

Protobuf 本身具有反射功能，可以在运行时获取对象的 Proto 文件。gRPC 同样也提供了一个名为 `reflection` 的反射包，用于为 gRPC 服务提供查询。gRPC 官方提供了一个 C++实现的 `grpc_cli` 工具，可以用于查询 gRPC 列表或调用 gRPC 方法。但是 C++版本的 `grpc_cli` 安装比较复杂，我们推荐用纯 Go 语言实现的 `grpcurl` 工具。本节将简要介绍 `grpcurl` 工具的用法。

4.8.1 启动反射服务

`reflection` 包中只有一个 `Register()` 函数，用于将 `grpc.Server` 注册到反射服务中。`reflection` 包文档给出了简单的使用方法：

```
import (
    "google.golang.org/grpc/reflection"
)

func main() {
    s := grpc.NewServer()
    pb.RegisterYourOwnServer(s, &server{})

    // Register reflection service on gRPC server.
    reflection.Register(s)

    s.Serve(lis)
```

```
}
```

如果启动了 gRPC 反射服务，那么就可以通过 reflection 包提供的反射服务查询 gRPC 服务或调用 gRPC 方法。

4.8.2 查看服务列表

grpcurl 是 Go 语言开源社区开发的工具，需要手工安装：

```
$ go get github.com/fullstorydev/grpcurl
$ go install github.com/fullstorydev/grpcurl/cmd/grpcurl
```

grpcurl 中最常使用的是 list 命令，用于获取服务或服务方法的列表。例如，grpcurl localhost:1234 list 命令将获取本地 1234 端口上的 gRPC 服务的列表。在使用 grpcurl 时，需要通过参数-cert 和-key 设置公钥和私钥文件，链接启用了 TLS 协议的服务。对于没有启用 TLS 协议的 gRPC 服务，通过参数-plaintext 忽略 TLS 证书的验证过程。如果是 Unix 套接字协议，则需要指定-unix 参数。

如果没有配置好公钥和私钥文件，也没有忽略证书的验证过程，那么将会遇到类似以下的错误：

```
$ grpcurl localhost:1234 list
Failed to dial target host "localhost:1234": tls: first record does not \
look like a TLS handshake
```

如果 gRPC 服务正常，但是服务没有启动 reflection 反射服务，将会遇到以下错误：

```
$ grpcurl -plaintext localhost:1234 list
Failed to list services: server does not support the reflection API
```

假设 gRPC 服务已经启动了 reflection 反射服务，服务的 Protobuf 文件如下：

```
syntax = "proto3";

package HelloService;

message String {
    string value = 1;
}

service HelloService {
    rpc Hello (String) returns (String);
    rpc Channel (stream String) returns (stream String);
}
```

grpcurl 用 list 命令查看服务列表时将看到以下输出：

```
$ grpcurl -plaintext localhost:1234 list
HelloService.HelloService
grpc.reflection.v1alpha.ServerReflection
```

其中 HelloService.HelloService 是在 Protobuf 文件定义的服务。而 ServerReflection 服务则是 reflection 包注册的反射服务。通过 ServerReflection 服务可以查询包括本身在内的

全部 gRPC 服务信息。

4.8.3 服务的方法列表

继续使用 list 子命令还可以查看 HelloService 服务的方法列表：

```
$ grpcurl -plaintext localhost:1234 list HelloService.HelloService
Channel
Hello
```

从输出可以看到 HelloService 服务提供了 Channel 和 Hello 两个方法，和 Protobuf 文件的定义是一致的。

如果还想了解方法的细节，可以使用 grpcurl 提供的 describe 子命令查看更详细的描述信息：

```
$ grpcurl -plaintext localhost:1234 describe HelloService.HelloService
HelloService.HelloService is a service:
{
  "name": "HelloService",
  "method": [
    {
      "name": "Hello",
      "inputType": ".HelloService.String",
      "outputType": ".HelloService.String",
      "options": {

      }
    },
    {
      "name": "Channel",
      "inputType": ".HelloService.String",
      "outputType": ".HelloService.String",
      "options": {

      },
      "clientStreaming": true,
      "serverStreaming": true
    }
  ],
  "options": {

  }
}
```

输出列出了服务的每个方法，每个方法输入参数和返回值的类型对应。

4.8.4 获取类型信息

在获取到方法的参数和返回值类型之后，还可以继续查看类型的信息。下面是用 describe 命令查看参数 HelloService.String 类型的信息：

```
$ grpcurl -plaintext localhost:1234 describe HelloService.String
HelloService.String is a message:
{
  "name": "String",
  "field": [
    {
      "name": "value",
      "number": 1,
      "label": "LABEL_OPTIONAL",
      "type": "TYPE_STRING",
      "options": {

      },
      "jsonName": "value"
    }
  ],
  "options": {

  }
}
```

JSON 信息对应 `HelloService.String` 类型在 Protobuf 中的定义如下：

```
message String {
    string value = 1;
}
```

输出的 JSON 数据只不过是 Protobuf 文件的另一种表示形式。

4.8.5　调用方法

在获取 gRPC 服务的详细信息之后就可以用 JSON 调用 gRPC 方法了。

下面的命令通过参数`-d` 传入一个 JSON 字符串作为输入参数，调用的是 `HelloService` 服务的 `Hello()`方法：

```
$ grpcurl -plaintext -d '{"value": "gopher"}' \
    localhost:1234 HelloService.HelloService/Hello
{
  "value": "hello:gopher"
}
```

如果参数`-d` 是`@`则表示从标准输入读取 JSON 输入参数，这一般用于比较输入复杂的 JSON 数据，也可以用于测试流方法。

下面的命令是链接 `Channel` 流方法，通过从标准输入读取输入流参数：

```
$ grpcurl -plaintext -d @ localhost:1234 HelloService.HelloService/Channel
{"value": "gopher"}
{
  "value": "hello:gopher"
}
```

```
{"value": "wasm"}
{
  "value": "hello:wasm"
}
```

通过 grpcurl 工具，可以在没有服务器端代码的环境下测试 gRPC 服务。

4.9 补充说明

目前专门讲述 RPC 的书比较少。目前 Protobuf 和 gRPC 的官网都提供了详细的参考资料和例子。本章重点讲述了 Go 标准库的 RPC 和基于 Protobuf 衍生的 gRPC 框架，同时也简单展示了如何自己定制一个 RPC 框架。之所以聚焦在这几个有限的主题，是因为这几个技术都是 Go 语言团队官方在进行维护，和 Go 语言也最为默契。不过 RPC 依然是一个庞大的主题，足以单独成书。目前开源界也有很多富有特色的 RPC 框架，还有针对分布式系统进行深度定制的 RPC 系统，用户可以根据自己的实际需求选择合适的工具。

第5章

Go和Web

不管何种编程语言，适合自己的就是最好的。不管何种编程语言，能稳定实现业务逻辑的就是最好的。世间编程语言千千万，世间程序员万万千，能做到深入理解并应用的就是最好的。

——kenrong

本章将会阐述 Go 在 Web 开发方面的现状，并以几个典型的开源 Web 框架为例，带大家深入 Web 框架本身的执行流程。

同时会介绍现代企业级 Web 开发面临的一些问题，以及在 Go 中如何面对并解决这些问题。

5.1 Web开发简介

因为 Go 的 `net/http` 包提供了基础的路由函数组合与丰富的功能函数，所以在开源社区里流行一种用 Go 编写 API 不需要框架的观点，在我们看来，如果你的项目的路由在个位数、URI 固定且不通过 URI 来传递参数，那么确实使用官方库也就足够了。但在复杂场景下，官方的 HTTP 库还是有些力有不逮。例如，下面这样的路由：

```
GET    /card/:id
POST   /card/:id
DELTE  /card/:id
GET    /card/:id/name
...
GET    /card/:id/relations
```

可见是否使用框架还是要具体问题具体分析的。

Go 的 Web 框架大致可以分为两类：

- Router 框架；
- MVC 类框架。

在框架的选择上，大多数情况下都是依照个人的喜好和公司的技术栈。例如公司有很多技术人员是 PHP 出身，那么他们一定会非常喜欢像 beego 这样的框架，但如果公司有很多 C 程序员，那么他们的想法可能是越简单越好。例如，很多大公司的 C 程序员甚至可能会用 C 语言去写很小的 CGI 程序，他们可能本身并没有什么意愿去学习 MVC 或者更复杂的 Web 框架，他们需要的只是一个非常简单的路由（甚至连路由都不需要，只需要一个基础的 HTTP 协议处理库来帮他们完成没意思的体力劳动）。

Go 的 `net/http` 包提供的就是这样的基础功能，写一个简单的 `http echo server` 只需要 30 秒。

```
//brief_intro/echo.go
package main
import (...)

func echo(wr http.ResponseWriter, r *http.Request) {
    msg, err := ioutil.ReadAll(r.Body)
    if err != nil {
        wr.Write([]byte("echo error"))
        return
    }

    writeLen, err := wr.Write(msg)
    if err != nil || writeLen != len(msg) {
        log.Println(err, "write len:", writeLen)
    }
}

func main() {
    http.HandleFunc("/", echo)
    err := http.ListenAndServe(":8080", nil)
    if err != nil {
        log.Fatal(err)
    }
}
```

如果你过了 30 秒还没有完成这个程序，请检查一下你的打字速度是不是慢了（开个玩笑）。这个例子是为了说明在 Go 中写一个 HTTP 协议的小程序有多么简单。如果你面临的情况比较复杂，例如，有几十个接口的企业级应用，那么直接用 `net/http` 库就显得不太合适了。

我们来看看开源社区中一个 Kafka 监控项目中的做法：

```
//Burrow: http_server.go
func NewHttpServer(app *ApplicationContext) (*HttpServer, error) {
    ...
    server.mux.HandleFunc("/", handleDefault)

    server.mux.HandleFunc("/burrow/admin", handleAdmin)

    server.mux.Handle("/v2/kafka", appHandler{server.app, handleClusterList})
    server.mux.Handle("/v2/kafka/", appHandler{server.app, handleKafka})
    server.mux.Handle("/v2/zookeeper", appHandler{server.app, handleClusterList})
```

```
    ...
}
```

上面这段代码来自大名鼎鼎的 LinkedIn 公司的 Kafka 监控项目 Burrow，没有使用任何路由框架，只使用了 net/http。只看上面这段代码似乎非常优雅，我们的项目大概只有这 5 个简单的 URI，所以我们提供的服务就是下面这个样子：

```
/
/burrow/admin
/v2/kafka
/v2/kafka/
/v2/zookeeper
```

如果你确实这么想的话就被骗了。我们再对 handleKafka()函数一探究竟：

```
func handleKafka(app *ApplicationContext, w http.ResponseWriter, r *http.Request) (in
t, string) {
    pathParts := strings.Split(r.URL.Path[1:], "/")
    if _, ok := app.Config.Kafka[pathParts[2]]; !ok {
        return makeErrorResponse(http.StatusNotFound, "cluster not found", w, r)
    }
    if pathParts[2] == "" {
        // Allow a trailing / on requests
        return handleClusterList(app, w, r)
    }
    if (len(pathParts) == 3) || (pathParts[3] == "") {
        return handleClusterDetail(app, w, r, pathParts[2])
    }

    switch pathParts[3] {
    case "consumer":
        switch {
        case r.Method == "DELETE":
            switch {
            case (len(pathParts) == 5) || (pathParts[5] == ""):
                return handleConsumerDrop(app, w, r, pathParts[2], pathParts[4])
            default:
                return makeErrorResponse(http.StatusMethodNotAllowed, "request method
not supported", w, r)
            }
        case r.Method == "GET":
            switch {
            case (len(pathParts) == 4) || (pathParts[4] == ""):
                return handleConsumerList(app, w, r, pathParts[2])
            case (len(pathParts) == 5) || (pathParts[5] == ""):
                // Consumer detail - list of consumer streams/hosts? Can be config
                // fo later
                return makeErrorResponse(http.StatusNotFound, "unknown API call", w, r)
            case pathParts[5] == "topic":
                switch {
                case (len(pathParts) == 6) || (pathParts[6] == ""):
```

```
                    return handleConsumerTopicList(app, w, r, pathParts[2], pathParts[4])
                case (len(pathParts) == 7) || (pathParts[7] == ""):
                    return handleConsumerTopicDetail(app, w, r, pathParts[2], pathPar
ts[4], pathParts[6])
                }
            case pathParts[5] == "status":
                return handleConsumerStatus(app, w, r, pathParts[2], pathParts[4], false)
            case pathParts[5] == "lag":
                return handleConsumerStatus(app, w, r, pathParts[2], pathParts[4], true)
            }
        default:
            return makeErrorResponse(http.StatusMethodNotAllowed, "request method not
supported", w, r)
        }
    case "topic":
        switch {
        case r.Method != "GET":
            return makeErrorResponse(http.StatusMethodNotAllowed, "request method not
supported", w, r)
        case (len(pathParts) == 4) || (pathParts[4] == ""):
            return handleBrokerTopicList(app, w, r, pathParts[2])
        case (len(pathParts) == 5) || (pathParts[5] == ""):
            return handleBrokerTopicDetail(app, w, r, pathParts[2], pathParts[4])
        }
    case "offsets":
        // Reserving this endpoint to implement later
        return makeErrorResponse(http.StatusNotFound, "unknown API call", w, r)
    }

    // If we fell through, return a 404
    return makeErrorResponse(http.StatusNotFound, "unknown API call", w, r)
}
```

因为默认的 net/http 包中的 mux 不支持带参数的路由，所以 Burrow 这个项目使用了非常蹩脚的字符串 Split 和乱七八糟的 switch case 来达到自己的目的，但却让本来应该很集中的路由管理逻辑变得复杂，散落在系统的各处，难以维护和管理。如果读者细心地看过这些代码之后，可能会发现其他几个 handler() 函数逻辑上较简单，最复杂的也就是这个 handleKafka()。但实际上我们的系统总是从这样微不足道的混乱开始积少成多，最终变得难以收拾。

根据我们的经验，简单来说，只要你的路由带有参数，并且这个项目的 API 数目超过了 10，就尽量不要使用 net/http 中默认的路由。在 Go 开源界应用最广泛的路由器是 httprouter，很多开源的路由器框架都是基于 httprouter 进行一定程度的改造的成果。关于 httprouter 路由的原理，会在 5.2 节中进行详细的阐释。

再来回顾一下文章开头说的，开源界有这样几种框架，第一种是对 httprouter 进行简单的封装，然后提供定制的中间件和一些简单的小工具集成比如 gin，主打轻量、易学、高性能。第二种是借鉴其他语言编程风格的一些 MVC 类框架，如 beego，方便从其他语言迁移过来的程序员快速上手，快速开发。还有一些框架功能更为强大，除了数据库模式（schema）设计，大部分代码直接生成，如

goa。不管哪种框架，适合开发者背景的就是好的。

本章的内容除了会展开讲解路由器和中间件的原理外，还会以现在工程界面临的问题结合 Go 来进行一些实践性的说明。希望能够对没有接触过相关内容的读者有所帮助。

5.2 请求路由

在常见的 Web 框架中，路由器是必备的组件。Go 语言圈子里路由器也时常称为 `http` 的多路复用器。在 5.1 节中通过对 Burrow 代码的简单学习，我们已经知道如何用 `http` 标准库中内置的 `mux` 来完成简单的路由功能了。如果开发 Web 系统对路径中带参数没什么兴趣的话，用 `http` 标准库中的 `mux` 就可以。

REST 风格是几年前刮起的 API 设计风潮，在 REST 风格中除 GET 和 POST 之外，还使用了 HTTP 协议定义的几种其他标准化语义。具体包括：

```
const (
    MethodGet     = "GET"
    MethodHead    = "HEAD"
    MethodPost    = "POST"
    MethodPut     = "PUT"
    MethodPatch   = "PATCH" // RFC 5789
    MethodDelete  = "DELETE"
    MethodConnect = "CONNECT"
    MethodOptions = "OPTIONS"
    MethodTrace   = "TRACE"
)
```

来看看 REST 风格中常见的请求路径：

```
GET /repos/:owner/:repo/comments/:id/reactions

POST /projects/:project_id/columns

PUT /user/starred/:owner/:repo

DELETE /user/starred/:owner/:repo
```

相信聪明的你已经猜出来了，这是 GitHub 官方文档中挑出来的几个 API 设计。REST 风格的 API 重度依赖请求路径，会将很多参数放在请求 URI 中。除此之外还会使用很多并不常见的 HTTP 状态码，不过本节只讨论路由，所以先略过不谈。

如果我们的系统也想要这样的 URI 设计，使用标准库的 `mux` 显然就力不从心了。

5.2.1 httprouter

较流行的开源 Go Web 框架大多使用 httprouter，或是基于 httprouter 的变种对路由进行支持。前面提到的 GitHub 的参数式路由 httprouter 都是可以支持的。

因为httprouter中使用的是显式匹配，所以在设计路由的时候需要规避一些会导致路由冲突的情况，例如：

```
conflict:
GET /user/info/:name
GET /user/:id

no conflict:
GET /user/info/:name
POST /user/:id
```

简单来讲，如果两个路由拥有一致的HTTP方法（指GET/POST/PUT/DELETE）和请求路径前缀，且在某个位置出现了A路由是wildcard（指:id这种形式）参数，B路由则是普通字符串，那么就会发生路由冲突。路由冲突会在初始化阶段直接panic：

```
panic: wildcard route ':id' conflicts with existing children in path '/user/:id'

goroutine 1 [running]:
github.com/cch123/httprouter.(*node).insertChild(0xc4200801e0, 0xc42004fc01, 0x126b17
7, 0x3, 0x126b171, 0x9, 0x127b668)
  /Users/caochunhui/go_work/src/github.com/cch123/httprouter/tree.go:256 +0x841
github.com/cch123/httprouter.(*node).addRoute(0xc4200801e0, 0x126b171, 0x9, 0x127b668)
  /Users/caochunhui/go_work/src/github.com/cch123/httprouter/tree.go:221 +0x22a
github.com/cch123/httprouter.(*Router).Handle(0xc42004ff38, 0x126a39b, 0x3, 0x126b171,
0x9, 0x127b668)
  /Users/caochunhui/go_work/src/github.com/cch123/httprouter/router.go:262 +0xc3
github.com/cch123/httprouter.(*Router).GET(0xc42004ff38, 0x126b171, 0x9, 0x127b668)
  /Users/caochunhui/go_work/src/github.com/cch123/httprouter/router.go:193 +0x5e
main.main()
  /Users/caochunhui/test/go_web/httprouter_learn2.go:18 +0xaf
exit status 2
```

还有一点需要注意，因为httprouter考虑到字典树的深度，在初始化时会对参数的数量进行限制，所以在路由中的参数数目不能超过255，否则会导致httprouter无法识别后续的参数。不过，在这一点上也不用考虑太多，毕竟URI是设计给人来看的，相信没有夸张的URI能在一条路径中带有200个以上的参数。

除支持路径中的wildcard参数之外，httprouter还可以支持*号来进行通配，不过*号开头的参数只能放在路由的结尾，例如下面这样：

```
Pattern: /src/*filepath

 /src/                     filepath = ""
 /src/somefile.go          filepath = "somefile.go"
 /src/subdir/somefile.go   filepath = "subdir/somefile.go"
```

这种设计在REST风格中可能不太常见，主要是为了能够使用httprouter来做简单的HTTP静态文件服务器。

除了正常情况下的路由支持，httprouter 也支持对一些特殊情况下的回调函数进行定制，例如，出现404的时候：

```
r := httprouter.New()
r.NotFound = http.HandlerFunc(func(w http.ResponseWriter, r *http.Request) {
    w.Write([]byte("oh no, not found"))
})
```

或者内部 `panic` 的时候：

```
r.PanicHandler = func(w http.ResponseWriter, r *http.Request, c interface{}) {
    log.Printf("Recovering from panic, Reason: %#v", c.(error))
    w.WriteHeader(http.StatusInternalServerError)
    w.Write([]byte(c.(error).Error()))
}
```

目前开源界最为流行（star 数最多）的 Web 框架 gin 使用的就是 httprouter 的变种。

5.2.2　原理

httprouter 和众多衍生路由库使用的数据结构被称为压缩动态检索树（Compressing Dynamic Trie）。读者可能没有接触过压缩动态检索树，但对检索树（Trie Tree）应该有所耳闻。

图5-1给出的是一个典型的检索树结构。

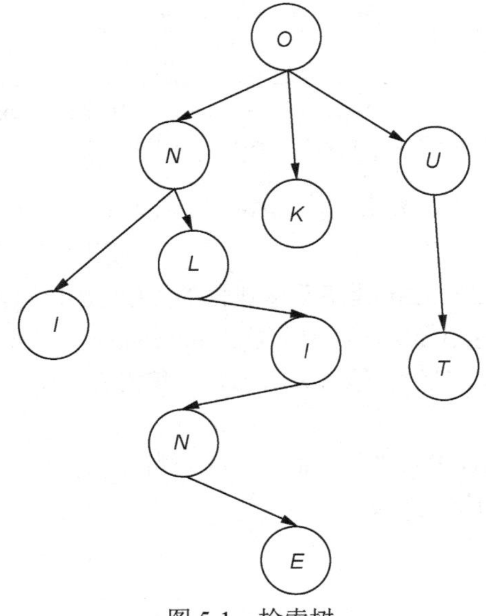

图5-1　检索树

检索树常用来进行字符串检索，例如用给定的字符串序列建立检索树。对于目标字符串，只要从根节点开始深度优先搜索，即可判断出该字符串是否曾经出现过，时间复杂度为 $O(n)$，n 可以认为是目标字符串的长度。为什么要这样做呢？字符串本身不像数值类型可以进行数值比较，两个字符串对比的时间复杂度取决于字符串长度。如果不用检索树来完成上述功能，就要对历史字符串进行排序，再利用二分搜索类的算法去搜索，时间复杂度只高不低。可认为检索树是一种空间换时间的典型做法。

普通的检索树有一个比较明显的缺点，就是每个字母都需要建立一个子结点，这样会导致检索树的层级比较深，压缩检索树相对平衡了检索树的优点和缺点。

图 5-2 给出的是典型的压缩检索树结构。

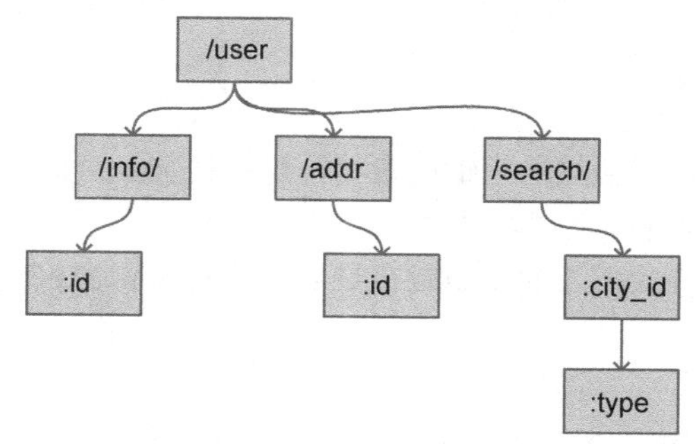

图 5-2 压缩检索树

每个结点上不只存储一个字母了，这也是压缩检索树中“压缩”的主要含义。使用压缩检索树可以减少树的层数，同时因为每个结点上的数据存储也比通常的检索树要多，所以程序的局部性较好（一个结点的路径加载到缓存即可进行多个字符的对比），从而对 CPU 缓存友好。

5.2.3 压缩检索树创建过程

我们来跟踪一下 httprouter 中一个典型的压缩检索树的创建过程，路由设定如下：

```
PUT /user/installations/:installation_id/repositories/:repository_id

GET /marketplace_listing/plans/
GET /marketplace_listing/plans/:id/accounts
GET /search
GET /status
GET /support
```

补充路由为：

```
GET /marketplace_listing/plans/ohyes
```

最后一条补充路由是我们假想的，除此之外所有 API 路由均来自 GitHub 官方网站相关文档。

1. 根结点创建

httprouter 的 `Router` 结构体中存储压缩检索树使用的是下述数据结构：

```
// 略去了其他部分的 Router struct
type Router struct {
    // ...
    trees map[string]*node
```

```
    // ...
}
```

trees 字段的键为 HTTP 1.1 的 RFC 中定义的各种方法，具体有：

```
GET
HEAD
OPTIONS
POST
PUT
PATCH
DELETE
```

每一种方法对应的都是一棵独立的压缩检索树，这些树彼此之间不共享数据。具体到我们上面用到的路由，PUT 和 GET 是两棵树而非一棵。

简单来讲，某个方法第一次插入的路由就会导致对应检索树的根结点被创建，我们按顺序，先创建 PUT 对应的根结点：

```
r := httprouter.New()
r.PUT("/user/installations/:installation_id/repositories/:reposit", Hello)
```

这样 PUT 对应的根结点就会被创建出来。把这棵 PUT 的树画出来，如图 5-3 所示。

radix 的结点类型为*httprouter.node，为了说明方便，我们留下了目前关心的几个字段。

path：当前结点对应的路径中的字符串。

wildChild：子结点是否为参数结点，即 wildcard 结点，或者说:id 这种类型的结点。

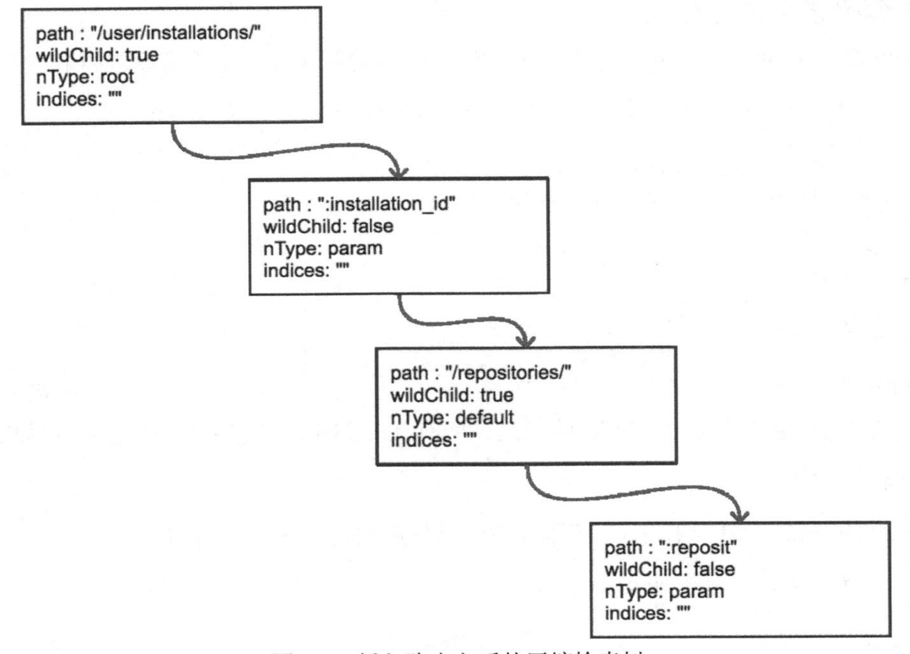

图 5-3　插入路由之后的压缩检索树

nType：当前结点类型，有 4 个枚举值，分别为 static、root、param 和 catchAll。

static：非根结点的普通字符串结点。

root：根结点。

param：参数结点，如:id。

catchAll：通配符结点，如*anyway。

indices：子结点索引，当子结点为非参数类型，即本结点的 wildChild 为 false 时，会将每个子结点的首字母放在该索引数组。说是数组，实际上是个字符串。

当然，PUT 路由只有唯一的一条路径。接下来，我们以后续的多条 GET 路径为例，讲解子结点的插入过程。

2. 子结点插入

当插入 GET /marketplace_listing/plans 时，类似前面 PUT 的过程，GET 树的结构如图 5-4 所示。

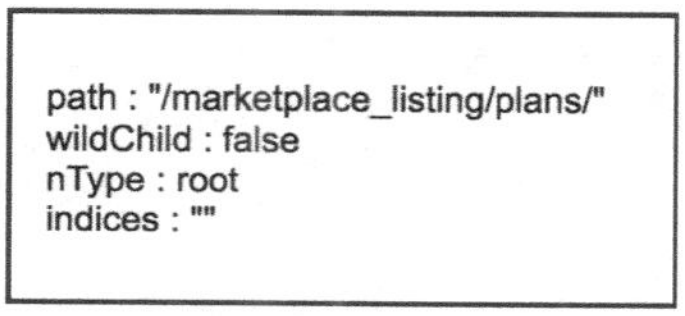

path : "/marketplace_listing/plans/"
wildChild : false
nType : root
indices : ""

图 5-4 插入第一个结点的压缩检索树

因为第一个路由没有参数，所以 path 都被存储到根结点上了。所以只有一个结点。

然后插入 GET /marketplace_listing/plans/:id/accounts，新的路径与之前的路径有共同的前缀，且可以直接在之前子结点后进行插入，那么结果也很简单，插入后的树结构如图 5-5 所示。

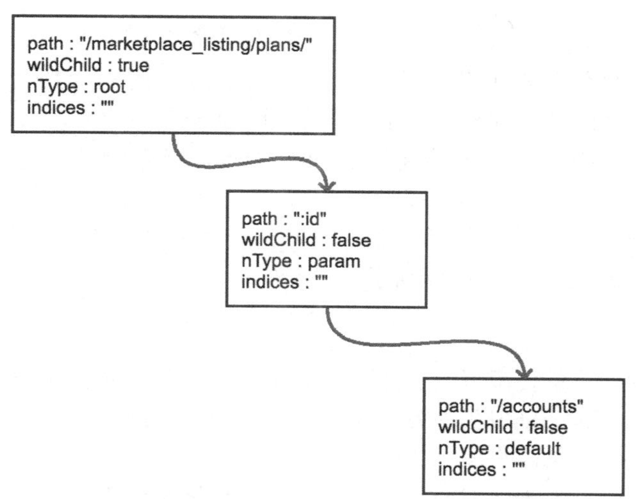

图 5-5 插入第二个结点的压缩检索树

由于:id 这个结点是只有一个字符串的普通子结点，因此 indices 依然不需要处理。

上面这种情况比较简单，新的路由可以直接作为原路由的子结点进行插入。实际情况不会这么美好。

3．边分裂

接下来我们插入 GET /search，这时会导致树的边分裂，如图 5-6 所示。

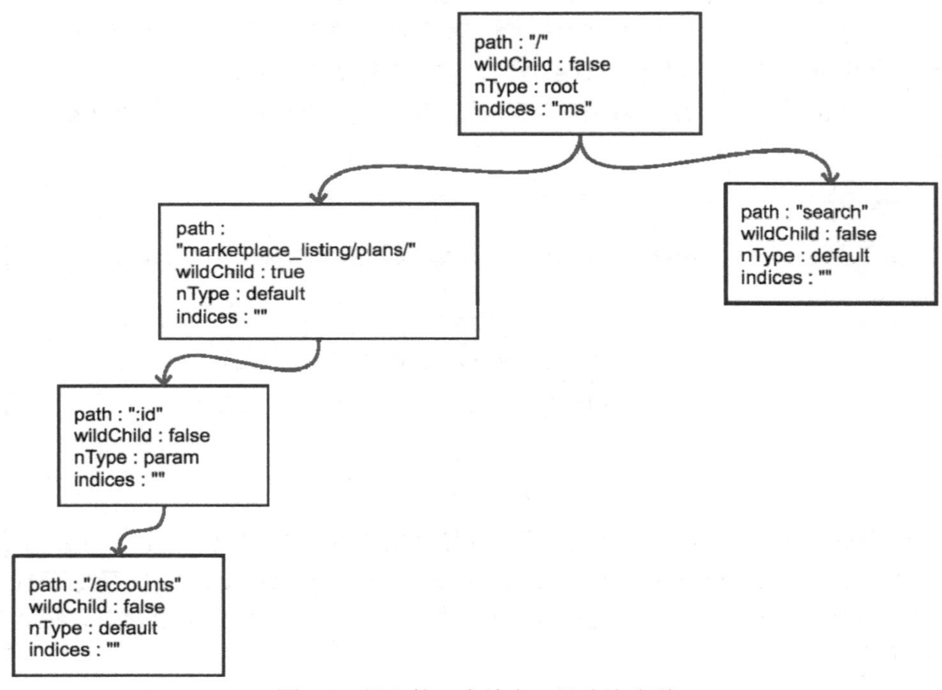

图 5-6　插入第三个结点，导致边分裂

原有路径和新的路径在初始的/位置发生分裂，这样就需要把原有的根结点内容下移，再将新路由 search 同样作为子结点挂在根结点之下。这时候因为子结点出现多个，根结点的 indices 提供子结点索引，这时候该字段就需要派上用场了。"ms"代表子结点的首字母分别为 m（marketplace）和 s（search）。

我们一鼓作气，把 GET /status 和 GET /support 也插入到树中。这时候会导致在 search 结点上再次发生分裂，最终结果如图 5-7 所示。

4．子结点冲突处理

在路由本身只有字符串的情况下，不会发生任何冲突。只有当路由中含有通配符（类似:id）或者 catchAll 的情况下才可能发生冲突。这一点在前面已经提到了。

子结点的冲突处理很简单，分几种情况：

（1）在插入 wildcard 结点时，父结点的 children 数组非空且 wildChild 被设置为 false。例如，GET /user/getAll 和 GET /user/:id/getAddr 或者 GET /user/*aaa 和 GET /user/:id。

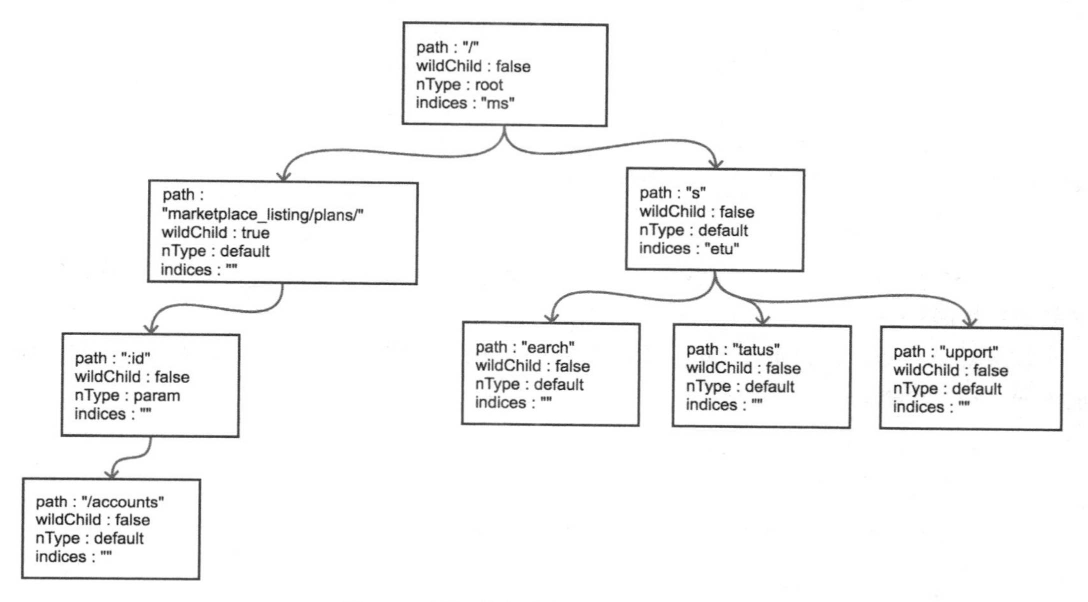

图 5-7 插入所有路由后的压缩检索树

(2) 在插入 `wildcard` 结点时，父结点的 `children` 数组非空且 `wildChild` 被设置为 `true`，但该父结点的已存在的 `wildcard` 子结点与即将插入的 `wildcard` 名字不一样。例如，`GET /user/:id/info` 和 `GET /user/:name/info`。

(3) 在插入 `catchAll` 结点时，父结点的 `children` 非空。例如，`GET /src/abc` 和 `GET /src/*filename` 或者 `GET /src/:id` 和 `GET /src/*filename`。

(4) 在插入 `static` 结点时，父结点的 `wildChild` 字段被设置为 `true`。

(5) 在插入 `static` 结点时，父结点的 `children` 非空，同时子结点 `nType` 为 `catchAll`。

只要发生冲突，就会在初始化的时候 `panic`。例如，在插入我们假想的路由 `GET /marketplace_listing/plans/ohyes` 时，出现第 4 种冲突情况：它的父结点 `marketplace_listing/plans/` 的 `wildChild` 字段为 `true`。

5.3 中间件

本章将对现在流行的 Web 框架中的中间件（middleware）技术原理进行分析，并介绍如何使用中间件技术将业务和非业务代码功能解耦。

5.3.1 代码泥潭

先来看一段代码：

```
// middleware/hello.go
package main

func hello(wr http.ResponseWriter, r *http.Request) {
```

```
    wr.Write([]byte("hello"))
}

func main() {
    http.HandleFunc("/", hello)
    err := http.ListenAndServe(":8080", nil)
    ...
}
```

这是一个典型的 Web 服务，挂载了一个简单的路由。我们的线上服务一般也是从这样简单的服务开始逐渐拓展开的。

现在突然来了一个新的需求，想要统计之前写的 `hello` 服务的处理耗时，需求很简单，我们对上面的程序进行少量修改：

```
// middleware/hello_with_time_elapse.go
var logger = log.New(os.Stdout, "", 0)

func hello(wr http.ResponseWriter, r *http.Request) {
    timeStart := time.Now()
    wr.Write([]byte("hello"))
    timeElapsed := time.Since(timeStart)
    logger.Println(timeElapsed)
}
```

这样便可以在每次接收到 HTTP 请求时，打印出当前请求所消耗的时间。

完成了这个需求之后，我们继续进行业务开发，提供的 API 逐渐增加，现在我们的路由看起来是这个样子的：

```
// middleware/hello_with_more_routes.go
// 省略了一些相同的代码
package main

func helloHandler(wr http.ResponseWriter, r *http.Request) {
    // ...
}

func showInfoHandler(wr http.ResponseWriter, r *http.Request) {
    // ...
}

func showEmailHandler(wr http.ResponseWriter, r *http.Request) {
    // ...
}

func showFriendsHandler(wr http.ResponseWriter, r *http.Request) {
    timeStart := time.Now()
    wr.Write([]byte("your friends is tom and alex"))
    timeElapsed := time.Since(timeStart)
    logger.Println(timeElapsed)
}
```

```go
func main() {
    http.HandleFunc("/", helloHandler)
    http.HandleFunc("/info/show", showInfoHandler)
    http.HandleFunc("/email/show", showEmailHandler)
    http.HandleFunc("/friends/show", showFriendsHandler)
    // ...
}
```

每一个处理器里都有之前提到的记录运行时间的代码，每次增加新的路由我们也同样需要把这些看起来长得差不多的代码复制到我们需要的地方去。因为代码不太多，所以实施起来也没有遇到大问题。

渐渐地我们的系统增加到了 30 个路由和 `handler()` 函数，每次增加新的处理器，第一件工作就是把之前写的所有和业务逻辑无关的周边代码先复制过来。

接下来系统平稳地运行了一段时间，突然有一天，老板找到你，最近找人新开发了监控系统，为了系统运行可以更加可控，需要把每个接口运行的耗时数据主动上报到我们的监控系统里。给监控系统起个名字，叫 metrics。现在你需要修改代码并把耗时通过 HTTP Post 的方式发给 `metrics` 系统了。我们来修改一下 `helloHandler()`：

```go
func helloHandler(wr http.ResponseWriter, r *http.Request) {
    timeStart := time.Now()
    wr.Write([]byte("hello"))
    timeElapsed := time.Since(timeStart)
    logger.Println(timeElapsed)
    // 新增耗时上报
    metrics.Upload("timeHandler", timeElapsed)
}
```

修改到这里，我们本能地发现开发工作开始陷入了泥潭。无论未来对这个 Web 系统有任何其他非功能或统计需求，我们的修改都必然牵一发而动全身。只要增加一个非常简单的非业务统计，就需要去几十个 handler 里增加这些业务无关的代码。虽然一开始我们似乎并没有做错，但是显然随着业务的发展，我们的行事方式让我们陷入了代码的泥潭。

5.3.2 使用中间件剥离非业务逻辑

我们来分析一下，一开始在哪里做错了呢？我们只是一步一步地满足需求，把需要的逻辑按照流程写下去。

我们犯的最大的错误是把业务代码和非业务代码揉在了一起。对大多数的场景来讲，非业务的需求都是在 HTTP 请求处理前做一些事情，并且在响应完成之后做一些事情。我们有没有办法使用一些重构思路把这些公共的非业务功能代码剥离出去呢？回到刚开头的例子，我们需要给 `helloHandler()` 增加超时时间统计，可以使用一种叫函数适配器（function adapter）的方法来对 `helloHandler()` 进行包装：

```go
func hello(wr http.ResponseWriter, r *http.Request) {
    wr.Write([]byte("hello"))
```

```
}

func timeMiddleware(next http.Handler) http.Handler {
    return http.HandlerFunc(func(wr http.ResponseWriter, r *http.Request) {
        timeStart := time.Now()

        // next handler
        next.ServeHTTP(wr, r)

        timeElapsed := time.Since(timeStart)
        logger.Println(timeElapsed)
    })
}

func main() {
    http.Handle("/", timeMiddleware(http.HandlerFunc(hello)))
    err := http.ListenAndServe(":8080", nil)
    ...
}
```

这样就非常轻松地实现了业务与非业务的剥离，魔法就在于这个 timeMiddleware()。可以从代码中看到，timeMiddleware()也是一个函数，其参数为 http.Handler，http.Handler 的定义在 net/http 包中：

```
type Handler interface {
    ServeHTTP(ResponseWriter, *Request)
}
```

对于任何方法，只要实现了 ServeHTTP，它就是一个合法的 http.Handler，读到这里你可能会有一些混乱，我们先来梳理一下 http 库的 Handler、HandlerFunc 和 ServeHTTP 的关系：

```
type Handler interface {
    ServeHTTP(ResponseWriter, *Request)
}


type HandlerFunc func(ResponseWriter, *Request)


func (f HandlerFunc) ServeHTTP(w ResponseWriter, r *Request) {
    f(w, r)
}
```

只要你的 handler()函数的函数签名是

```
func (ResponseWriter, *Request)
```

那么这个 handler 和 http.HandlerFunc()就有了一致的函数签名，可以将该 handler()函数进行类型转换，转换为 http.HandlerFunc()。而 http.HandlerFunc()实现了 http.Handler 这个接口。在 http 库需要调用你的 handler()函数来处理 HTTP 请求时，会调用 HandlerFunc()

的 ServeHTTP()函数，可见一个请求的基本调用链是这样的：

```
h = getHandler() => h.ServeHTTP(w, r) => h(w, r)
```

上面提到的把自定义 handler 转换为 http.HandlerFunc()的过程是必需的，因为我们的 handler 没有直接实现 ServeHTTP 这个接口。上面的代码中我们看到的 HandleFunc（注意 HandlerFunc 和 HandleFunc 的区别）里也可以看到这个强制转换过程：

```
func HandleFunc(pattern string, handler func(ResponseWriter, *Request)) {
    DefaultServeMux.HandleFunc(pattern, handler)
}

// 调用

func (mux *ServeMux) HandleFunc(pattern string, handler func(ResponseWriter, *Request)) {
    mux.Handle(pattern, HandlerFunc(handler))
}
```

知道了 handler 是怎么一回事，我们的中间件通过包装 handler 再返回一个新的 handler 就好理解了。

总结一下，我们的中间件要做的事情就是通过一个或多个函数对 handler 进行包装，返回一个包括了各个中间件逻辑的函数链。我们把上面的包装再做得复杂一些：

```
customizedHandler = logger(timeout(ratelimit(helloHandler)))
```

这个函数链在执行过程中的上下文如图 5-8 所示。

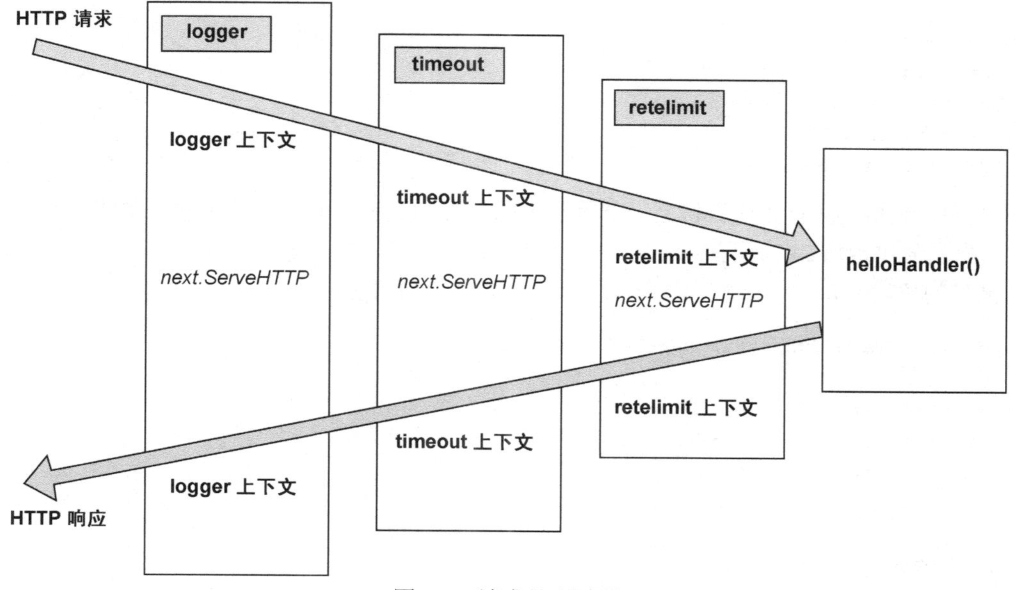

图 5-8 请求处理过程

再直白一些，这个流程在进行请求处理的时候就是不断地进行函数压栈再出栈，有些类似于递归的执行流：

```
[exec of logger logic]            函数栈：[]

[exec of timeout logic]           函数栈：[logger]

[exec of ratelimit logic]         函数栈：[timeout/logger]

[exec of helloHandler logic]      函数栈：[ratelimit/timeout/logger]

[exec of ratelimit logic part2]   函数栈：[timeout/logger]

[exec of timeout logic part2]     函数栈：[logger]

[exec of logger logic part2]      函数栈：[]
```

功能实现了，但在上面的使用过程中我们也看到了，这种函数嵌套函数的用法不是很美观，同时也不具备可读性。

5.3.3　更优雅的中间件写法

上一节中解决了业务功能代码和非业务功能代码的解耦，但也提到了，写法看起来并不美观，如果需要修改这些函数的顺序或者增删中间件还是有点费劲，本节我们来进行一些"写法"上的优化。

看一个例子：

```
r = NewRouter()
r.Use(logger)
r.Use(timeout)
r.Use(ratelimit)
r.Add("/", helloHandler)
```

通过多步设置，我们拥有了和上一节差不多的执行函数链。胜在直观易懂，如果要增加或删除中间件，只要简单地增加或删除对应的 `Use()` 调用就可以了，非常方便。

从框架的角度来讲，怎么实现这样的功能呢？其实也不复杂：

```
type middleware func(http.Handler) http.Handler

type Router struct {
    middlewareChain [] middleware
    mux map[string] http.Handler
}

func NewRouter() *Router{
    return &Router{}
}
```

```
func (r *Router) Use(m middleware) {
    r.middlewareChain = append(r.middlewareChain, m)
}

func (r *Router) Add(route string, h http.Handler) {
    var mergedHandler = h

    for i := len(r.middlewareChain) - 1; i >= 0; i-- {
        mergedHandler = r.middlewareChain[i](mergedHandler)
    }

    r.mux[route] = mergedHandler
}
```

注意，代码中的 `middleware` 数组遍历顺序与用户希望的调用顺序应该是"相反"的。这个应该不难理解。

5.3.4 哪些事情适合在中间件中做

以较流行的开源 Go 语言框架 chi 为例。

- compress.go：对 HTTP 的响应体进行压缩处理。
- heartbeat.go：设置一个特殊的路由，如/ping、/healthcheck，用来给负载均衡一类的前置服务进行探活。
- logger.go：打印请求处理处理日志，例如请求处理时间、请求路由。
- profiler.go：挂载 pprof 需要的路由，如/pprof、/pprof/trace 到系统中。
- realip.go：从请求头中读取 X-Forwarded-For 和 X-Real-IP，将 http.Request 中的 RemoteAddr 修改为得到的 RealIP。
- requestid.go：为本次请求生成单独的 requestid，可一路透传，用来生成分布式调用链路，也可用于在日志中串连单次请求的所有逻辑。
- timeout.go：用 context.Timeout 设置超时时间，并将其通过 http.Request 一路透传下去。
- throttler.go：通过定长大小的 channel 存储 token，并通过这些 token 对接口进行限流。

每一个 Web 框架都会有对应的中间件组件，如果你有兴趣，也可以向这些项目贡献有用的中间件，只要合理一般项目的维护人也愿意合并你的 Pull Request。

例如，开源界很流行的框架 gin 就专门为用户贡献的中间件开了一个仓库，如图 5-9 所示。

如果读者去阅读 gin 的源代码的话，可能会发现 gin 的中间件中处理的并不是 `http.Handler`，而是一个叫 `gin.HandlerFunc` 的函数类型，和本节中讲解的 `http.Handler` 签名并不一样。不过 gin 的 `handler` 也只是针对其框架的一种封装，中间件的原理与本节中的说明是一致的。

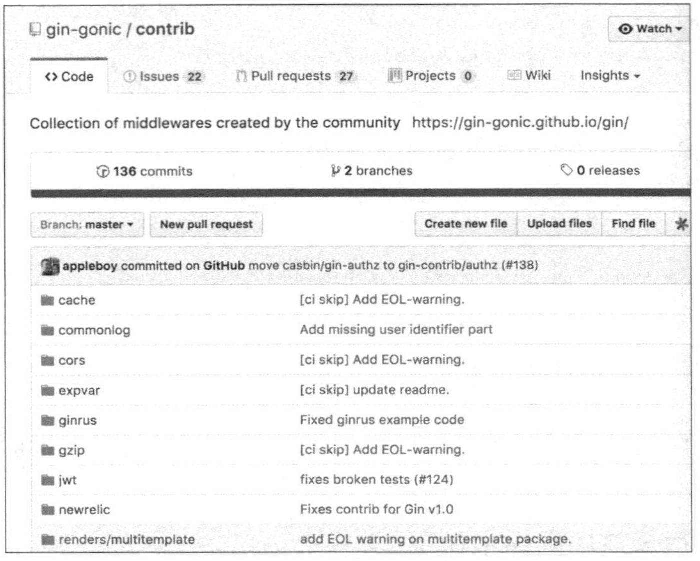

图 5-9　gin 的中间件仓库

5.4　请求校验

开源社区里曾经有人用图 5-10 来嘲笑 PHP。

```
function register()
{
    if (!empty($_POST)) {
        $msg = '';
        if ($_POST['user_name']) {
            if ($_POST['user_password_new']) {
                if ($_POST['user_password_new'] === $_POST['user_password_repeat']) {
                    if (strlen($_POST['user_password_new']) > 5) {
                        if (strlen($_POST['user_name']) < 65 && strlen($_POST['user_name']) > 1) {
                            if (preg_match('/^[a-z\d]{2,64}$/i', $_POST['user_name'])) {
                                $user = read_user($_POST['user_name']);
                                if (!isset($user['user_name'])) {
                                    if ($_POST['user_email']) {
                                        if (strlen($_POST['user_email']) < 65) {
                                            if (filter_var($_POST['user_email'], FILTER_VALIDATE_EMAIL)) {
                                                create_user();
                                                $_SESSION['msg'] = 'You are now registered so please login';
                                                header('Location: ' . $_SERVER['PHP_SELF']);
                                                exit();
                                            } else $msg = 'You must provide a valid email address';
                                        } else $msg = 'Email must be less than 64 characters';
                                    } else $msg = 'Email cannot be empty';
                                } else $msg = 'Username already exists';
                            } else $msg = 'Username must be only a-z, A-Z, 0-9';
                        } else $msg = 'Username must be between 2 and 64 characters';
                    } else $msg = 'Password must be at least 6 characters';
                } else $msg = 'Passwords do not match';
            } else $msg = 'Empty Password';
        } else $msg = 'Empty Username';
        $_SESSION['msg'] = $msg;
    }
    return register_form();
}
```

图 5-10　validator 流程

这其实是一个与语言无关的场景，需要进行字段校验的情况有很多，Web 系统的 Form 或 JSON 提交只是一个典型的例子。我们用 Go 来写一个类似上图的校验示例。然后研究怎么一步步对其进行改进。

5.4.1 重构请求校验函数

假设我们的数据已经通过某个开源绑定库绑定到了具体的结构体上：

```
type RegisterReq struct {
    Username       string   `json:"username"`
    PasswordNew    string   `json:"password_new"`
    PasswordRepeat string   `json:"password_repeat"`
    Email          string   `json:"email"`
}

func register(req RegisterReq) error{
    if len(req.Username) > 0 {
        if len(req.PasswordNew) > 0 && len(req.PasswordRepeat) > 0 {
            if req.PasswordNew == req.PasswordRepeat {
                if emailFormatValid(req.Email) {
                    createUser()
                    return nil
                } else {
                    return errors.New("invalid email")
                }
            } else {
                return errors.New("password and reinput must be the same")
            }
        } else {
            return errors.New("password and password reinput must be longer than 0")
        }
    } else {
        return errors.New("length of username cannot be 0")
    }
}
```

我们用 Go 成功写出了波动拳开路的箭头型代码。这种代码一般怎么进行优化呢？
很简单，在《重构》一书中已经给出了方案：卫语句（Guard Clauses）。

```
func register(req RegisterReq) error{
    if len(req.Username) == 0 {
        return errors.New("length of username cannot be 0")
    }

    if len(req.PasswordNew) == 0 || len(req.PasswordRepeat) == 0 {
        return errors.New("password and password reinput must be longer than 0")
    }

    if req.PasswordNew != req.PasswordRepeat {
        return errors.New("password and reinput must be the same")
```

```
    }

    if emailFormatValid(req.Email) {
        return errors.New("invalid email")
    }

    createUser()
    return nil
}
```

代码更清爽了，看起来也不那么别扭了。这是比较通用的重构理念。虽然使用了重构方法使我们的校验过程代码看起来优雅了，但我们还是不得不为每一个 HTTP 请求都写这么一套差不多的 `validate()`函数，有没有更好的办法能帮助我们减轻这项体力劳动？答案就是请求检验器。

5.4.2 用请求校验器解放体力劳动

从设计的角度讲，我们一定会为每个请求都声明一个结构体。前文中提到的校验场景我们都可以通过请求检验器完成工作。还以前文中的结构体为例。为了美观起见，我们先把 JSON 标签省略掉。

这里引入一个新的校验库：

```
import "gopkg.in/go-playground/validator.v9"

type RegisterReq struct {
    // 字符串的 gt=0 表示长度必须 > 0，gt = greater than
    Username       string   `validate:"gt=0"`
    // 同上
    PasswordNew    string   `validate:"gt=0"`
    // eqfield 跨字段相等校验
    PasswordRepeat string   `validate:"eqfield=PasswordNew"`
    // 合法 email 格式校验
    Email          string   `validate:"email"`
}

validate := validator.New()

func validate(req RegisterReq) error {
    err := validate.Struct(req)
    if err != nil {
        doSomething()
        return err
    }
    ...
}
```

这样就不需要在每个请求进入业务逻辑之前都编写重复的 `validate()`函数了。本例中只列出了这个校验器非常简单的几个功能。

我们试着运行一下这个程序，输入参数设置为：

```
//...
```

```
var req = RegisterReq {
    Username       : "Xargin",
    PasswordNew    : "ohno",
    PasswordRepeat : "ohn",
    Email          : "alex@abc.com",
}

err := validate(req)
fmt.Println(err)

// Key: 'RegisterReq.PasswordRepeat' Error:Field validation for
// 'PasswordRepeat' failed on the 'eqfield' tag
```

如果觉得这个校验器提供的错误信息不够人性化，如要把错误信息返回给用户，就不应该直接显示英文了，可以针对每种标签进行错误信息定制，读者可以自行探索。

5.4.3 原理

从结构上来看，每一个结构体都可以看成是一棵树。假如我们有如下定义的结构体：

```
type Nested struct {
    Email string `validate:"email"`
}
type T struct {
    Age    int `validate:"eq=10"`
    Nested Nested
}
```

把这个结构体画成一棵树，如图 5-11 所示。

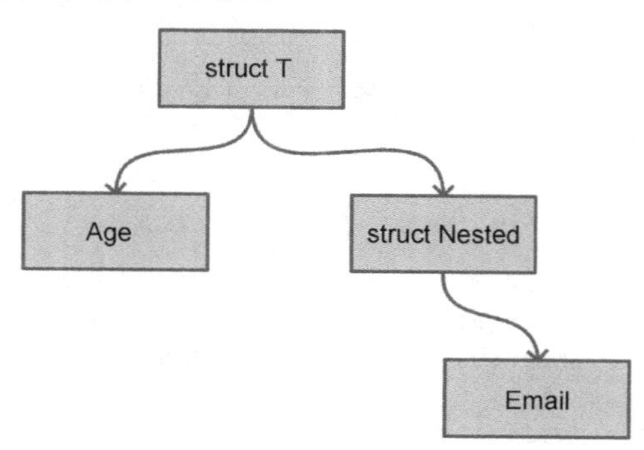

图 5-11 validator 树

从字段校验的需求来讲，无论采用深度优先搜索还是广度优先搜索来对这棵结构体树进行遍历，都是可以的。

我们来写一个递归的深度优先搜索方式的遍历示例：

```
package main

import (
    "fmt"
    "reflect"
```

```
    "regexp"
    "strconv"
    "strings"
)

type Nested struct {
    Email string `validate:"email"`
}
type T struct {
    Age    int `validate:"eq=10"`
    Nested Nested
}

func validateEmail(input string) bool {
    if pass, _ := regexp.MatchString(
        `^([\w\.\_]{2,10})@(\w{1,}).([a-z]{2,4})$`, input,
    ); pass {
        return true
    }
    return false
}

func validate(v interface{}) (bool, string) {
    validateResult := true
    errmsg := "success"
    vt := reflect.TypeOf(v)
    vv := reflect.ValueOf(v)
    for i := 0; i < vv.NumField(); i++ {
        fieldVal := vv.Field(i)
        tagContent := vt.Field(i).Tag.Get("validate")
        k := fieldVal.Kind()

        switch k {
        case reflect.Int:
            val := fieldVal.Int()
            tagValStr := strings.Split(tagContent, "=")
            tagVal, _ := strconv.ParseInt(tagValStr[1], 10, 64)
            if val != tagVal {
                errmsg = "validate int failed, tag is: "+ strconv.FormatInt(
                    tagVal, 10,
                )
                validateResult = false
            }
        case reflect.String:
            val := fieldVal.String()
            tagValStr := tagContent
            switch tagValStr {
            case "email":
                nestedResult := validateEmail(val)
                if nestedResult == false {
                    errmsg = "validate mail failed, field val is: "+ val
```

```
                validateResult = false
            }
        }
    case reflect.Struct:
        // 如果有内嵌的 struct，那么深度优先遍历
        // 就是一个递归过程
        valInter := fieldVal.Interface()
        nestedResult, msg := validate(valInter)
        if nestedResult == false {
            validateResult = false
            errmsg = msg
        }
    }
  }
  return validateResult, errmsg
}

func main() {
    var a = T{Age: 10, Nested: Nested{Email: "abc@abc.com"}}

    validateResult, errmsg := validate(a)
    fmt.Println(validateResult, errmsg)
}
```

这里我们简单地对 eq=x 和 email 这两个 tag 进行了支持，读者可以对这个程序进行简单的修改以查看具体的校验效果。为了演示精简了错误处理和复杂情况的处理，例如 reflect.Int8/16/32/64、reflect.Ptr 等类型的处理，如果给生产环境编写校验库的话，请务必做好功能的完善和容错。

在前一小节中介绍的开源校验组件在功能上要远比我们这里的例子复杂得多，但原理很简单，就是用反射对结构体进行树形遍历。有心的读者这时候可能会产生一个问题，我们对结构体进行校验时大量使用了反射，而 Go 的反射在性能上不太出众，有时甚至会影响程序的性能。这样的考虑确实有一些道理，但需要对结构体进行大量校验的场景往往出现在 Web 服务，这里并不一定是程序的性能瓶颈所在，实际的效果还是要从 pprof 中做更精确的判断。

如果基于反射的校验真的成了服务的性能瓶颈怎么办？现在也有一种思路可以避免反射：使用 Go 内置的 Parser 对源代码进行扫描，然后根据结构体的定义生成校验代码。我们可以将所有需要校验的结构体放在单独的包内。这就交给读者自己去探索了。

5.5 Database 和数据库打交道

本节将对 database/sql 官方标准库作一些简单分析，并介绍一些应用比较广泛的开源 ORM 和 SQL Builder。并从企业级应用开发和公司架构的角度来分析哪种技术栈对于现代的企业级应用更为合适。

5.5.1 从 database/sql 讲起

Go 官方提供了 database/sql 包来使用户进行和数据库打交道的工作，实际上

database/sql 库只是提供了一套操作数据库的接口和规范，例如抽象好的 SQL 预处理、连接池管理、数据绑定、事务、错误处理等。官方并没有提供具体某种数据库实现的协议支持。

和具体的数据库（如 MySQL）打交道，还需要再引入 MySQL 的驱动，像下面这样：

```
import "database/sql"
import _ "github.com/go-sql-driver/mysql"

db, err := sql.Open("mysql", "user:password@/dbname")
import _ "github.com/go-sql-driver/mysql"
```

上一句 import，实际上是调用了 mysql 包的 init()函数，做的事情也很简单：

```
func init() {
    sql.Register("mysql", &MySQLDriver{})
}
```

在 sql 包的全局 map 里把 mysql 这个名字的 Driver 注册上。实际上 Driver 在 sql 包中是一个接口：

```
type Driver interface {
    Open(name string) (Conn, error)
}
```

调用 sql.Open()返回的 db 对象实际上就是这里的 Conn，也是一个接口：

```
type Conn interface {
    Prepare(query string) (Stmt, error)
    Close() error
    Begin() (Tx, error)
}
```

实际上，如果仔细地查看 database/sql/driver/driver.go 的代码你会发现，这个文件里所有的成员全都是接口，对这些类型进行操作，实际上还是会调用具体的 driver 里的方法。

从用户的角度来讲，在使用 database/sql 包的过程中，你能够使用的就是这些接口里提供的函数。来看一个使用 database/sql 和 go-sql-driver/mysql 的完整的例子：

```
package main

import (
    "database/sql"
    _ "github.com/go-sql-driver/mysql"
)

func main() {
    // db 是一个 sql.DB 类型的对象
    // 该对象线程安全，且内部已包含了一个连接池
    // 连接池的选项可以在 sql.DB 的方法中设置，这里为了简单省略了
    db, err := sql.Open("mysql",
        "user:password@tcp(127.0.0.1:3306)/hello")
    if err != nil {
```

```
        log.Fatal(err)
    }
    defer db.Close()

    var (
        id int
        name string
    )
    rows, err := db.Query("select id, name from users where id = ?", 1)
    if err != nil {
        log.Fatal(err)
    }

    defer rows.Close()

    // 必须要把 rows 里的内容读完，或者显式调用 Close() 方法，
    // 否则在 defer 的 rows.Close() 执行之前，连接永远不会释放
    for rows.Next() {
        err := rows.Scan(&id, &name)
        if err != nil {
            log.Fatal(err)
        }
        log.Println(id, name)
    }

    err = rows.Err()
    if err != nil {
        log.Fatal(err)
    }
}
```

如果想了解官方 database/sql 库更加详细的用法，读者可以参考 Go 语言相关文档（http://go-database-sql.org/）。

包括该库的功能介绍、用法、注意事项和反直觉的一些实现方式（例如，同一个 Goroutine 内对 sql.DB 的查询，可能在多个连接上）都有涉及，本章中不再赘述。

你在上面这段简短的程序中可能已经嗅出了一些不好的味道。官方的 db 库提供的功能这么简单，我们每次去数据库里读取内容岂不是都要去写这么一套差不多的代码？或者如果我们的对象是结构体，把 sql.Rows 绑定到对象的工作就会变得更重复而无聊。

是的，所以社区才会有各种各样的 SQL Builder 和 ORM。

5.5.2 提高生产效率的 ORM 和 SQL Builder

在 Web 开发领域常常提到的 ORM 是什么？我们先看看维基百科：对象关系映射（Object Relational Mapping，简称 ORM、O/RM 或 O/R 映射）是一种程序设计技术，用于实现面向对象编程语言里不同类型系统的数据之间的转换。从效果上说，它其实是创建了一个可在编程语言里使用的“虚拟对象数据库”。

最为常见的 ORM 实际上做的是从数据库数据到程序的类或结构体这样的映射。所以你手边的程序可能是从 MySQL 的表映射到你的程序内的类。我们可以先来看看其他编程语言里的 ORM 使用

起来是什么样的感觉：

```
>>> from blog.models import Blog
>>> b = Blog(name='Beatles Blog', tagline='All the latest Beatles news.')
>>> b.save()
```

完全没有数据库的痕迹，确实 ORM 的目的就是屏蔽数据库层，实际上很多语言的 ORM 只要把你的类或结构体定义好，再用特定的语法将结构体之间的一对一或者一对多关系表达出来，那么任务就完成了。然后你就可以对这些映射好了数据库表的对象进行各种操作，如增删改查。至于 ORM 在背地里做了什么，我们是不一定清楚的。使用 ORM 的时候，我们往往比较容易有一种忘记了数据库的直观感受。举个例子，我们有个需求：向用户展示最新的商品列表，我们再假设，商品和商家是 1:1 的关联关系，我们就很容易写出像下面这样的代码：

```
# 伪代码
shopList := []
for product in productList {
    shopList = append(shopList, product.GetShop)
}
```

当然，我们不能批判这样写代码的程序员是偷懒的程序员。因为 ORM 一类的工具在出发点上就是屏蔽 SQL，让我们对数据库的操作更接近于人类的思维方式。这样很多只接触过 ORM 而且又是刚入行的程序员就很容易写出上面这样的代码。

这样的代码将对数据库的读请求放大了 n 倍。也就是说，如果你的商品列表有 15 个 SKU，那么每次用户打开这个页面，至少需要执行 1（查询商品列表）+ 15（查询相关的商铺信息）次查询。这里 n 是 16。如果你的列表页很大，比如说有 600 个条目，那么你就至少要执行 1+600 次查询。如果你的数据库能够承受的最大的简单查询是每秒 12 万个查询（QPS），而上述这样的查询正好是你最常用的查询的话，实际上你能对外提供的服务能力是多少呢？是每秒 200 个查询！互联网系统的忌讳之一，就是这种无端的读放大。

当然，你也可以说这不是 ORM 的问题，如果手写 SQL 你还是可能会写出差不多的程序，那么再来看两个演示示例：

```
o := orm.NewOrm()
num, err := o.QueryTable("cardgroup").Filter("Cards__Card__Name", cardName).All (&car
dgroups)
```

很多 ORM 都提供了这种 `Filter` 类型的查询方式，不过实际上在某些 ORM 背后甚至隐藏了非常难以察觉的细节，比如生成的 SQL 语句会自动 `limit 1000`。

也许喜欢 ORM 的读者读到这里会反驳了，你是没有认真阅读文档就瞎写。是的，尽管这些 ORM 工具在文档里说明了 All 查询在不显式地指定 Limit 的话会自动在生成的 `SQL` 语句后拼接上 `limit 1000`，但对于很多没有阅读过文档或者看过 ORM 源码的人，这依然是一个非常难以察觉的“魔鬼”细节。喜欢强类型语言的人一般都不喜欢语言隐式地去做什么事情，例如各种语言在赋值操作时进行的隐式类型转换然后又在转换中丢失了精度的做法，一定让你非常头疼。所以一个程序库背地里做的事情还是越少越好，如果一定要做，就一定要显式地做。比如上面的例子，去掉这种默认的自作聪明的行为，或者要求用户强制传入 limit 参数都是更好的选择。

除了 limit 的问题，我们再看一遍下面的这个查询：

```
num, err := o.QueryTable("cardgroup").Filter("Cards__Card__Name", cardName).All (&car
dgroups)
```

你可以看得出来这个 Filter 是有表连接的操作么？当然了，有深入使用经验的用户还是会觉得这是在吹毛求疵。但这样的分析想证明的是，ORM 想从设计上隐去太多的细节，而付出的代价是其背后的运行完全失控。这样的项目在经过几任维护人员之后，将变得面目全非，难以维护。

当然，我们不能否认 ORM 的进步意义，它的设计初衷就是为了让数据的操作和存储的具体实现剥离。但是在上规模的公司的人们渐渐达成了一个共识，由于隐藏重要的细节，ORM 可能是失败的设计，其所隐藏的重要细节对上规模的系统开发来说至关重要。

相比 ORM，SQL Builder 在 SQL 和项目可维护性之间取得了比较好的平衡。首先 SQL Builder 不像 ORM 那样屏蔽了过多的细节，其次从开发的角度来讲，SQL Builder 简单进行封装后也可以非常高效地完成开发，举个例子：

```
where := map[string]interface{} {
    "order_id > ?" : 0,
    "customer_id != ?" : 0,
}
limit := []int{0,100}
orderBy := []string{"id asc", "create_time desc"}

orders := orderModel.GetList(where, limit, orderBy)
```

写 SQL Builder 的相关代码，或者读懂都不费劲。把这些代码脑内转换为 SQL 也不会太费劲。所以通过代码就可以对这个查询是否命中数据库索引、是否走了覆盖索引、是否能够用上联合索引进行分析了。

说白了，SQL Builder 是 SQL 在代码里的一种特殊方言，如果你们没有数据库管理员（DBA）但研发人员有自己分析和优化 SQL 的能力，或者你们公司的 DBA 对于学习这样一些 SQL 的方言没有异议，那么使用 SQL Builder 是一个比较好的选择，不会导致什么问题。

另外在一些本来不需要 DBA 介入的场景，使用 SQL Builder 也是可以的，例如你要做一套运维系统，且将 MySQL 当作了系统中的一个组件，系统的 QPS 不高，查询不复杂，等等。

一旦你做的是高并发的 OLTP 在线系统，想在人员充足、分工明确的前提下最大程度控制系统的风险，使用 SQL Builder 就不合适了。

5.5.3 脆弱的数据库

无论是 ORM 还是 SQL Builder 都有一个致命的缺点，就是没有办法进行系统上线的事前 SQL 审核。虽然很多 ORM 和 SQL Builder 也提供了运行期打印 SQL 的功能，但只在查询的时候才能进行输出。而 SQL Builder 和 ORM 本身提供的功能太灵活，使得你不可能通过测试枚举出所有可能在线上执行的 SQL。例如你可能用 SQL Builder 写出下面这样的代码：

```
where := map[string]interface{} {
```

```
        "product_id = ?" : 10,
        "user_id = ?" : 1232 ,
    }

    if order_id != 0 {
        where["order_id = ?"] = order_id
    }

    res, err := historyModel.GetList(where, limit, orderBy)
```

如果你的系统里有类似上述示例的大量 if 的话，就难以通过测试用例来覆盖所有可能的 SQL 组合了。

这样的系统只要发布，就已经蕴含了巨大的风险。

对现在全天候（7×24）服务的互联网公司来说，服务不可用是非常重大的问题。存储层的技术栈虽经历了多年的发展，但在整个系统中依然是最为脆弱的一环。系统宕机对 24 小时对外提供服务的公司来说，意味着直接的经济损失。个中风险不可忽视。

从行业分工的角度来讲，现今的互联网公司都有专职的 DBA。大多数 DBA 并不一定有写代码的能力，阅读 SQL Builder 的相关“拼 SQL”代码多多少少还是会有一点障碍。从 DBA 角度出发，还是希望能够有专门的事前 SQL 审核机制，并能让其低成本地获取到系统的所有 SQL 内容，而不是去阅读业务研发人员编写的 SQL Builder 的相关代码。

所以现如今，大型的互联网公司核心线上业务都会在代码中把 SQL 放在显眼的位置提供给 DBA 评审，举一个例子：

```
const (
    getAllByProductIDAndCustomerID = `select * from p_orders where product_id in (:pr
oduct_id) and customer_id=:customer_id`
)

// GetAllByProductIDAndCustomerID
// @param driver_id
// @param rate_date
// @return []Order, error
func GetAllByProductIDAndCustomerID(ctx context.Context, productIDs []uint64, custome
rID uint64) ([]Order, error) {
    var orderList []Order

    params := map[string]interface{}{
        "product_id" : productIDs,
        "customer_id": customerID,
    }

    // getAllByProductIDAndCustomerID 是 const 类型的 sql 字符串
    sql, args, err := sqlutil.Named(getAllByProductIDAndCustomerID, params)
    if err != nil {
        return nil, err
```

```go
    }

    err = dao.QueryList(ctx, sqldbInstance, sql, args, &orderList)
    if err != nil {
        return nil, err
    }

    return orderList, err
}
```

像这样的代码，在上线之前把数据访问对象（DAO）层的变更集的 const 部分直接拿给 DBA 来进行审核，就比较方便了。代码中的 sqlutil.Named()是类似于 sqlx 中的 Named()函数，同时支持 where 表达式中的比较操作符和 in。

这里为了说明简便，函数写得稍微复杂一些，仔细思考一下的话查询的导出函数还可以进一步进行简化。请读者自行尝试。

5.6 服务流量限制

计算机程序可依据其瓶颈分为磁盘 IO 瓶颈型、CPU 计算瓶颈型和网络带宽瓶颈型，分布式场景下有时候外部系统也会导致自身瓶颈。

Web 系统打交道最多的是网络，无论是接收、解析用户请求、访问存储，还是把响应数据返回给用户，都是要通过网络的。在没有 epoll/kqueue 之类的系统提供的 IO 多路复用接口之前，多个核心的现代计算机最头痛的是 C10k 问题，C10k 问题会导致计算机没有办法充分利用 CPU 来处理更多的用户连接，进而没有办法通过优化程序提升 CPU 利用率来处理更多的请求。

自从 Linux 实现了 epoll，FreeBSD 实现了 kqueue，这个问题就基本解决了。我们可以借助内核提供的 API 轻松解决当年的 C10k 问题，也就是说，如今如果你的程序主要是和网络打交道，那么瓶颈一定在用户程序而不在操作系统内核。

随着时代的发展，编程语言对这些系统调用又进一步进行了封装，如今做应用层开发，几乎不会在程序中看到 epoll 之类的字眼，大多数时候我们只需要聚焦在业务逻辑上。Go 的 net 库针对不同平台封装了不同的系统调用 API，http 库又是构建在 net 库之上的，所以在 Go 语言中我们可以借助标准库，很轻松地写出高性能的 http 服务，下面是一个简单的 hello world 服务的代码：

```go
package main

import (
    "io"
    "log"
    "net/http"
)

func sayhello(wr http.ResponseWriter, r *http.Request) {
    wr.WriteHeader(200)
    io.WriteString(wr, "hello world")
}
```

```
func main() {
    http.HandleFunc("/", sayhello)
    err := http.ListenAndServe(":9090", nil)
    if err != nil {
        log.Fatal("ListenAndServe:", err)
    }
}
```

我们需要衡量一下这个 Web 服务的吞吐量，再具体一些，就是接口的 QPS。借助 wrk，在家用计算机 Macbook Pro 上对这个 `hello world` 服务进行基准测试，Mac 的硬件情况如下：

```
CPU: Intel(R) Core(TM) i5-5257U CPU @ 2.70GHz
Core: 2
Threads: 4

Graphics/Displays:
      Chipset Model: Intel Iris Graphics 6100
          Resolution: 2560 x 1600 Retina
    Memory Slots:
          Size: 4 GB
          Speed: 1867 MHz
          Size: 4 GB
          Speed: 1867 MHz
Storage:
          Size: 250.14 GB (250,140,319,744 bytes)
          Media Name: APPLE SSD SM0256G Media
          Size: 250.14 GB (250,140,319,744 bytes)
          Medium Type: SSD
```

测试结果如下：

```
~ ❯❯❯ wrk -c 10 -d 10s -t10 http://localhost:9090
Running 10s test @ http://localhost:9090
  10 threads and 10 connections
  Thread Stats   Avg      Stdev     Max   +/- Stdev
    Latency   339.99us    1.28ms  44.43ms   98.29%
    Req/Sec     4.49k   656.81     7.47k    73.36%
  449588 requests in 10.10s, 54.88MB read
Requests/sec:  44513.22
Transfer/sec:      5.43MB

~ ❯❯❯ wrk -c 10 -d 10s -t10 http://localhost:9090
Running 10s test @ http://localhost:9090
  10 threads and 10 connections
  Thread Stats   Avg      Stdev     Max   +/- Stdev
    Latency   334.76us    1.21ms  45.47ms   98.27%
    Req/Sec     4.42k   633.62     6.90k    71.16%
  443582 requests in 10.10s, 54.15MB read
Requests/sec:  43911.68
Transfer/sec:      5.36MB
```

```
~ ››› wrk -c 10 -d 10s -t10 http://localhost:9090
Running 10s test @ http://localhost:9090
  10 threads and 10 connections
  Thread Stats   Avg      Stdev     Max   +/- Stdev
    Latency   379.26us    1.34ms  44.28ms   97.62%
    Req/Sec     4.55k   591.64     8.20k    76.37%
  455710 requests in 10.10s, 55.63MB read
Requests/sec:  45118.57
Transfer/sec:      5.51MB
```

多次测试的结果在 4 万左右的 QPS 浮动，响应时间最多也就是 40ms 左右，对一个 Web 程序来说，这已经是很不错的成绩了，我们只是照抄了别人的示例代码，就完成了一个高性能的 `hello world` 服务器，是不是很有成就感？

这还只是家用 PC，线上服务器大多都是 24 核心起，内存 32 GB 以上，CPU 基本都是 Intel i7。所以同样的程序在服务器上运行会得到更好的结果。

这里的 `hello world` 服务没有任何业务逻辑。真实环境的程序要复杂得多，有些程序偏网络 IO 瓶颈，例如一些 CDN 服务、Proxy 服务；有些程序偏 CPU/GPU 瓶颈，例如登录校验服务、图像处理服务；有些程序偏磁盘瓶颈，例如专门的存储系统、数据库。不同程序的瓶颈会体现在不同的地方，这里提到的这些功能单一的服务相对来说还算容易分析。如果碰到业务逻辑复杂、代码量巨大的模块，其瓶颈并不是三下五除二可以推测出来的，还是需要从压力测试中得到更为精确的结论。

对于 IO/网络瓶颈类的程序，其表现是网卡/磁盘 IO 会先于 CPU 打满，这种情况即使优化 CPU 的使用也不能提高整个系统的吞吐量，只能提高磁盘的读写速度，增加内存大小，提升网卡的带宽来提升整体性能。而 CPU 瓶颈类的程序，则是在存储和网卡未打满之前 CPU 占用率提前到达 100%，CPU 忙于各种计算任务，IO 设备相对则较空闲。

无论哪种类型的服务，在资源使用到极限的时候都会导致请求堆积、超时、系统 hang 死，最终伤害到终端用户。对分布式的 Web 服务来说，瓶颈还不一定总在系统内部，也有可能在外部。非计算密集型的系统往往会在关系型数据库环节失守，而这时候 Web 模块本身还远远未达到瓶颈。

不管我们的服务瓶颈在哪里，最终要做的事情都是一样的，那就是流量限制。

5.6.1 常见的流量限制手段

流量限制的手段有很多，最常见的有漏桶和令牌桶两种。

（1）漏桶是指我们有一个一直装满了水的桶，每隔固定的一段时间即向外漏一滴水。如果你接到了这滴水，那么你就可以继续服务请求，如果没有接到，那么就需要等待下一滴水。

（2）令牌桶则是指匀速向桶中添加令牌，服务请求时需要从桶中获取令牌，令牌的数目可以按照需要消耗的资源进行相应的调整。如果没有令牌，可以选择等待，或者放弃。

这两种方法看起来很像，不过还是有区别的。漏桶流出的速率固定，而令牌桶只要在桶中有令牌，那就可以拿，如图 5-12 所示。也就是说，令牌桶是允许一定程度的并发的，例如，同一个时刻，有 100 个用户请求，只要令牌桶中有 100 个令牌，那么这 100 个请求就全都会放过去。令牌桶在桶中没有令牌的情况下也会退化为漏桶。

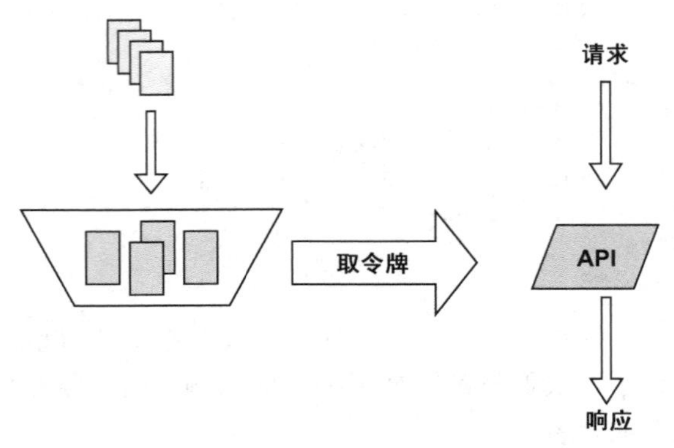

图5-12 令牌桶

实际应用中令牌桶应用较为广泛，开源界流行的限流器大多数都是基于令牌桶思想的，并且在此基础上进行了一定程度的扩充，比如 `github.com/juju/ratelimit` 提供了几种不同特色的令牌桶填充方式：

```
func NewBucket(fillInterval time.Duration, capacity int64) *Bucket
```

默认的令牌桶，`fillInterval` 指每过多长时间向桶里放一个令牌，`capacity` 是桶的容量，超过桶容量的部分会被直接丢弃。桶初始是满的。

```
func NewBucketWithQuantum(fillInterval time.Duration, capacity, quantum int64) *Bucket
```

和普通的 `NewBucket()` 的区别是，每次向桶中放令牌时，是放 `quantum` 个令牌，而不是一个令牌。

```
func NewBucketWithRate(rate float64, capacity int64) *Bucket
```

这个就有点特殊了，会按照提供的比例，每秒钟填充令牌数。例如，`capacity` 是100，而 `rate` 是0.1，那么每秒会填充10个令牌。

从桶中获取令牌也提供了几个API：

```
func (tb *Bucket) Take(count int64) time.Duration {}
func (tb *Bucket) TakeAvailable(count int64) int64 {}
func (tb *Bucket) TakeMaxDuration(count int64, maxWait time.Duration) (
    time.Duration, bool,
) {}
func (tb *Bucket) Wait(count int64) {}
func (tb *Bucket) WaitMaxDuration(count int64, maxWait time.Duration) bool {}
```

名称和功能都比较直观，这里就不再赘述了。相比于开源界更为有名的谷歌公司的Java工具库Guava中提供的限流器，这个库不支持令牌桶预热，且无法修改初始的令牌容量，所以可能个别极端情况下的需求无法满足。但在明白令牌桶的基本原理之后，如果没办法满足需求，相信你也可以很快对其进行修改以支持自己的业务场景。

5.6.2 原理

从功能上来看，令牌桶模型就是对全局计数的加减法操作过程，但使用计数需要我们自己加读写锁，有小小的思想负担。如果我们对 Go 语言已经比较熟悉的话，很容易想到可以用带有缓冲的通道来完成简单的加令牌/取令牌操作：

```
var tokenBucket = make(chan struct{}, capacity)
```

每过一段时间向 tokenBucket 中添加令牌，如果桶已经满了，那么直接放弃：

```
fillToken := func() {
    ticker := time.NewTicker(fillInterval)
    for {
        select {
        case <-ticker.C:
            select {
            case tokenBucket <- struct{}{}:
            default:
            }
            fmt.Println("current token cnt:", len(tokenBucket), time.Now())
        }
    }
}
```

把代码组合起来：

```
package main

import (
    "fmt"
    "time"
)

func main() {
    var fillInterval = time.Millisecond * 10
    var capacity = 100
    var tokenBucket = make(chan struct{}, capacity)

    fillToken := func() {
        ticker := time.NewTicker(fillInterval)
        for {
            select {
            case <-ticker.C:
                select {
                case tokenBucket <- struct{}{}:
                default:
                }
                fmt.Println("current token cnt:", len(tokenBucket), time.Now())
            }
        }
    }
```

```
    go fillToken()
    time.Sleep(time.Hour)
}
```

看看运行结果：

```
current token cnt: 98 2018-06-16 18:17:50.234556981 +0800 CST m=+0.981524018
current token cnt: 99 2018-06-16 18:17:50.243575354 +0800 CST m=+0.990542391
current token cnt: 100 2018-06-16 18:17:50.254628067 +0800 CST m=+1.001595104
current token cnt: 100 2018-06-16 18:17:50.264537143 +0800 CST m=+1.011504180
current token cnt: 100 2018-06-16 18:17:50.273613018 +0800 CST m=+1.020580055
current token cnt: 100 2018-06-16 18:17:50.2844406 +0800 CST m=+1.031407637
current token cnt: 100 2018-06-16 18:17:50.294528695 +0800 CST m=+1.041495732
current token cnt: 100 2018-06-16 18:17:50.304550145 +0800 CST m=+1.051517182
current token cnt: 100 2018-06-16 18:17:50.313970334 +0800 CST m=+1.060937371
```

在 1 秒的时候刚好填满 100 个，没有太大的偏差。不过这里可以看到，Go 的定时器存在大约 0.001 秒的误差，所以如果令牌桶大小在 1000 以上的填充可能会有一定的误差。对一般的服务来说，这一点误差无关紧要。

上面的令牌桶的取令牌操作实现起来也比较简单，为简化问题，我们这里只取一个令牌：

```
func TakeAvailable(block bool) bool{
    var takenResult bool
    if block {
        select {
        case <-tokenBucket:
            takenResult = true
        }
    } else {
        select {
        case <-tokenBucket:
            takenResult = true
        default:
            takenResult = false
        }
    }

    return takenResult
}
```

一些公司自己造的限流的轮子就是用上面这种方式来实现的，不过如果开源限流器也如此的话，那我们也没什么可说的了。现实并不是这样的。

我们来思考一下，令牌桶每隔一段固定的时间向桶中放令牌，如果我们记下上一次放令牌的时间为 `t1`，当时的令牌数 `k1`，放令牌的时间间隔为 `ti`，每次向令牌桶中放 `x` 个令牌，令牌桶容量为 `cap`。现在如果有人调用 `TakeAvailable` 来取 `n` 个令牌，我们将这个时刻记为 `t2`。在 `t2` 时刻，令牌桶中理论上应该有多少个令牌呢？伪代码如下：

```
cur = k1 + ((t2 - t1)/ti) * x
```

```
cur = cur > cap ? cap : cur
```

我们用两个时间点的时间差，再结合其他参数，理论上在取令牌之前就完全可以知道桶里有多少个令牌了。那劳心费力地像本小节前面向通道里填充令牌的操作，理论上是没有必要的。只要在每次 `Take` 的时候，再对令牌桶中的令牌数进行简单计算，就可以得到正确的令牌数。是不是很像惰性求值的感觉？

在得到正确的令牌数之后，再进行实际的 `Take` 操作就好，这个 `Take` 操作只需要对令牌数进行简单的减法即可，记得加锁以保证并发安全。`github.com/juju/ratelimit` 这个库就是这样做的。

5.6.3 服务瓶颈和 QoS

前面说了很多 CPU 瓶颈、IO 瓶颈之类的概念，这种性能瓶颈从大多数公司都有的监控系统中可以比较快速地定位，如果一个系统遇到了性能问题，那么监控图的反应一般都是最快的。

虽然性能指标很重要，但对用户提供服务时还应考虑服务整体的 QoS。QoS 全称是 Quality of Service，顾名思义是服务质量。QoS 包含可用性、吞吐量、延时、延时变化和丢失等指标。一般来讲我们可以通过优化系统，来提高 Web 服务的 CPU 利用率，从而提高整个系统的吞吐量。但吞吐量提高的同时，用户体验是有可能变差的。从用户角度比较敏感的除可用性之外，还有延时。虽然你的系统吞吐量高，但半天刷不出页面，想必会造成大量的用户流失。所以在大公司的 Web 服务性能指标中，除平均响应延时之外，还会把响应时间的 95 分位，99 分位也拿出来作为性能标准。平均响应在提高 CPU 利用率没受到太大影响时，可能 95 分位、99 分位的响应时间大幅度攀升了，那么这时候就要考虑提高这些 CPU 利用率所付出的代价是否值得了。

在线系统的机器一般都会保持 CPU 有一定的富余。

5.7 常见大型 Web 项目分层

流行的 Web 框架大多数是 MVC 框架，MVC 这个概念最早由 Trygve Reenskaug 在 1978 年提出，为了能够对 GUI 类型的应用进行方便扩展，将程序划分为 3 层。

（1）控制器（Controller）：负责转发请求，对请求进行处理。

（2）视图（View）：界面设计人员进行图形界面设计。

（3）模型（Model）：程序员编写程序应有的功能（实现算法等）、数据库专家进行数据管理和数据库设计（可以实现具体的功能）。

随着时代的发展，前端也变成了越来越复杂的工程，为了更好地工程化，现在更为流行的一般是前后分离的架构。可以认为前后分离是把 V 层从 MVC 中抽离单独成为项目。这样一个后端项目一般就只剩下 M 层和 C 层了。前后端之间通过 ajax 来交互，有时候要解决跨域的问题，但也已经有了较为成熟的方案。图 5-13 给出的是一个前后分离的系统的简易交互图。

图 5-13 里的 Vue 和 React 是现在前端界比较流行的两个框架，因为我们的重点不在这里，所以前端项目内的组织我们就不强调了。事实上，即使是简单的项目，业界也没有完全遵守 MVC 框架提出者对 M 和 C 定义的分工。有很多公司的项目会在控制器层塞入大量的逻辑，在模型层就只管理数

据的存储。这往往来源于对于模型层字面含义的某种擅自引申理解，认为从字面意思理解，这一层就是处理某种建模，而模型是什么？就是数据呗！

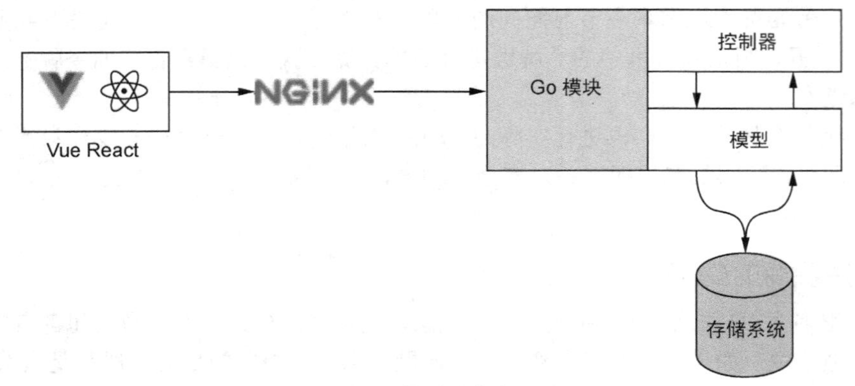

图 5-13　前后分离交互图

这种理解显然是有问题的，业务流程也算是一种“模型”，是对真实世界用户行为或者既有流程的一种建模，并非只有按格式组织的数据才能叫模型。不过按照 MVC 的创始人的想法，我们如果把和数据打交道的代码还有业务流程全部塞进 MVC 里的 M 层的话，这个 M 层又会显得有些过于臃肿。对于复杂的项目，一个 C 层和一个 M 层显然是不够用的，现在比较流行的纯后端 API 模块一般采用下述划分方法。

（1）Controller：与上述类似，是服务入口，负责处理路由、参数校验、请求转发。

（2）Logic/Service：逻辑（服务）层，一般是业务逻辑的入口，可以认为从这里开始，所有的请求参数一定是合法的。业务逻辑和业务流程也都在这一层中。常见的设计中会将该层称为业务规则。

（3）DAO/Repository：这一层主要负责和数据、存储打交道。将下层存储以更简单的函数、接口形式暴露给逻辑层来使用。负责数据的持久化工作。

每一层都会做好自己的工作，然后用请求当前的上下文构造下一层工作所需要的结构体或其他类型参数，然后调用下一层的函数。在工作完成之后，再把处理结果一层层地传出到入口，如图 5-14 所示。

划分为 C、L、D 这 3 层之后，在 C 层之前可能还需要同时支持多种协议。本章前面讲到的 Thrift、gRPC 和 HTTP 并不是一定只选择其中一种，有时我们需要支持其中的两种，例如，对于同一个接口，我们既需要效率较高的 Thrift，也需要方便调试的 HTTP 入口。也就是说，除 C、L、D 之外，还需要一个单独的协议层，负责处理各种交互协议的细节。这样请求的流程会变成图 5-15 所示的样子。

这样控制器中的入口函数就变成了下面这样：

```go
func CreateOrder(ctx context.Context, req *CreateOrderStruct) (
    *CreateOrderRespStruct, error,
) {
    // ...
}
```

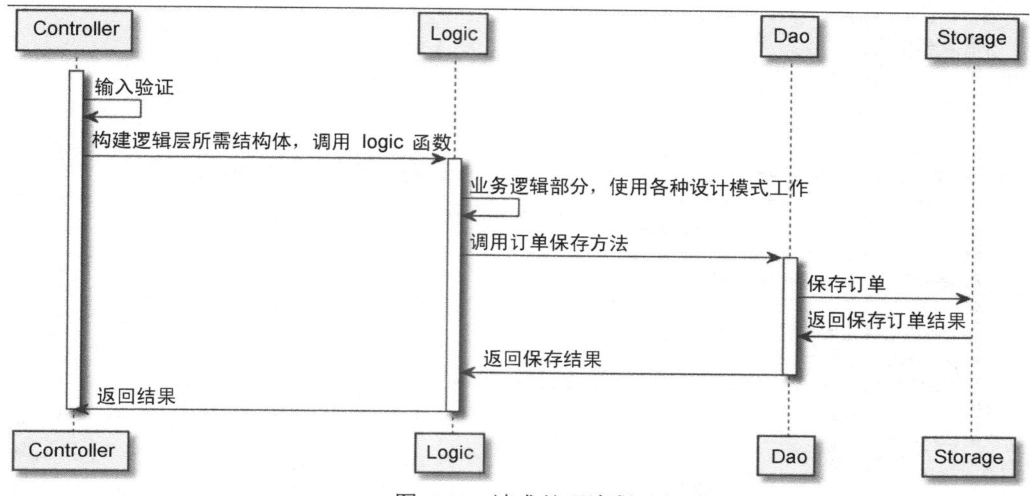

图 5-14　请求处理流程

`CreateOrder()`有两个参数，其中 `ctx` 用来传入 `trace_id` 一类的需要串联请求的全局参数，`req` 里存储了我们创建订单所需要的所有输入信息。返回结果是一个响应结构体和错误。可以认为，我们的代码运行到控制器层之后，就没有任何与"协议"相关的代码了。在这里你找不到 `http.Request`，找不到 `http.ResponseWriter`，也找不到任何与 Thrift 或者 gRPC 相关的字眼。

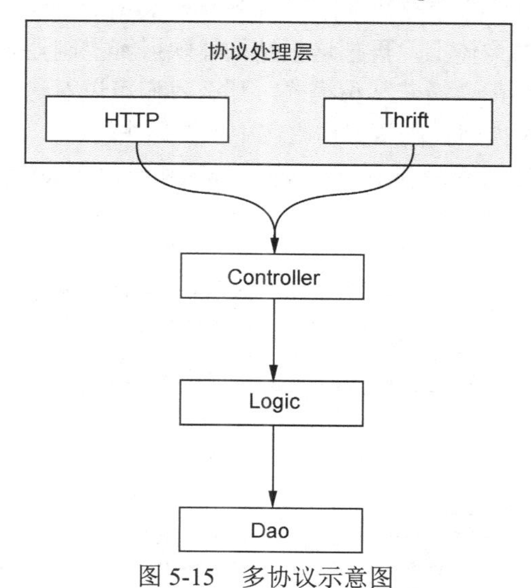

图 5-15　多协议示意图

在协议处理器处理 HTTP 的代码大致如下：

```
// 在协议层定义
type CreateOrderRequest struct {
    OrderID int64 `json:"order_id"`
```

```go
	// ...
}

// 在控制器中定义
type CreateOrderParams struct {
	OrderID int64
}

func HTTPCreateOrderHandler(wr http.ResponseWriter, r *http.Request) {
	var req CreateOrderRequest
	var params CreateOrderParams
	ctx := context.TODO()
	// 绑定数据到 req
	bind(r, &req)
	// 将协议绑定映射到协议独立
	map(req, params)
	logicResp,err := controller.CreateOrder(ctx, &params)
	if err != nil {}
	// ...
}
```

理论上我们可以用同一个请求结构体组合不同的标签，来达到一个结构体给不同的协议复用的目的。不过遗憾的是，在 Thrift 中，请求结构体也是通过 IDL 生成的，其内容在自动生成的 `ttypes.go` 文件中，我们还是需要在 Thrift 的入口将这个自动生成的结构体映射到我们 Logic 入口所需要的结构体上。gRPC 也是类似。这部分代码还是需要的。

聪明的读者可能已经看出来了，协议细节处理这一层有大量重复劳动，每一个接口在协议这一层的处理，无非是把数据从协议特定的结构体（如 `http.Request`，Thrift 请求结构体）读出来，然后绑定到我们协议无关的结构体上，再把这个结构体映射到控制器入口的结构体上，这些代码看起来都差不多。差不多的代码都遵循着某种模式，那么我们可以对这些模式进行简单的抽象，用代码生成的方式，把繁复的协议处理代码从工作内容中抽离出去。

先来看看 HTTP 对应的结构体、Thrift 对应的结构体和协议无关的结构体分别是什么样子的：

```go
// HTTP 请求结构体
type CreateOrder struct {
	OrderID   int64  `json:"order_id" validate:"required"`
	UserID    int64  `json:"user_id" validate:"required"`
	ProductID int    `json:"prod_id" validate:"required"`
	Addr      string `json:"addr" validate:"required"`
}

// Thrift 请求结构体
type FeatureSetParams struct {
	DriverID  int64  `thrift:"driverID,1,required"`
	OrderID   int64  `thrift:"OrderID,2,required"`
	UserID    int64  `thrift:"UserID,3,required"`
	ProductID int    `thrift:"ProductID,4,required"`
	Addr      string `thrift:"Addr,5,required"`
}
```

```
// 控制器输入结构体
type CreateOrderParams struct {
    OrderID int64
    UserID int64
    ProductID int
    Addr string
}
```

我们需要通过一个源结构体来生成我们需要的 HTTP 和 Thrift 入口代码。再观察一下上面定义的 3 种结构体，我们只要能用一个结构体生成 Thrift 的 IDL，以及 HTTP 服务的 IDL（只要能包含 json 或 form 相关标签的结构体定义信息）就可以了。HTTP 的标签和 Thrift 的标签在这个源结构体上可以揉在一起：

```
type FeatureSetParams struct {
    DriverID  int64  `thrift:"driverID,1,required" json:"driver_id"`
    OrderID   int64  `thrift:"OrderID,2,required" json:"order_id"`
    UserID    int64  `thrift:"UserID,3,required" json:"user_id"`
    ProductID int    `thrift:"ProductID,4,required" json:"prod_id"`
    Addr      string `thrift:"Addr,5,required" json:"addr"`
}
```

然后通过代码生成的方式，将 Thrift 的 IDL 和 HTTP 的请求结构体都生成出来，如图 5-16 所示。

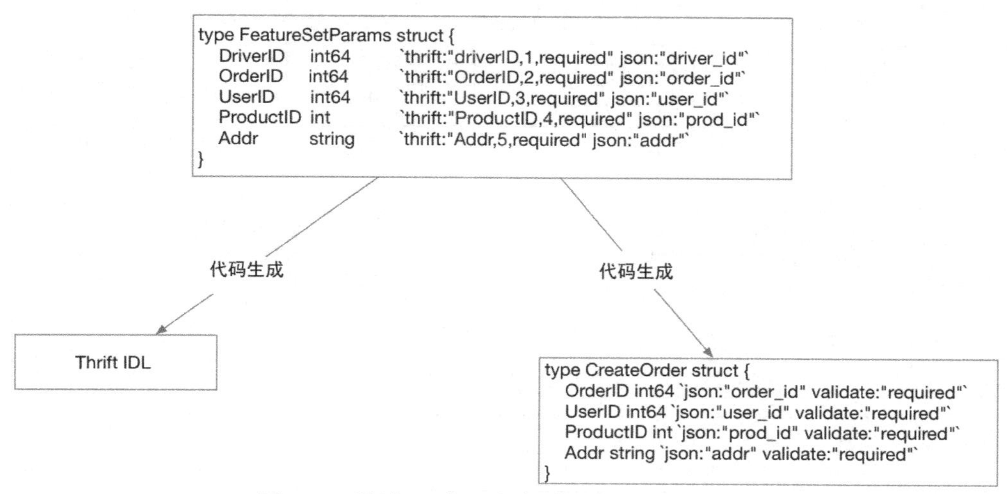

图 5-16　通过 Go 代码定义结构体生成项目入口

至于用什么手段来生成，你可以通过 Go 语言内置的解析器读取文本文件中的 Go 源代码，然后根据 AST 来生成目标代码，也可以简单地把这个源结构体和生成器的代码放在一起编译，让结构体作为生成器的输入参数（这样会更简单一些）。

当然这种思路并不是唯一选择，我们还可以通过解析 Thrift 的 IDL，生成一套 HTTP 接口的结构体。如果你选择这么做，那么整个流程就变成了图 5-17 所示的样子。

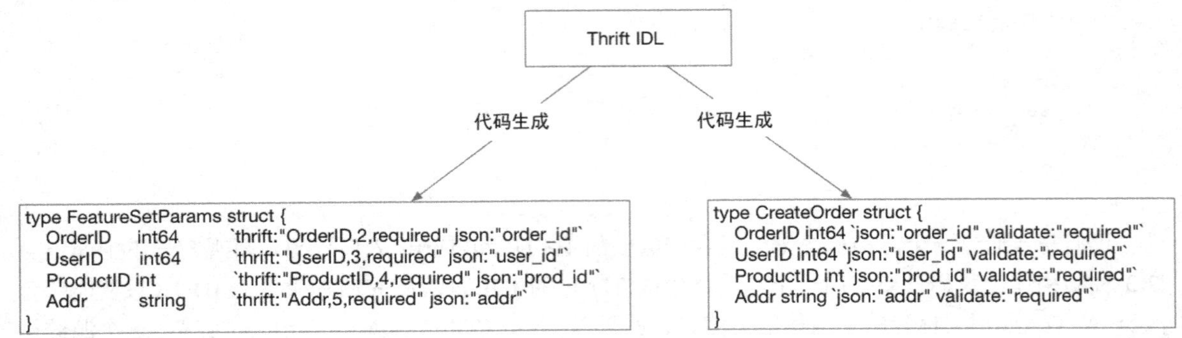

图 5-17　也可以从 Thrift 生成其他部分

看起来比之前的图顺畅一点，不过如果你选择了这么做，你需要自行对 Thrift 的 IDL 进行解析，也就是相当于可能要手写一个 Thrift 的 IDL 的 Parser，虽然现在有 Antlr 或者 peg 能帮你简化 Parser 的书写工作，但在“解析”这一步我们不希望引入太多的工作量，所以量力而行即可。

既然工作流已经成型，我们可以琢磨一下怎么让整个流程对用户更加友好。例如，在前面的生成环境引入 Web 页面，只要让用户点击鼠标就能生成 SDK，这些就靠读者自己去探索了。

虽然我们成功地使自己的项目在入口支持了多种交互协议，但是还有一些问题没有解决。本节中所叙述的分层没有将中间件作为项目的分层考虑进去。如果考虑中间件的话，请求的流程是什么样的？如图 5-18 所示。

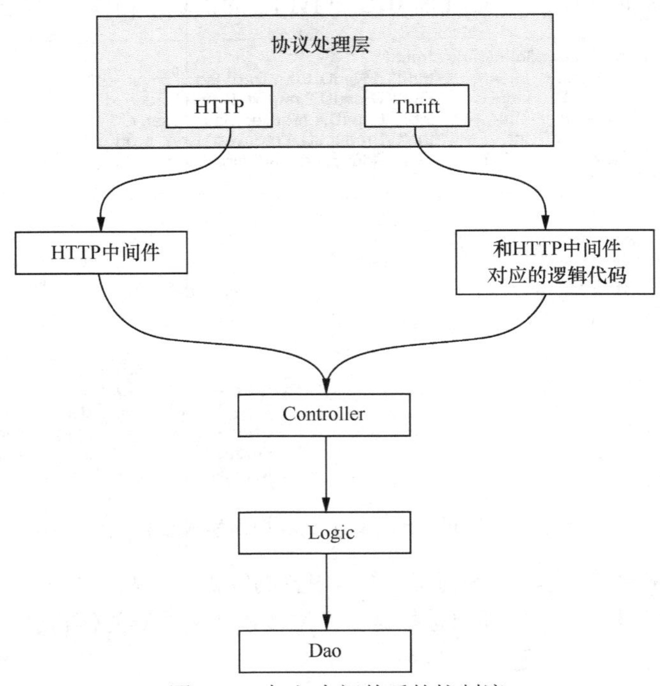

图 5-18　加入中间件后的控制流

之前我们学习的中间件是和 HTTP 协议强相关的，遗憾的是在 Thrift 中看起来没有和 HTTP 中对等的解决这些非功能性逻辑代码重复问题的中间件。所以目前针对 Thrift 还是要写一些较为重复的非功能性代码。

这也是很多企业项目所面临的真实问题，遗憾的是开源界并没有这种方便的多协议中间件解决方案。当然，前面我们也说过，很多时候我们给自己保留的 HTTP 接口只是用来做调试，并不会公开给外人用。这种情况下，这些非功能性的代码只要在 Thrift 的代码中完成即可。

5.8 接口和表驱动开发

在 Web 项目中经常会遇到外部依赖环境的变化，如以下几种情况。

（1）公司的老存储系统年久失修，现在已经没有人维护了，新的系统上线也没有考虑平滑迁移，但最后通牒已下，要求 N 天之内迁移完毕。

（2）平台部门的老用户系统年久失修，现在已经没有人维护了，真是悲伤的故事。新系统上线没有考虑兼容旧接口，但最后通牒已下，要求 N 个月之内迁移完毕。

（3）公司的旧消息队列人走茶凉，年久失修，新来的技术精英们没有考虑向前兼容，但最后通牒已下，要求半年之内迁移完毕。

你看到了，我们的外部依赖总是因为不可抗力不断地做升级，并且不想做向前兼容，然后给我们下最后通牒。如果我们的部门工作饱和、领导强势，那么有时候也可以要求依赖方来做兼容。但世事不一定如人愿，总会遇到依赖方进行不兼容升级并且需要我们的系统进行配合的情况。

我们可以思考一下怎么缓解这个问题。

5.8.1 业务系统的发展过程

互联网公司只要可以活过 3 年，工程方面面临的首要问题就是代码膨胀。系统的代码膨胀之后，可以将系统中与业务流程本身无关的部分做拆解和异步化。什么算是业务无关呢，比如一些统计、反作弊、营销发券、价格计算、用户状态更新等需求。这些需求往往依赖于主流程的数据，但又只是挂在主流程上的旁支，自成体系。

这时候我们就可以把这些旁支拆解出去，作为独立的系统来部署、开发以及维护。这些旁支流程的时延如果非常敏感，例如，用户在界面上点了按钮，需要立刻返回（价格计算、支付），那么需要与主流程系统进行 RPC 通信，并且在通信失败时，要将结果直接返回给用户。如果时延不敏感，比如抽奖系统，结果稍后公布的这种，或者非实时的统计类系统，那么就没有必要在主流程里为每一套系统做一套 RPC 流程。我们只要将下游需要的数据打包成一条消息，传入消息队列，之后的事情就与主流程一概无关（当然，与用户的后续交互流程还是要做的）。

通过拆解和异步化虽然解决了一部分问题，但并不能解决所有问题。随着业务发展，单一职责的模块也会变得越来越复杂，这是必然的趋势。如果一件事情本身变得复杂的话，那么拆解和异步化就不灵了。我们还是要对事情本身进行一定程度的封装抽象。

5.8.2 使用函数封装业务流程

最基本的封装过程是把相似的行为放在一起，然后打包成一个一个的函数，让杂乱无章的代码变成下面这个样子：

```
func BusinessProcess(ctx context.Context, params Params) (resp, error){
    ValidateLogin()
    ValidateParams()
    AntispamCheck()
    GetPrice()
    CreateOrder()
    UpdateUserStatus()
    NotifyDownstreamSystems()
}
```

不管是多么复杂的业务，系统内的逻辑都是可以分解为“第 1 步→第 2 步→第 3 步……”这样的流程的。

每一个步骤内部也会有复杂的流程，例如：

```
func CreateOrder() {
    ValidateDistrict()     // 判断是否是地区限定商品
    ValidateVIPProduct()   // 检查是否是只提供给 vip 的商品
    GetUserInfo()          // 从用户系统获取更详细的用户信息
    GetProductDesc()       // 从商品系统获取商品在该时间点的详细信息
    DecrementStorage()     // 扣减库存
    CreateOrderSnapshot()  // 创建订单快照
    return CreateSuccess
}
```

在阅读业务流程代码时，我们只要阅读其函数名就能知晓在该流程中完成了哪些操作。如果需要修改细节，那么就继续深入到每一个业务步骤去看具体的流程。写得糟糕的业务流程代码则会将所有过程都堆积在少数的几个函数中，从而导致几百甚至上千行的函数。这种意大利面条式的代码阅读和维护起来都会非常痛苦。在开发的过程中，一旦有条件应该立即进行类似上面这种方式的简单封装。

5.8.3 使用接口来做抽象

业务发展的早期，是不适宜引入接口（interface）的，很多时候业务流程变化很大，过早引入接口会使业务系统本身增加很多不必要的分层，从而导致每次修改几乎都要全盘否定之前的工作。

当业务发展到一定阶段，主流程稳定之后，就可以适当地使用接口来进行抽象了。这里的稳定，是指主流程的大部分业务步骤已经确定，即使再进行修改，也不会进行大规模的变动，而只是小修小补，或者只是增加或删除少量业务步骤。

如果我们在开发过程中已经对业务步骤进行了良好的封装，这时候进行接口抽象化就会变得非常容易，伪代码如下：

```
// OrderCreator 创建订单流程
type OrderCreator interface {
```

```
    ValidateDistrict()     // 判断是否是地区限定商品
    ValidateVIPProduct()   // 检查是否是只提供给 vip 的商品
    GetUserInfo()          // 从用户系统获取更详细的用户信息
    GetProductDesc()       // 从商品系统获取商品在该时间点的详细信息
    DecrementStorage()     // 扣减库存
    CreateOrderSnapshot()  // 创建订单快照
}
```

我们只要把之前写过的步骤函数签名都提到一个接口中，就可以完成抽象了。

在进行抽象之前，我们应该想明白的一点是引入接口对我们的系统本身是否有意义，这是要按照场景去进行分析的。假如我们的系统只服务一条产品线，并且内部的代码只是针对很具体的场景进行定制化开发，那么引入接口是不会带来任何收益的。

如果我们正在做的是平台系统，需要由平台来定义统一的业务流程和业务规范，那么基于接口的抽象就是有意义的。举个例子，如图 5-19 所示。平台需要服务多条业务线，但数据定义需要统一，所以希望都能走平台定义的流程。平台方可以定义一套类似上文的接口，然后要求接入方的业务必须将这些接口都实现。如果接口中有其不需要的步骤，那么只要返回 `nil` 或者忽略就可以。

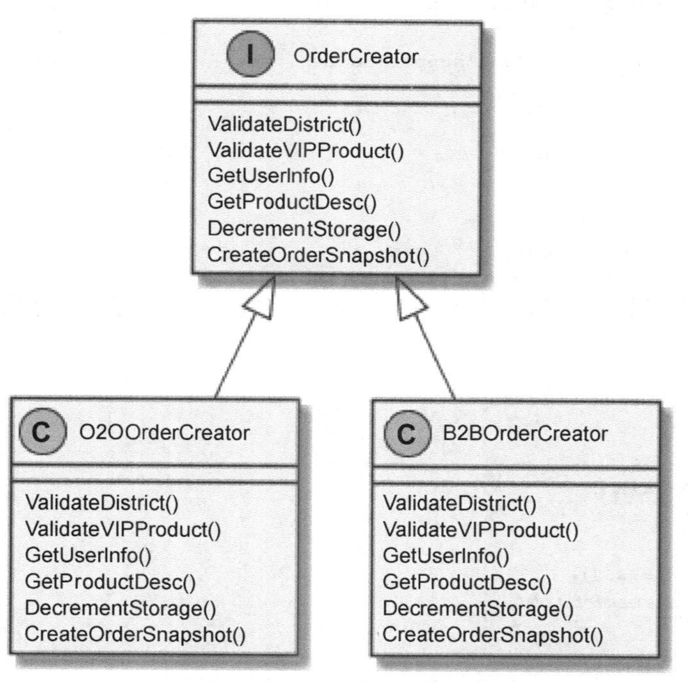

图 5-19 实现公有的接口

在业务进行迭代时，平台的代码是不用修改的，这样我们便把这些接入业务当成了平台代码的插件（plugin）引入进来了。如果没有接口的话，我们会怎么做？

```
import (
    "sample.com/travelorder"
    "sample.com/marketorder"
```

```
)

func CreateOrder() {
    switch businessType {
    case TravelBusiness:
        travelorder.CreateOrder()
    case MarketBusiness:
        marketorder.CreateOrderForMarket()
    default:
        return errors.New("not supported business")
    }
}

func ValidateUser() {
    switch businessType {
    case TravelBusiness:
        travelorder.ValidateUserVIP()
    case MarketBusiness:
        marketorder.ValidateUserRegistered()
    default:
        return errors.New("not supported business")
    }
}

// ...
switch ...
switch ...
switch ...
```

没错，就是无穷无尽的 switch 和没完没了的垃圾代码。引入了接口之后，switch 只需要在业务入口做一次。

```
type BusinessInstance interface {
    ValidateLogin()
    ValidateParams()
    AntispamCheck()
    GetPrice()
    CreateOrder()
    UpdateUserStatus()
    NotifyDownstreamSystems()
}

func entry() {
    var bi BusinessInstance
    switch businessType {
        case TravelBusiness:
            bi = travelorder.New()
        case MarketBusiness:
            bi = marketorder.New()
        default:
            return errors.New("not supported business")
```

```go
    }
}

func BusinessProcess(bi BusinessInstance) {
    bi.ValidateLogin()
    bi.ValidateParams()
    bi.AntispamCheck()
    bi.GetPrice()
    bi.CreateOrder()
    bi.UpdateUserStatus()
    bi.NotifyDownstreamSystems()
}
```

面向接口编程，不用关心具体的实现。如果对应的业务在迭代中发生了改变，那么所有的逻辑对平台方来说也是完全透明的。

5.8.4 接口的优缺点

Go 被人称道的最多的地方是其接口设计的正交性，模块之间不需要知晓相互的存在，A 模块定义接口，B 模块实现这个接口就可以。如果接口中没有 A 模块中定义的数据类型，那么 B 模块中甚至不用 `import A`。例如，标准库中的 `io.Writer`：

```go
type Writer interface {
    Write(p []byte) (n int, err error)
}
```

我们可以在自己的模块中实现 `io.Writer` 接口：

```go
type MyType struct {}

func (m MyType) Write(p []byte) (n int, err error) {
    return 0, nil
}
```

那么我们就可以把自己的 `MyType` 传给任何使用 `io.Writer` 作为参数的函数来使用了，例如：

```go
package log

func SetOutput(w io.Writer) {
    output = w
}
```

然后：

```go
package my-business

import "xy.com/log"

func init() {
    log.SetOutput(MyType)
}
```

在 MyType 定义的地方，不需要 import "io"就可以直接实现 io.Writer 接口，我们还可以随意地组合很多函数，以实现各种类型的接口，同时接口实现方和接口定义方都不用建立 import 产生的依赖关系。因此很多人认为 Go 的这种正交是一种很优秀的设计。

但这种“正交”性也会给我们带来一些麻烦。当我们接手一个几十万行的系统时，如果看到定义了很多接口，例如订单流程的接口，我们希望能直接找到这些接口被哪些对象实现了。但直到现在，这个简单的需求只有 Goland 实现了，并且体验尚可。Visual Studio Code 则需要对项目进行全局扫描，来看到底有哪些结构体实现了该接口的全部函数。那些显式实现接口的语言，对 IDE 的接口查找来说就友好多了。另一方面，当我们看到一个结构体时，也希望能够立刻知道这个结构体实现了哪些接口，但也有着和前面提到的相同的问题。

虽有不便，但接口带给我们的好处是不言而喻的：一是依赖反转，这是接口在大多数语言中对软件项目能产生的影响，在 Go 的正交接口的设计场景下甚至可以去除依赖；二是由编译器来帮助我们在编译期就能检查到类似“未完全实现接口”这样的错误，如果业务未实现某个流程，但又将其实例作为接口强行使用的话：

```go
package main

type OrderCreator interface {
    ValidateUser()
    CreateOrder()
}

type BookOrderCreator struct{}

func (boc BookOrderCreator) ValidateUser() {}

func createOrder(oc OrderCreator) {
    oc.ValidateUser()
    oc.CreateOrder()
}

func main() {
    createOrder(BookOrderCreator{})
}
```

会报出下述错误：

```
# command-line-arguments
./a.go:18:30: cannot use BookOrderCreator literal (type BookOrderCreator) as type Ord
erCreator in argument to createOrder:
    BookOrderCreator does not implement OrderCreator (missing CreateOrder method)
```

所以也可以认为接口是一种编译期进行检查的保证类型安全的手段。

5.8.5 表驱动开发

熟悉开源 lint 工具的读者应该听过圈复杂度的说法，在函数中如果有 `if` 和 `switch` 的话，会使函数的圈复杂度上升，所以对于有强迫症的读者，即使在入口一个函数中有 `switch`，也想要去掉这个 `switch`，有没有什么办法呢？当然有，用表驱动的方式来存储我们需要的实例：

```
func entry() {
    var bi BusinessInstance
    switch businessType {
    case TravelBusiness:
        bi = travelorder.New()
    case MarketBusiness:
        bi = marketorder.New()
    default:
        return errors.New("not supported business")
    }
}
```

可以修改为：

```
var businessInstanceMap = map[int]BusinessInstance {
    TravelBusiness : travelorder.New(),
    MarketBusiness : marketorder.New(),
}

func entry() {
    bi := businessInstanceMap[businessType]
}
```

对于表驱动的设计方式，很多设计模式相关的图书并没有把它作为一种设计模式来讲，但我认为这依然是一种非常重要的帮助我们来简化代码的手段。在日常的开发工作中可以多思考哪些不必要的 `switch case` 用一个字典和一行代码就可以轻松搞定。

当然，表驱动也不是没有缺点，因为需要对输入键计算散列，在性能敏感的场合需要多加斟酌。

5.9 灰度发布和 A/B 测试

中型互联网公司往往有数以百万计的用户，而大型互联网公司的系统则可能要服务千万级甚至亿级的用户需求。大型系统的请求流入往往是源源不断的，任何风吹草动，都一定会有最终用户感受得到。例如，你的系统在上线途中会拒绝一些上游过来的请求，而这时候依赖你的系统没有做任何容错，那么这个错误就会一直向上抛出，直至触达最终用户，形成一次对用户切切实实的伤害。这种伤害可能是在用户的 APP 上弹出一个让用户摸不着头脑的诡异字符串，用户只要刷新一下页面就可以忘记这件事。但也可能会让正在心急如焚地和几万竞争对手同时抢夺秒杀商品的用户，因为代码上的小问题，丧失了先发优势，与自己心仪几个月的产品失之交臂。对用户的伤害有多大，取决于你的系统对你的用户来说有多重要。

不管怎么说，在大型系统中容错是重要的，能够让系统按百分比、分批次到达最终用户也是很重要的。虽然当今的互联网公司系统，名义上会说自己上线前都经过了充分慎重严格的测试，但就算它们真做到了，代码的 bug 也是在所难免的。即使代码没有 bug，分布式服务之间的协作也是可能出现“逻辑”上的非技术问题的。

这时候，灰度发布就显得非常重要了，灰度发布也称为金丝雀发布，传说 17 世纪的英国矿井工人发现金丝雀对瓦斯气体非常敏感，瓦斯达到一定浓度时，金丝雀即会死亡，但金丝雀的瓦斯致死量对人并不致死，因此金丝雀被用来当成他们的瓦斯检测工具。互联网系统的灰度发布一般通过两种方式实现。

（1）通过分批次部署实现灰度发布。

（2）通过业务规则进行灰度发布。

在对系统的旧功能进行升级迭代时，第一种方式用得比较多。新功能上线时，第二种方式用得比较多。当然，对比较重要的旧功能进行较大幅度的修改时，一般也会选择按业务规则来进行发布，因为直接全量开放给所有用户风险实在太大。

5.9.1　通过分批次部署实现灰度发布

假如服务部署在 15 个实例（可能是物理机，也可能是容器）上，我们把这 15 个实例分为 4 组，按照先后顺序，分别有 1-2-4-8 台机器，保证每次扩展时大概都是两倍的关系，如图 5-20 所示。

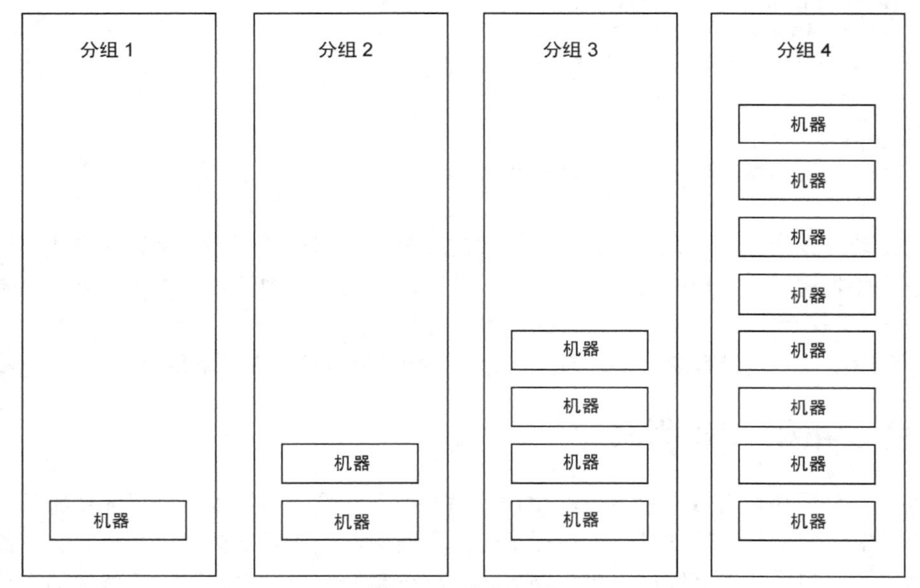

图 5-20　分组部署

为什么要用两倍？这样能够保证我们不管有多少台机器，都不会把组划分得太多。例如，1024 台机器，只需要 1-2-4-8-16-32-64-128-256-512 部署 10 次就可以全部部署完毕。

这样我们上线最开始影响的用户在整体用户中占的比例也不大，例如 1000 台机器的服务，我们上线后如果出现问题，也只影响 1/1000 的用户。如果 10 组完全平均划分，那么一上线立刻就会影响 1/10 的用户，1/10 的业务出问题对公司来说可能就已经是一场不可挽救的事故了。

在上线时，最有效的观察方法是查看程序的错误日志，如果有较明显的逻辑错误，一般错误日志的滚动速度都会有肉眼可见的增加。这些错误也可以通过 metrics 一类的系统上报给公司内的监控系统，所以在上线过程中，也可以通过观察监控曲线，来判断是否有异常发生。

如果有异常情况，首先要做的自然就是回滚了。

5.9.2 通过业务规则进行灰度发布

常见的灰度策略有多种。例如，我们的策略是要按照千分比来发布，那么可以用用户 ID、手机号、用户设备信息等，来生成一个简单的散列值，然后再求模，用伪代码表示如下：

```
// pass 3/1000
func passed() bool {
    key := hashFunctions(userID) % 1000
    if key <= 2 {
        return true
    }

    return false
}
```

常见的灰度发布系统有下列规则可供选择：

- 按城市发布；
- 按概率发布；
- 按百分比发布；
- 按白名单发布；
- 按业务线发布；
- 按 UA 发布（App、Web、PC）；
- 按分发渠道发布。

因为和公司的业务相关，所以城市、业务线、UA、分发渠道都可能会被直接编码在系统里，不过功能其实大同小异。

按白名单发布比较简单，功能上线时，我们可能希望只有公司内部的员工和测试人员才可以访问新功能，会直接把账号、邮箱写入白名单，拒绝其他任何账号的访问。

按概率发布则是指实现一个简单的函数：

```
func isTrue() bool {
    return true/false according to the rate provided by user
}
```

其可以按照用户指定的概率返回 `true` 或者 `false`，当然，`true` 的概率加 `false` 的概率应该是 100%。这个函数不需要任何输入。

按百分比发布，是指实现下面这样的函数：

```
func isTrue(phone string) bool {
    if hash of phone matches {
        return true
    }
```

```
    return false
}
```

这种情况可以按照指定的百分比，返回对应的 true 和 false，和上面的单纯按照概率的区别是这里需要调用方提供给我们一个输入参数，我们以该输入参数作为源来计算散列，并以散列后的结果来求模，并返回结果。这样可以保证同一个用户返回结果的多次调用是一致的，在下面这种场景下，必须使用这种结果可预期的灰度算法，如图 5-21 所示。

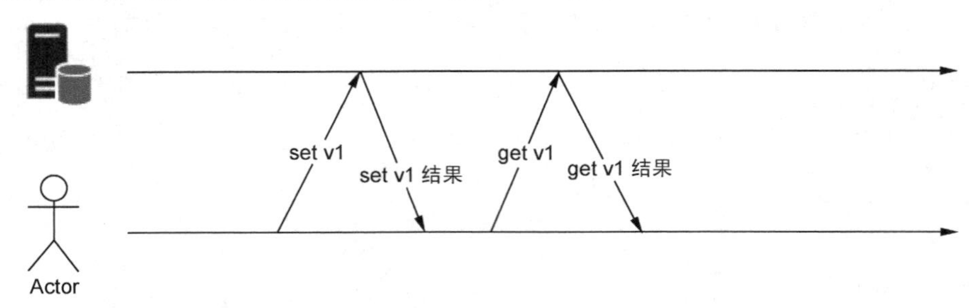

图 5-21 先 set 然后马上 get

如果采用随机策略，可能会出现图 5-22 所示的这种问题。

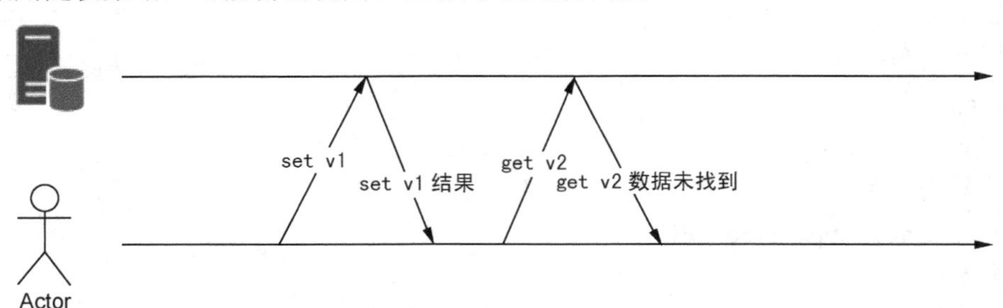

图 5-22 先 set 然后马上 get

举个具体的例子，网站的注册环节可能有两套 API，按照用户 ID 进行灰度发布，分别是不同的存取逻辑。如果存储时使用 v1 版本的 API 而获取时使用 v2 版本的 API，那么就可能出现用户注册成功后反而返回注册失败消息的诡异问题。

5.9.3 如何实现一套灰度发布系统

前面也提到了，提供给用户的接口大概可以分为和业务绑定的简单灰度判断逻辑，以及输入稍微复杂一些的散列灰度。我们来分别看看怎么实现这样的灰度系统（函数）。

1. 业务相关的简单灰度

公司内一般都会有公共的城市名字和 ID 的映射关系，如果业务只涉及中国国内，那么城市数量不会特别多，且 ID 可能在 10000 以内。那么只要开辟一个一万大小左右的布尔数组，就可以满足需求了：

```
var cityID2Open = [12000]bool{}
```

```
func init() {
    readConfig()
    for i:=0;i<len(cityID2Open);i++ {
        if city i is opened in configs {
            cityID2Open[i] = true
        }
    }
}

func isPassed(cityID int) bool {
    return cityID2Open[cityID]
}
```

如果公司给 cityID 赋的值比较大，那么可以考虑用 map 来存储映射关系，map 的查询比数组稍慢，但扩展会灵活一些：

```
var cityID2Open = map[int]struct{}{}

func init() {
    readConfig()
    for _, city := range openCities {
        cityID2Open[city] = struct{}{}
    }
}

func isPassed(cityID int) bool {
    if _, ok := cityID2Open[cityID]; ok {
        return true
    }

    return false
}
```

按白名单、业务线、UA、分发渠道发布，本质上和按城市发布是一样的，这里就不再赘述了。按概率发布稍微特殊一些，不过不考虑输入实现起来也很简单：

```
func init() {
    rand.Seed(time.Now().UnixNano())
}

// rate 为 0~100
func isPassed(rate int) bool {
    if rate >= 100 {
        return true
    }

    if rate > 0 && rand.Int(100) > rate {
        return true
    }
```

```
        return false
    }
```

注意初始化种子。

2. 散列算法

求散列可用的算法非常多，如 md5、crc32、sha1 等，但这里的目的只是为了给这些数据做个映射，并不想要因为计算散列消耗过多的 CPU，所以现在业界使用较多的算法是 MurmurHash，下面是我们对这些常见的散列算法的简单基准测试。

下面使用标准库的 md5、sha1 和开源的 murmur3 实现来进行对比。

```
package main

import (
    "crypto/md5"
    "crypto/sha1"

    "github.com/spaolacci/murmur3"
)

var str = "hello world"

func md5Hash() [16]byte {
    return md5.Sum([]byte(str))
}

func sha1Hash() [20]byte {
    return sha1.Sum([]byte(str))
}

func murmur32() uint32 {
    return murmur3.Sum32([]byte(str))
}

func murmur64() uint64 {
    return murmur3.Sum64([]byte(str))
}
```

为这些算法写一个基准测试：

```
package main

import "testing"

func BenchmarkMD5(b *testing.B) {
    for i := 0; i < b.N; i++ {
        md5Hash()
    }
}
```

```
func BenchmarkSHA1(b *testing.B) {
    for i := 0; i < b.N; i++ {
        sha1Hash()
    }
}

func BenchmarkMurmurHash32(b *testing.B) {
    for i := 0; i < b.N; i++ {
        murmur32()
    }
}

func BenchmarkMurmurHash64(b *testing.B) {
    for i := 0; i < b.N; i++ {
        murmur64()
    }
}
```

然后看看运行效果：

```
~/t/g/hash_bench git:master ❯❯❯ go test -bench=.
goos: darwin
goarch: amd64
BenchmarkMD5-4              10000000 180 ns/op
BenchmarkSHA1-4             10000000 211 ns/op
BenchmarkMurmurHash32-4 50000000  25.7 ns/op
BenchmarkMurmurHash64-4 20000000  66.2 ns/op
PASS
ok _/Users/caochunhui/test/go/hash_bench 7.050s
```

可见，MurmurHash 与其他算法相比，有 3 倍以上的性能提升。显然如果做负载均衡的话，用 MurmurHash 要比 md5 和 sha1 都要好。这些年社区里还有另外一些更高效的散列算法出现，感兴趣的读者可以自行研究。

3. 分布是否均匀

对散列算法来说，除了性能方面的问题，还要考虑散列后的值是否分布均匀。如果散列后的值分布不均匀，就自然起不到均匀灰度的效果了。

以 murmur3 为例，我们先以 15810000000 开头，造 1000 万个和手机号类似的数字，然后将计算后的散列值分成 10 个桶，并观察计数是否均匀：

```
package main

import (
    "fmt"

    "github.com/spaolacci/murmur3"
)

var BucketSize = 10
```

```
func main() {
    var BucketMap = map[uint64]int{}
    for i := 15000000000; i < 15000000000+10000000; i++ {
        hashInt := murmur64(fmt.Sprint(i)) % uint64(BucketSize)
        BucketMap[hashInt]++
    }
    fmt.Println(BucketMap)
}

func murmur64(p string) uint64 {
    return murmur3.Sum64([]byte(p))
}
```

看看执行结果：

```
map[7:999475 5:1000359 1:999945 6:1000200 3:1000193 9:1000765 2:1000044 \
4:1000343 8:1000823 0:997853]
```

偏差都在 1/100 以内，可以接受。读者在研究其他算法，并判断是否可以用来做灰度发布时，也应该从本节中提到的性能和均衡度两方面出发，对其进行考察。

5.10 补充说明

现代的软件工程是离不开 Web 的，广义来讲，Web 甚至可以不用非得基于 HTTP 协议。只要是 CS 或者 BS 架构，都可以认为是 Web 系统。

即使是在看起来非常封闭的游戏系统里，因为玩家们与日俱增的联机需求，也同样会涉及远程通信，这里面也会涉及很多 Web 方面的技术。

所以，这个时代，Web 编程是一个程序员必须接触的知识领域。无论你的目标是成为架构师、去创业，还是去当技术顾问，Web 方面的知识都是不可或缺的。

第 6 章

分布式系统

被别人指出问题时，别管别人能不能做到，看别人说的对不对，然后完善自己。别人能不能做到是别人的事情，自己能不能做到关系到自己能否发展得更好。

——hustlihaifeng

Go 语言号称是互联网时代的 C 语言。现在的互联网时代已经不是以前的一台主机搞定一切的时代，互联网时代的后台服务由大量的分布式系统构成，任何单一后台服务器节点的故障都不会导致整个系统的停机。同时以阿里云、腾讯云、青云为代表的云厂商崛起标志着云时代的到来，在云时代分布式编程将成为一个基本技能。而基于 Go 语言构建的 Docker、K8s 等系统推动了云时代的提前到来。

对于已经比较完善的分布式系统，我们会简单讲解怎么通过使用它们来提高工作效率。对于没有现成解决方案的系统，我们会按照自己的业务需求提出解决方案。

6.1 分布式 ID 生成器

有时我们需要能够生成类似 MySQL 自增 ID 这样不断增大，同时又不会重复的 ID，以支持业务中的高并发场景。比较典型的，如电商促销时，短时间内会有大量的订单涌入系统，如每秒 10 万多。明星有大事件发生时，会有大量热情的粉丝发微博以表心意，同样会在短时间内产生大量的消息。

在插入数据库之前，需要给这些消息、订单先打上一个 ID，然后再插入数据库。对这个 ID 的要求是希望其中能带有一些时间信息，这样即使我们后端的系统对消息进行了分库分表，也能够以时间顺序对这些消息进行排序。

Twitter 的 snowflake 算法是这种场景下的一个典型解法。先来看看 snowflake 是怎样的，如图 6-1 所示。

首先确定数值是 64 位，`int64` 类型，被划分为 4 部分，不含开头的第一位，因为这个位是符号位。随后用 41 位来表示收到请求时的时间戳，单位为毫秒，然后用 5 位来表示数据中心的 ID，再用 5 位来表示机器的实例 ID，最后是 12 位的循环自增 ID（到达 1111 1111 1111 后会归零）。

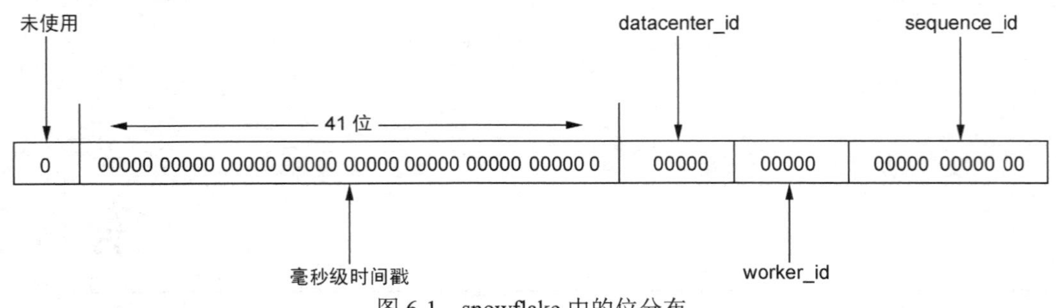

图 6-1　snowflake 中的位分布

这样的机制可以支持在同一台机器上在 1 毫秒内产生 2^{12}（即 4096）条消息，1 秒内共产生 409.6 万条消息。从值域上来讲完全够用了。

数据中心加上实例 ID 共有 10 位，可以支持每个数据中心部署 32 台机器，所有数据中心共 1024 台实例。

表示时间戳的 41 位，可以支持我们使用 69 年。当然，时间毫秒计数不会真的从 1970 年开始，因为那样我们的系统运行到 2039/9/7 23:47:35 就不能用了，所以这里的时间戳只是相对于某个时间的增量。例如，如果我们的系统上线时间是 2018-08-01，就可以把这个时间戳当作是从 2018-08-01 00:00:00.000 的偏移量。

6.1.1　worker_id 分配

timestamp，datacenter_id，worker_id 和 sequence_id 这 4 个字段中，timestamp 和 sequence_id 是由程序在运行期生成的。但 datacenter_id 和 worker_id 需要我们在部署阶段就能够获取到，并且一旦程序启动之后，就是不可更改的了（想想，如果可以随意更改，那么可能被不慎修改而造成最终生成的 ID 有冲突）。

一般不同数据中心的机器，会提供对应的获取数据中心 ID 的 API，所以我们可以在部署阶段轻松地获取到 datacenter_id，而 worker_id 是我们逻辑上给机器分配的 ID，这怎么办呢？比较简单的想法是由能够提供这种自增 ID 功能的工具来支持，例如 MySQL：

```
mysql> insert into a (ip) values("10.1.2.101");
Query OK, 1 row affected (0.00 sec)

mysql> select last_insert_id();
+------------------+
| last_insert_id() |
+------------------+
|                2 |
+------------------+
1 row in set (0.00 sec)
```

从 MySQL 中获取到 worker_id 之后，就把这个 worker_id 直接持久化到本地，以避免每次上线时都需要获取新的 worker_id。让单实例的 worker_id 可以始终保持不变。

当然，使用 MySQL 相当于给简单的 ID 生成服务增加了一个外部依赖。依赖越多，服务的可运维性就越差。

考虑到集群中即使有单个 ID 生成服务的实例发生故障了，结果也就是损失一段时间的一部分 ID，所以我们也可以更简单一些，即把 `worker_id` 直接写在工作进程的配置中，上线时，由部署脚本完成 `worker_id` 字段替换。

6.1.2 开源实例

1. 标准 snowflake 实现

`github.com/bwmarrin/snowflake` 是一个相当轻量化的 snowflake 的 Go 实现，其文档对各个位使用的定义如图 6-2 所示。

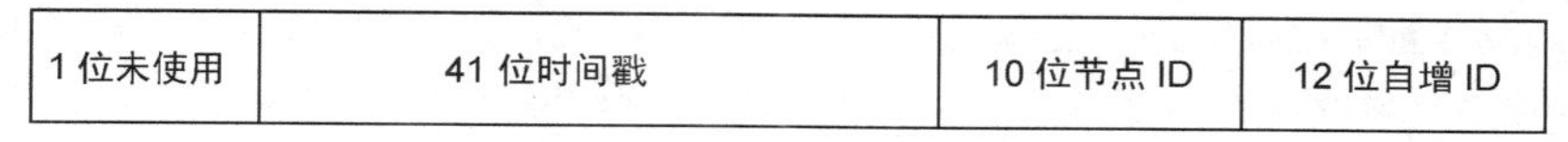

图 6-2　snowflake 库

和标准的 snowflake 完全一致，使用上比较简单：

```
package main

import (
    "fmt"
    "os"

    "github.com/bwmarrin/snowflake"
)

func main() {
    n, err := snowflake.NewNode(1)
    if err != nil {
        println(err)
        os.Exit(1)
    }

    for i := 0; i < 3; i++ {
        id := n.Generate()
        fmt.Println("id", id)
        fmt.Println(
            "node: ", id.Node(),
            "step: ", id.Step(),
            "time: ", id.Time(),
            "\n",
        )
```

```
    }
}
```

当然，这个库也给我们留好了定制的后路，其中预留了一些可定制字段：

```
// Epoch is set to the twitter snowflake epoch of Nov 04 2010 01:42:54 UTC
// You may customize this to set a different epoch for your application.
Epoch int64 = 1288834974657

// Number of bits to use for Node
// Remember, you have a total 22 bits to share between Node/Step
NodeBits uint8 = 10

// Number of bits to use for Step
// Remember, you have a total 22 bits to share between Node/Step
StepBits uint8 = 12
```

Epoch 就是本节开头讲的起始时间，NodeBits 指的是机器编号的位长，StepBits 指的是自增序列的位长。

2. sonyflake

sonyflake 是索尼公司的一个开源项目，基本思路和 snowflake 差不多，不过在位分配上稍有不同，如图 6-3 所示。

1 位未使用	39 位时间戳	8 位自增 ID	16 位机器 ID

图 6-3　sonyflake

这里的时间戳只用了 39 位，但时间的单位变成了 10 毫秒，所以理论上比 41 位表示的时间戳还要长（174 年）。

序列 ID 和之前的定义一致，机器 ID 其实就是节点 ID。sonyflake 与众不同的地方在于其在启动阶段的配置参数：

```
func NewSonyflake(st Settings) *Sonyflake
```

Settings 数据结构如下：

```
type Settings struct {
    StartTime      time.Time
    MachineID      func() (uint16, error)
    CheckMachineID func(uint16) bool
}
```

StartTime 选项和我们之前的 Epoch 差不多，如果不设置的话，默认是从 2014-09-01 00:00:00 +0000 UTC 开始。

MachineID 可以是由用户自定义的函数，如果用户不定义的话，会默认将本机 IP 的低 16 位作为 MachineId。

CheckMachineID 是由用户提供的检查 MachineID 是否冲突的函数。这里的设计还是比较巧妙的，如果有另外的中心化存储并支持检查重复的存储，那么我们就可以按照自己的想法随意定制这个检查 MachineID 是否冲突的逻辑。如果公司有现成的 Redis 集群，那么可以很轻松地用 Redis 的集合类型来检查冲突：

```
redis 127.0.0.1:6379> SADD base64_encoding_of_last16bits MzI0Mgo=
(integer) 1
redis 127.0.0.1:6379> SADD base64_encoding_of_last16bits MzI0Mgo=
(integer) 0
```

使用起来也比较简单，有一些逻辑简单的函数就省略具体实现了：

```go
package main

import (
    "fmt"
    "os"
    "time"

    "github.com/sony/sonyflake"
)

func getMachineID() (uint16, error) {
    var machineID uint16
    var err error
    machineID = readMachineIDFromLocalFile()
    if machineID == 0 {
        machineID, err = generateMachineID()
        if err != nil {
            return 0, err
        }
    }

    return machineID, nil
}

func checkMachineID(machineID uint16) bool {
    saddResult, err := saddMachineIDToRedisSet()
    if err != nil || saddResult == 0 {
        return true
    }

    err := saveMachineIDToLocalFile(machineID)
    if err != nil {
        return true
    }

    return false
}
```

```go
func main() {
    t, _ := time.Parse("2006-01-02", "2018-01-01")
    settings := sonyflake.Settings{
        StartTime:      t,
        MachineID:      getMachineID,
        CheckMachineID: checkMachineID,
    }

    sf := sonyflake.NewSonyflake(settings)
    id, err := sf.NextID()
    if err != nil {
        fmt.Println(err)
        os.Exit(1)
    }

    fmt.Println(id)
}
```

6.2 分布式锁

在单机程序并发或并行修改全局变量时，需要对修改行为加锁以创造临界区。为什么需要加锁呢？我们看看在不加锁的情况下并发计数会发生什么情况：

```go
package main

import (
    "sync"
)

// 全局变量
var counter int

func main() {
    var wg sync.WaitGroup
    for i := 0; i < 1000; i++ {
        wg.Add(1)
        go func() {
        defer wg.Done()
            counter++
        }()
    }

    wg.Wait()
    println(counter)
}
```

多次运行会得到不同的结果：

```
go run local_lock.go
```

```
945
go run local_lock.go
937
go run local_lock.go
959
```

6.2.1 进程内加锁

想要得到正确的结果，就要把对计数器（counter）的操作代码部分加锁：

```
// ... 省略之前的部分
var wg sync.WaitGroup
var l sync.Mutex
for i := 0; i < 1000; i++ {
    wg.Add(1)
    go func() {
        defer wg.Done()
        l.Lock()
        counter++
        l.Unlock()
    }()
}

wg.Wait()
println(counter)
// ... 省略之后的部分
```

这样就可以稳定地得到计算结果了：

```
go run local_lock.go
1000
```

6.2.2 尝试锁

在某些场景，我们只是希望一个任务有单一的执行者，而不像计数器场景那样，所有 Goroutine 都执行成功。后来的 Goroutine 在抢锁失败后，需要放弃其流程。这时候就需要尝试锁（try lock）了。

顾名思义，尝试锁如果加锁成功执行后续流程，如果加锁失败也不会阻塞，而会直接返回加锁的结果。在 Go 语言中可以用大小为 1 的通道模拟尝试锁：

```
package main

import (
    "sync"
)

// Lock 尝试锁
type Lock struct {
    c chan struct{}
}
```

```go
// NewLock 生成一个尝试锁
func NewLock() Lock {
    var l Lock
    l.c = make(chan struct{}, 1)
    l.c <- struct{}{}
    return l
}

// Lock 锁住尝试锁返回加锁结果
func (l Lock) Lock() bool {
    lockResult := false
    select {
    case <-l.c:
        lockResult = true
    default:
    }
    return lockResult
}

// Unlock 解锁尝试锁
func (l Lock) Unlock() {
    l.c <- struct{}{}
}

var counter int

func main() {
    var l = NewLock()
    var wg sync.WaitGroup
    for i := 0; i < 10; i++ {
        wg.Add(1)
        go func() {
            defer wg.Done()
            if !l.Lock() {
                // log error
                println("lock failed")
                return
            }
            counter++
            println("current counter", counter)
            l.Unlock()
        }()
    }
    wg.Wait()
}
```

因为我们的逻辑限定每个 Goroutine 只有成功执行了 `Lock` 才会继续执行后续逻辑，因此在 `Unlock` 时可以保证 `Lock` 结构体中的通道一定是空，从而不会阻塞，也不会失败。上面的代码使用了大小为 1 的通道来模拟尝试锁，理论上还可以使用标准库中的 CAS 来实现相同的功能且成本更低，读者可以自行尝试。

在单机系统中，尝试锁并不是一个好选择，因为大量的 Goroutine 抢锁可能会导致 CPU 无意义的资源浪费。有一个专有名词用来描述这种抢锁的场景——活锁。

活锁指的是程序看起来在正常执行，但 CPU 周期被浪费在抢锁而非执行任务上，从而导致程序整体的执行效率低下。活锁的问题定位起来要麻烦很多，所以在单机场景下，不建议使用这种锁。

6.2.3 基于 Redis 的 `setnx`

在分布式场景下，我们也需要这种“抢占”的逻辑，这时候怎么办呢？可以使用 Redis 提供的 `setnx` 命令：

```
package main

import (
    "fmt"
    "sync"
    "time"

    "github.com/go-redis/redis"
)

func incr() {
    client := redis.NewClient(&redis.Options{
        Addr:     "localhost:6379",
        Password: "", // no password set
        DB:       0,  // use default DB
    })

    var lockKey = "counter_lock"
    var counterKey = "counter"

    // lock
    resp := client.SetNX(lockKey, 1, time.Second*5)
    lockSuccess, err := resp.Result()

    if err != nil || !lockSuccess {
        fmt.Println(err, "lock result: ", lockSuccess)
        return
    }

    // counter ++
    getResp := client.Get(counterKey)
    cntValue, err := getResp.Int64()
    if err == nil {
        cntValue++
        resp := client.Set(counterKey, cntValue, 0)
        _, err := resp.Result()
        if err != nil {
            // log err
            println("set value error!")
```

```go
        }
    }
    println("current counter is ", cntValue)

    delResp := client.Del(lockKey)
    unlockSuccess, err := delResp.Result()
    if err == nil && unlockSuccess > 0 {
        println("unlock success!")
    } else {
        println("unlock failed", err)
    }
}

func main() {
    var wg sync.WaitGroup
    for i := 0; i < 10; i++ {
        wg.Add(1)
        go func() {
            defer wg.Done()
            incr()
        }()
    }
    wg.Wait()
}
```

看看运行结果：

```
go run redis_setnx.go
<nil> lock result:  false
<nil> lock result:  false
<nil> lock result:  false
<nil> lock result:  false
<nil> lock result:  false
<nil> lock result:  false
<nil> lock result:  false
<nil> lock result:  false
<nil> lock result:  false
current counter is  2028
unlock success!
```

通过代码和执行结果可以看到，远程调用 `setnx` 运行流程上和单机的尝试锁非常相似，如果获取锁失败，那么相关的任务逻辑就不应该继续向前执行。

`setnx` 很适合在高并发场景下，用来争抢一些“唯一”的资源。例如，交易撮合系统中卖家发起订单，而多个买家会对其进行并发争抢。这种场景我们没有办法依赖具体的时间来判断先后，因为不管是用户设备的时间，还是分布式场景下的各台机器的时间，都是没有办法在合并后保证正确的时序的。哪怕是同一个机房的集群，不同的机器的系统时间可能也会有细微的差别。

所以，我们需要依赖这些请求到达 Redis 节点的顺序来做正确的抢锁操作。如果用户的网络环境比较差，那也只能自求多福了。

6.2.4 基于 ZooKeeper

```
package main

import (
    "time"

    "github.com/samuel/go-zookeeper/zk"
)

func main() {
    c, _, err := zk.Connect([]string{"127.0.0.1"}, time.Second) //*10)
    if err != nil {
        panic(err)
    }
    l := zk.NewLock(c, "/lock", zk.WorldACL(zk.PermAll))
    err = l.Lock()
    if err != nil {
        panic(err)
    }
    println("lock succ, do your business logic")

    time.Sleep(time.Second * 10)

    // do some thing
    l.Unlock()
    println("unlock succ, finish business logic")
}
```

基于 ZooKeeper 的锁与基于 Redis 的锁的不同之处在于 `Lock` 成功之前会一直阻塞，这与单机场景中的 `mutex.Lock` 很相似。

其原理也是基于临时 Sequence 节点和监视 API（watch API），例如这里使用的是`/lock` 节点。`Lock` 会在该节点下的节点列表中插入自己的值，只要节点下的子节点发生变化，就会通知所有监听节点的程序。这时候程序会检查当前节点下最小的子节点的 ID 是否与自己的一致。如果一致，说明加锁成功了。

这种分布式的阻塞锁比较适合分布式任务调度场景，但不适合高频次持锁时间短的抢锁场景。按照谷歌的 Chubby 论文里的阐述，基于强一致协议的锁适用于粗粒度的加锁操作。这里的粗粒度指锁占用时间较长。我们在使用时也应思考在自己的业务场景中使用是否合适。

6.2.5 基于 etcd

etcd 是分布式系统中功能与 ZooKeeper 类似的组件，这两年越来越火了。上面基于 ZooKeeper 实现了分布式阻塞锁，基于 etcd，也可以实现类似的功能：

```
package main

import (
```

```
        "log"

        "github.com/zieckey/etcdsync"
    )

    func main() {
        m, err := etcdsync.New("/lock", 10, []string{"http://127.0.0.1:2379"})
        if m == nil || err != nil {
            log.Printf("etcdsync.New failed")
            return
        }
        err = m.Lock()
        if err != nil {
            log.Printf("etcdsync.Lock failed")
            return
        }

        log.Printf("etcdsync.Lock OK")
        log.Printf("Get the lock. Do something here.")

        err = m.Unlock()
        if err != nil {
            log.Printf("etcdsync.Unlock failed")
        } else {
            log.Printf("etcdsync.Unlock OK")
        }
    }
```

etcd 中没有像 ZooKeeper 那样的 Sequence 节点，所以其锁实现和基于 ZooKeeper 实现的有所不同。在上述示例代码中使用的 etcdsync 的加锁流程如下。

（1）先检查`/lock`路径下是否有值，如果有值，说明锁已经被别人抢了。

（2）如果没有值，那么写入自己的值。如果写入成功返回，说明加锁成功。如果写入时节点被其他节点写入过了，那么会导致加锁失败，这时候到第 3 步。

（3）监视`/lock`下的事件，此时陷入阻塞。

（4）当`/lock`路径下发生事件时，当前进程被唤醒。检查发生的事件是否是删除事件（说明锁持有者主动解锁）或者过期事件（说明锁过期失效）。如果是的话，那么回到 1，走抢锁流程。

值得一提的是，在 etcd v3 的 API 中官方已经提供了可以直接使用的锁 API，读者可以查阅 etcd 的文档进一步地学习。

6.2.6 如何选择合适的锁

如果业务属于还在单机就可以搞定的量级，那么按照需求使用任意的单机锁方案就可以。

如果发展到了分布式服务阶段，但在业务规模不大、每秒查询数很小的情况下，使用哪种锁方案都差不多。如果公司内已有可以使用的 ZooKeeper、etcd 或者 Redis 集群，那么就尽量在不引入新的技术栈的情况下满足业务需求。

业务发展到一定量级的话，就需要从多方面来考虑了。首先是你的锁是否在任何恶劣的条件下都不允许数据丢失，如果不允许，那么就不要使用 Redis 的 `setnx` 的简单锁。

如果对锁数据的可靠性要求极高，那就只能使用 etcd 或者 ZooKeeper 这种通过一致性协议保证数据可靠性的锁方案。但可靠的背后往往都是较低的吞吐量和较高的延迟。需要根据业务的量级对其进行压力测试，以确保分布式锁使用的 etcd 或 ZooKeeper 集群可以承受得住实际的业务请求压力。需要注意的是，etcd 和 ZooKeeper 集群是没有办法通过增加节点来提高其性能的。要对其进行横向扩展，只能增加搭建多个集群来支持更多的请求。这会进一步提高对运维和监控的要求。多个集群可能需要引入代理（proxy），没有代理就需要业务去根据某个业务 ID 来做分片。如果业务在已经上线的情况下做扩展，还要考虑数据的动态迁移。这些都不是容易的事情。

在选择具体的方案时，还是需要多加思考，对风险早做预估。

6.3 延时任务系统

我们在做系统时，很多时候是处理实时的任务，请求来了马上就处理，然后立刻给用户反馈。但有时也会遇到非实时的任务，例如，在确定的时间点发布重要公告，或者需要在用户做了一件事情的 X 分钟/Y 小时后，对其做出特定动作，例如通知、发券等。

如果业务规模比较小，有时也可以通过数据库配合轮询来对这种任务进行简单处理，但对于上了规模的公司，自然会寻找更为普适的解决方案来解决这一类问题。

一般有两种思路来解决这个问题。

（1）实现一套类似 crontab 的分布式定时任务管理系统。

（2）实现一个支持定时发送消息的消息队列。

两种思路进而衍生出了一些不同的系统，但其本质是差不多的，都是需要实现一个定时器（timer）。在单机的场景下定时器其实并不少见，例如，在和网络库打交道的时候我们经常会调用 `SetReadDeadline()` 函数，这就是在本地创建了一个定时器，在到达指定的时间后，会收到定时器的通知，告诉我们时间已到。这时候如果读取还没有完成的话，就可以认为发生了网络问题，从而中断读取。

下面我们从定时器开始，探究延时任务系统的实现。

6.3.1 定时器的实现

定时器（timer）的实现在工业界已经是有解了。常见的就是时间堆和时间轮。

1. 时间堆

最常见的时间堆一般用小顶堆实现，小顶堆其实就是一种特殊的二叉树，如图 6-4 所示。

小顶堆的好处是什么呢？对定时器来说，如果堆顶元素比当前的时间还要大，那么说明堆内所有元素都比当前时间大。进而说明这个时刻我们还没有必要对时间堆进行任何处理。定时检

查的时间复杂度是 $O(1)$。

当我们发现堆顶的元素小于当前时间时，那么说明可能已经有一批事件过期了，这时进行正常的弹出和堆调整操作就可以了。每一次堆调整的时间复杂度都是 $O(\log n)$。

Go 自身的内置定时器就是用时间堆来实现的，不过并没有使用二叉堆，而是使用了扁平一些的四叉堆。在最近的版本中，还加了一些优化，我们先不说优化，而来看看四叉堆的小顶堆是什么样子的，如图 6-5 所示。

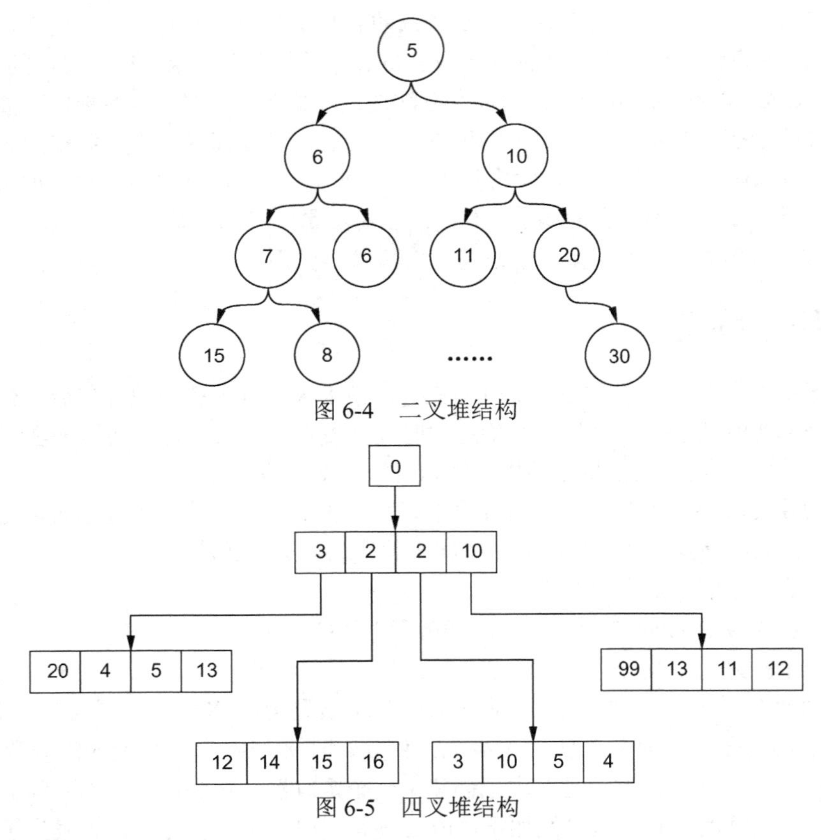

图 6-4　二叉堆结构

图 6-5　四叉堆结构

小顶堆的性质是，父结点比其 4 个子结点都小，子结点之间没有特别的大小关系要求。

四叉堆中元素超时和堆调整与二叉堆没有本质区别。

2. 时间轮

用时间轮来实现定时器时，需要定义每一个格子的“刻度”，可以将时间轮想象成一个时钟，中心有秒针顺时针转动。每次转动到一个刻度时，就需要去查看该刻度挂载的任务列表是否有已经到期的任务，如图 6-6 所示。

从结构上来讲，时间轮和散列表很相似，如果把散列算法定义为触发时间%时间轮元素大小，那么它就是一个简单的散列表。在散列冲突时，采用链表挂载散列冲突的定时器。

除了这种单层时间轮，业界也有一些时间轮采用多层实现，这里就不再赘述了。

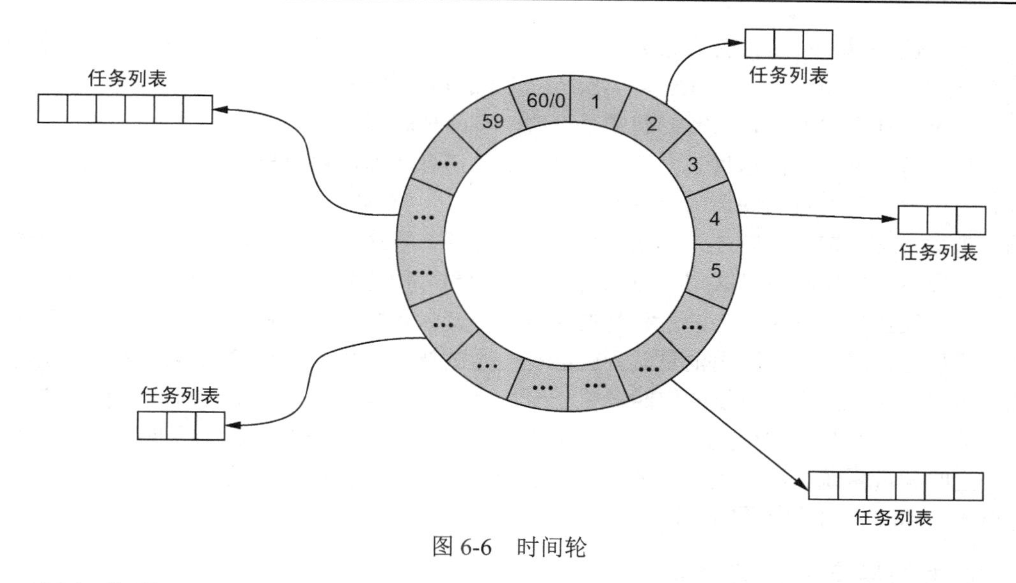

图 6-6 时间轮

6.3.2 任务分发

有了基本的定时器实现方案，如果开发的是单机系统，现在就可以动手做了。不过，本章讨论的是分布式，与“分布式”还稍微有一些距离。

我们还需要把这些“定时”或是“延时”（本质也是定时）任务分发出去。图 6-7 给出了一种思路。

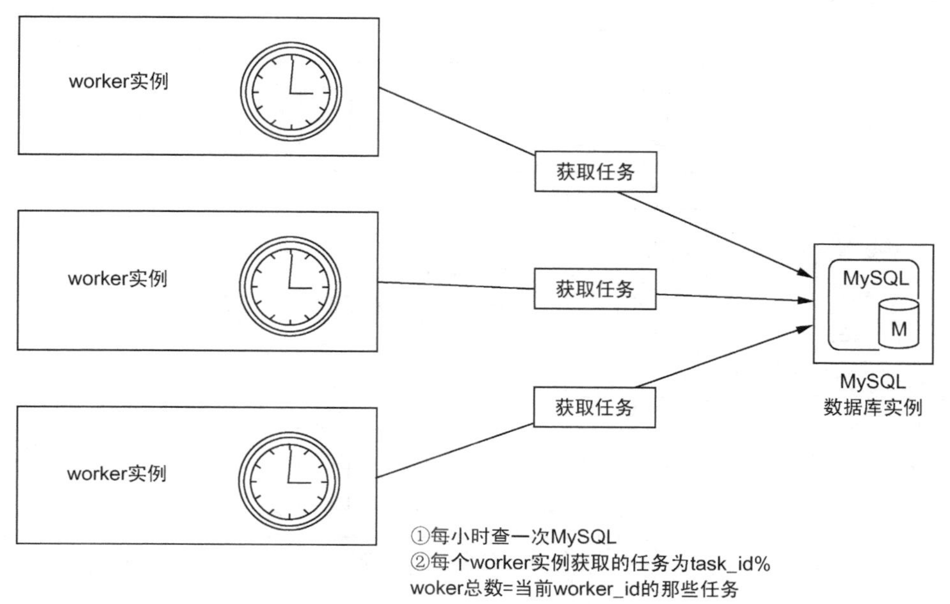

图 6-7 分布式任务分发

每一个实例每隔一小时，会去数据库里把下一个小时需要处理的定时任务捞出来，捞取的时候只要取 `task_id % shard_count = shard_id` 的那些任务即可。

当这些定时任务被触发之后需要通知用户侧，有两种思路。

（1）将任务被触发的信息封装为一条消息，发往消息队列，由用户侧对消息队列进行监听。

（2）对用户预先配置的回调函数进行调用。

两种方案各有优缺点，首先，如果采用第一种思路，那么如果消息队列出故障就会导致整个系统不可用，当然，现在的消息队列一般也会有自身的高可用方案，大多数时候我们不用担心这个问题。其次，一般业务流程中间走消息队列的话会导致延时增加，定时任务若必须在触发后的几十毫秒到几百毫秒内完成，那么采用消息队列就会有一定的风险。如果采用第二种思路，会加重定时任务系统的负担。我们知道，单机的定时器执行时最害怕的就是回调函数执行时间过长，这样会阻塞后续的任务执行。在分布式场景下，这种顾虑依然是存在的。一个不负责任的业务回调可能会直接拖垮整个定时任务系统。所以我们还要考虑在回调的基础上增加经过测试的超时时间设置，并且对由用户填入的超时时间做慎重的审核。

6.3.3　数据再平衡和幂等考量

当我们的任务执行集群有机器故障时，需要对任务进行重新分配。按照之前的求模策略，对这台机器还没有处理的任务进行重新分配就比较麻烦了。如果是实际运行的线上系统，还要在故障时的任务平衡方面花更多的心思。

下面给出一种思路。我们可以参考 Elasticsearch 的数据分布设计，每份任务数据都有多个副本，这里假设有两个副本，如图 6-8 所示。

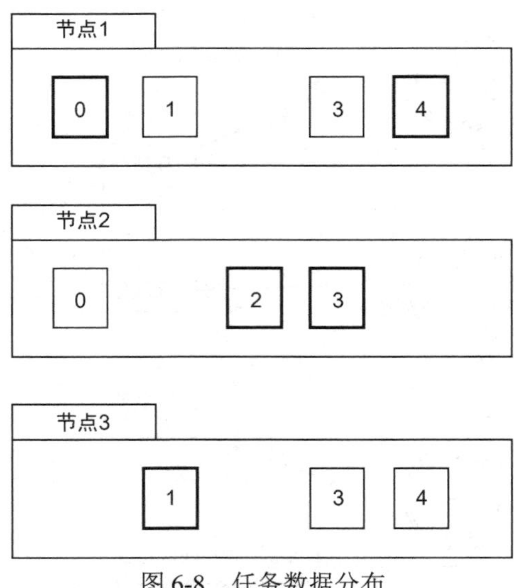

图 6-8　任务数据分布

一份数据虽然有两个持有者，但持有者持有的副本会进行区分，例如持有的是主副本还是非主副本，主副本在图 6-8 中为加粗线条部分，非主副本为正常线条部分。

一个任务只会在持有主副本的节点上被执行。

当有机器故障时，任务数据需要进行数据再平衡的工作，如节点 1 宕机，节点 1 的数据会被迁移到节点 2 和节点 3 上，如图 6-9 所示。

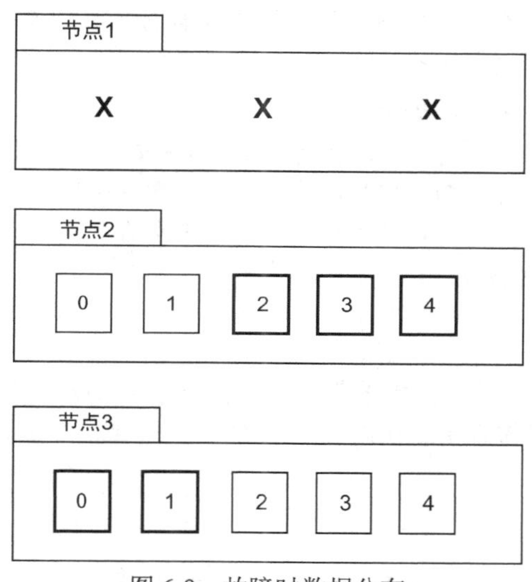

图 6-9 故障时数据分布

当然，也可以用稍微复杂一些的思路，例如，对集群中的节点进行角色划分，由协调节点来做这种故障时的任务重新分配工作，考虑到高可用，协调节点可能也需要有 1～2 个备用节点以防不测。

之前提到我们会用消息队列触发对用户的通知，在使用消息队列时，很多队列是不支持 exactly once 的语义的，这种情况下需要让用户自己来负责消息的去重或者消费的幂等处理。

6.4 分布式搜索引擎

在 5.5 节中，我们提到 MySQL 很脆弱。数据库系统本身要保证实时和强一致性，所以其功能设计上都是为了满足这种一致性需求。比如 WAL 的设计，基于 B+树实现的索引和数据组织，以及基于 MVCC 实现的事务等。

关系型数据库一般用于实现 OLTP 系统，所谓 OLTP，援引维基百科：“在线交易处理（OLTP, Online transaction processing）是指透过信息系统、计算机网络及数据库，以线上交易的方式处理一般即时性的作业数据，和更早期传统数据库系统大量批量的作业方式并不相同。OLTP 通常用于自动化的数据处理工作，例如订单输入、金融业务等反复的日常交易活动。和其相对的是属于决策分析层次的联机分析处理（OLAP）。”

在互联网的业务场景中，也有一些实时性要求不高（可以接受多秒的延迟）但是查询复杂性却很高的场景。举个例子，在电商的 WMS 系统中，或者在大多数业务场景丰富的 CRM 或者客服类系统中，可能需要提供几十个字段的随意组合查询功能。这种系统的数据维度天生众多，比如一个电商的 WMS 中对一件货物的描述，可能有下面这些字段：

仓库 ID，入库时间，库位分区 ID，存储货架 ID，入库操作员 ID，出库操作员 ID，库存数量，过期时间，SKU 类型，产品品牌，产品分类，内件数量。

除了上述信息，如果商品在仓库内有流转，可能还有有关联的流程 ID、当前的流转状态等。

想象一下，如果我们经营的是一个大型电商，每天有千万级的订单，那么在这个数据库中查询和建立合适的索引都是一件非常难的事情。

在 CRM 或客服类系统中，常常有根据关键字进行搜索的需求，大型互联网公司每天会接收数以万计的用户投诉。而考虑到事件溯源，用户的投诉至少要存 2～3 年。又是千万级甚至上亿的数据。根据关键字进行一次 like 查询，可能整个 MySQL 就直接崩溃了。

这时候我们就需要搜索引擎来救场了。

6.4.1　搜索引擎

Elasticsearch 是开源分布式搜索引擎的霸主，其依赖于 Lucene 实现，在部署和运维方面做了很多优化。当今搭建一个分布式搜索引擎比起 Sphinx 的时代容易很多了。只要简单配置客户端 IP 和端口就可以了。

1. 倒排列表

虽然 Elasticsearch 是针对搜索场景来定制的，但如前文所言，实际应用中常常把 Elasticsearch 作为数据库来使用，就是因为倒排列表的特性。可以用比较朴素的观点来理解倒排索引，如图 6-10 所示。

图 6-10　倒排列表

对 Elasticsearch 中的数据进行查询时，本质就是对多个排好序的序列求交集。非数值类型字段涉及分词问题，大多数内部使用场景下，我们可以直接使用默认的 bi-gram 分词。

bi-gram 分词是指将所有 `T(i)` 和 `T(i+1)` 组成一个词（在 Elasticsearch 中叫 term），然后再编排其倒排列表，这样我们的倒排列表大概就是图 6-11 所示的样子。

当用户搜索“天气很好”时，其实就是求“天气”“气很”“很好”3 组倒排列表的交集，但这里的相等判断逻辑有些特殊，用伪代码表示如下：

```
func equal() {
    if postEntry.docID of '天气' == postEntry.docID of '气很' &&
```

```
        postEntry.offset + 1 of '天气' == postEntry.offset of '气很' {
            return true
    }

    if postEntry.docID of '气很' == postEntry.docID of '很好' &&
        postEntry.offset + 1 of '气很' == postEntry.offset of '很好' {
        return true
    }

    if postEntry.docID of '天气' == postEntry.docID of '很好' &&
        postEntry.offset + 2 of '天气' == postEntry.offset of '很好' {
        return true
    }

    return false
}
```

多个有序列表求交集的时间复杂度是 $O(N \times M)$，其中 N 为给定列表当中元素数最小的集合，M 为给定列表的个数。

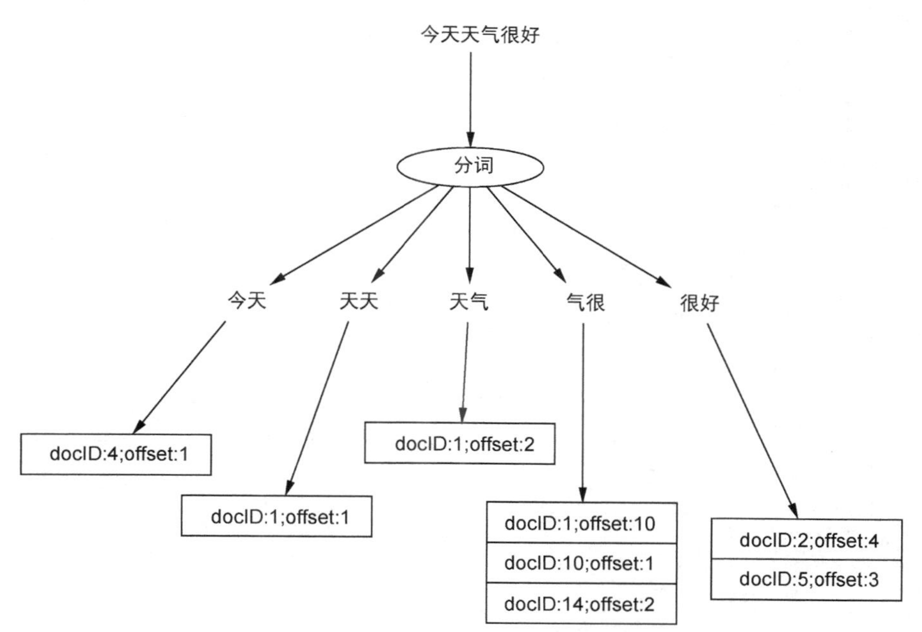

图 6-11 “今天天气很好”的分词结果

在整个算法中起决定作用的首先是最短的倒排列表的长度，其次是词数总和，一般词数不会很大（想象一下，你会在搜索引擎里输入几百字来搜索吗？），所以起决定性作用的，一般是所有倒排列表中最短的那一个的长度。

因此，在文档总数很多的情况下，搜索词的倒排列表最短的那一个不长时，搜索速度也是很快的。如果用关系型数据库，那就需要按照索引（如果有的话）来慢慢扫描了。

2. 查询 DSL

Elasticsearch 定义了一套查询 DSL，当我们把 Elasticsearch 当作数据库使用时，需要用到其布尔查询。举个例子：

```
{
  "query": {
    "bool": {
      "must": [
        {
          "match": {
            "field_1": {
              "query": "1",
              "type": "phrase"
            }
          }
        },
        {
          "match": {
            "field_2": {
              "query": "2",
              "type": "phrase"
            }
          }
        },
        {
          "match": {
            "field_3": {
              "query": "3",
              "type": "phrase"
            }
          }
        },
        {
          "match": {
            "field_4": {
              "query": "4",
              "type": "phrase"
            }
          }
        }
      ]
    }
  },
```

```
  "from": 0,
  "size": 1
}
```

看起来比较麻烦，但表达的意思很简单：

```
if field_1 == 1 && field_2 == 2 && field_3 == 3 && field_4 == 4 {
    return true
}
```

用 bool should query 可以表示 or 的逻辑：

```
{
  "query": {
    "bool": {
      "should": [
        {
          "match": {
            "field_1": {
              "query": "1",
              "type": "phrase"
            }
          }
        },
        {
          "match": {
            "field_2": {
              "query": "3",
              "type": "phrase"
            }
          }
        }
      ]
    }
  },
  "from": 0,
  "size": 1
}
```

这里表示的类似于：

```
if field_1 == 1 || field_2 == 2 {
    return true
}
```

这些 Go 代码里 `if` 后面跟着的表达式在编程语言中有专有名词来表达布尔表达式：

```
4 > 1
5 == 2
3 < i && x > 10
```

Elasticsearch 的 bool query 方案，实际上就是用 JSON 表达了这种程序语言中的布尔表达式，为什么可以这么做呢？因为JSON本身是可以表达树形结构的，我们的程序代码在被编译器解析之后，也会变成抽象语法树（AST），而抽象语法树，顾名思义，就是树形结构。理论上JSON能够完备地表达一段程序代码被解析之后的结果。这里的布尔表达式被编译器解析之后也会生成差不多的树形结构，而且只是整个编译器实现的一个很小的子集。

3. 基于客户端SDK做开发

实现初始化的代码如下：

```
// 选用 elastic 版本时
// 注意与自己使用的 elasticsearch 要对应
import (
    elastic "gopkg.in/olivere/elastic.v3"
)

var esClient *elastic.Client

func initElasticsearchClient(host string, port string) {
    var err error
    esClient, err = elastic.NewClient(
        elastic.SetURL(fmt.Sprintf("http://%s:%s", host, port)),
        elastic.SetMaxRetries(3),
    )

    if err != nil {
        // log error
    }
}
```

实现插入的代码如下：

```
func insertDocument(db string, table string, obj map[string]interface{}) {

    id := obj["id"]

    var indexName, typeName string
    // 数据库中“数据库/表”的概念可以简单映射到Elasticsearch的索引和类型
    // 不过需要注意，因为Elasticsearch中的_type本质上只是文档的一个字段
    // 所以单个索引内容过多会导致性能问题
    // 在新版本中类型已经废弃
    // 为了让不同表的数据落入不同的索引，这里我们用“表+名字”作为索引的名字
    indexName = fmt.Sprintf("%v_%v", db, table)
    typeName = table

    // 正常情况
    res, err := esClient.Index().Index(indexName).Type(typeName). Id(id). BodyJson(ob
j). Do()
    if err != nil {
        // 处理错误
    } else {
```

```
        // 插入成功后的处理逻辑
    }
}
```

实现获取的代码如下：

```
func query(indexName string, typeName string) (*elastic.SearchResult, error) {
    // 通过 bool must 和 bool should 添加 bool 查询条件
    q := elastic.NewBoolQuery().Must(elastic.NewMatchPhraseQuery("id", 1),
    elastic.NewBoolQuery().Must(elastic.NewMatchPhraseQuery("male", "m")))

    q = q.Should(
        elastic.NewMatchPhraseQuery("name", "alex"),
        elastic.NewMatchPhraseQuery("name", "xargin"),
    )

    searchService := esClient.Search(indexName).Type(typeName)
    res, err := searchService.Query(q).Do()
    if err != nil {
        // log error
        return nil, err
    }

    return res, nil
}
```

实现删除的代码如下：

```
func deleteDocument(
    indexName string, typeName string, obj map[string]interface{},
) {
    id := obj["id"]

    res, err := esClient.Delete().Index(indexName).Type(typeName).Id(id).Do()
    if err != nil {
        // handle error
    } else {
        // delete success
    }
}
```

因为 Lucene 的性质，本质上搜索引擎内的数据是不可变的，所以如果要对文档进行更新，实际上是按照 ID 进行完全覆盖的操作，因此与插入的情况是一样的。

使用 Elasticsearch 作为数据库使用时，需要注意，因为 Elasticsearch 有索引合并的操作，所以从数据插入 Elasticsearch 完成到可以查询得到需要一段时间（由 Elasticsearch 的 `refresh_interval` 决定）。所以千万不要把 Elasticsearch 当成强一致的关系型数据库来使用。

4. 将 SQL 转换为 DSL

例如，我们有一个布尔表达式 `user_id = 1 and (product_id = 1 and (star_num =`

4 or star_num = 5) and banned = 1)，写成 SQL 是如下形式：

```
select * from xxx where user_id = 1 and (
    product_id = 1 and (star_num = 4 or star_num = 5) and banned = 1
)
```

写成 Elasticsearch 的 DSL 是如下形式：

```
{
  "query": {
    "bool": {
      "must": [
        {
          "match": {
            "user_id": {
              "query": "1",
              "type": "phrase"
            }
          }
        },
        {
          "match": {
            "product_id": {
              "query": "1",
              "type": "phrase"
            }
          }
        },
        {
          "bool": {
            "should": [
              {
                "match": {
                  "star_num": {
                    "query": "4",
                    "type": "phrase"
                  }
                }
              },
              {
                "match": {
                  "star_num": {
                    "query": "5",
                    "type": "phrase"
                  }
                }
              }
            ]
          }
        },
        {
```

```
            "match": {
              "banned": {
                "query": "1",
                "type": "phrase"
              }
            }
          }
        ]
      }
    },
    "from": 0,
    "size": 1
  }
```

Elasticsearch 的 DSL 虽然很好理解，但是手写起来非常费劲。前面提供了基于 SDK 的方式来写，但也不够灵活。

SQL 的 where 部分就是布尔表达式。之前提到过，这种布尔表达式在被解析之后，和 Elasticsearch 的 DSL 的结构看起来差不多，能不能通过这种“差不多”的猜测来直接帮我们把 SQL 转换成 DSL 呢？

当然可以，我们把 SQL 的 where 被解析之后的结构和 Elasticsearch 的 DSL 的结构做个对比，如图 6-12 所示。

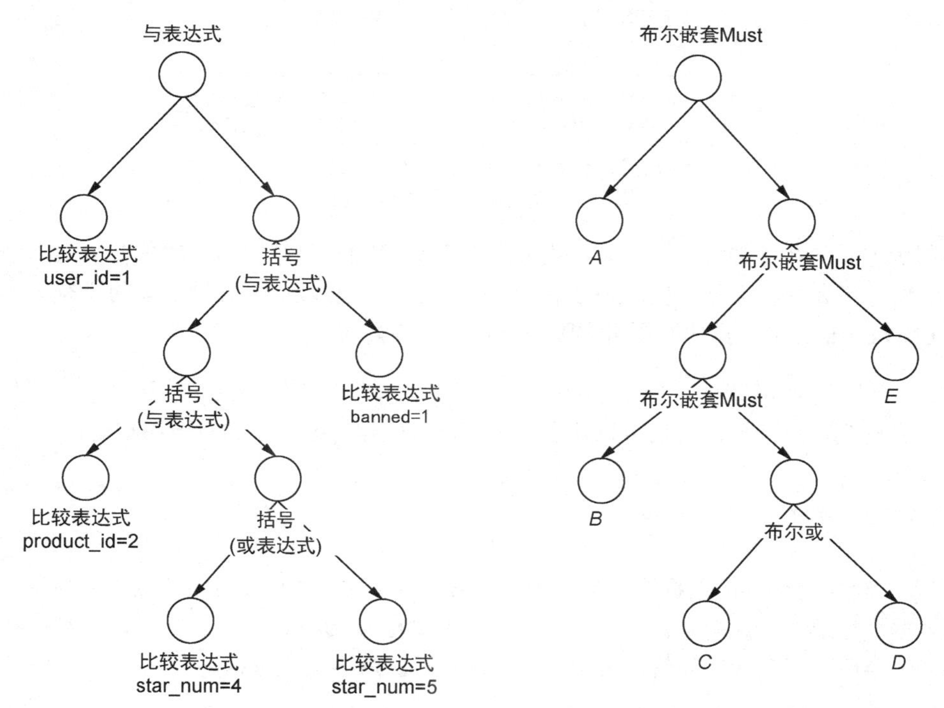

图 6-12 AST 和 DSL 之间的对应关系

既然结构上完全一致，逻辑上我们就可以相互转换。我们以广度优先对 AST 树进行遍历，然后将二元表达式转换成 JSON 字符串，再拼装起来就可以了，限于篇幅，这里就不给出示例了，读者可以查看 GitHub 上的 elasticsql 项目来学习具体实现。

6.4.2 异构数据同步

在实际应用中，我们很少直接向搜索引擎中写入数据。更为常见的方式是，将 MySQL 或其他关系型数据中的数据同步到搜索引擎中。而搜索引擎的使用方只能对数据进行查询，无法进行修改和删除。

常见的同步方案有基于时间戳进行增量数据同步和基于 binlog 进行数据同步两种。

1. 基于时间戳进行增量数据同步

基于时间戳进行增量数据同步如图 6-13 所示。

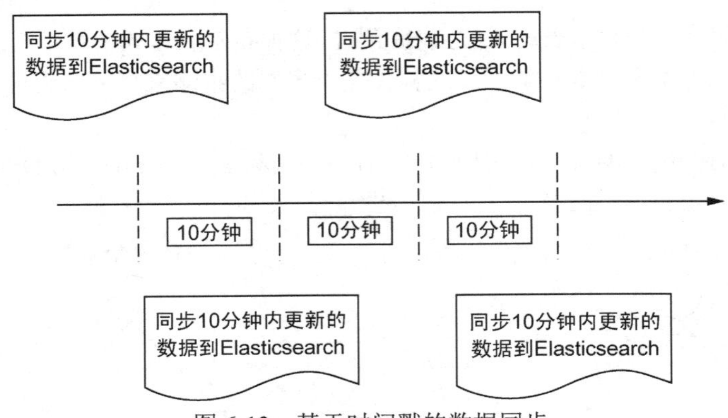

图 6-13　基于时间戳的数据同步

这种同步方式与业务强绑定，例如，我们并不需要 WMS 系统中的出库单非常实时，稍微有延迟也可以接受，那么可以每分钟从 MySQL 的出库单表中，把最近 10 分钟创建的所有出库单取出，批量存入 Elasticsearch 中，具体的逻辑实际上就是一条 SQL 语句：

```
select * from wms_orders where update_time >= date_sub(now(), interval 10 minute);
```

当然，考虑到边界情况，我们可以让这个时间段的数据与前一次的有一些重叠：

```
select * from wms_orders where update_time >= date_sub(
    now(), interval 11 minute
);
```

取最近 11 分钟有变动的数据覆盖更新到 Elasticsearch 中。这种方案的缺点显而易见，我们必须要求业务数据严格遵守一定的规范。例如，这里必须要有 `update_time` 字段，并且每次创建和更新都要保证该字段有正确的时间值，否则我们的同步逻辑就会丢失数据。

2. 基于 binlog 进行数据同步

基于 binlog 的数据同步如图 6-14 所示。

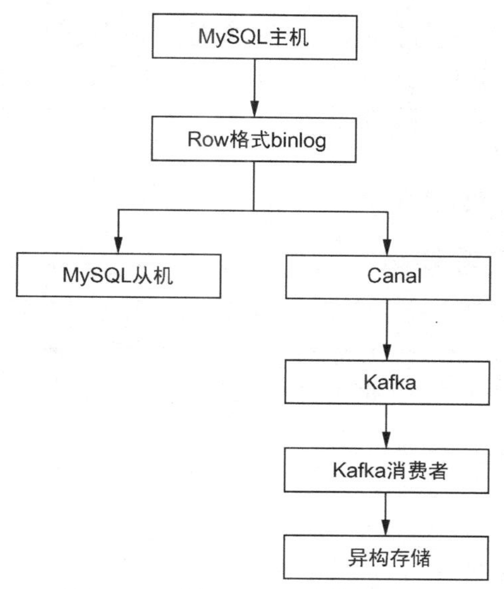

图 6-14 基于 binlog 的数据同步

业界使用较多的是阿里开源的 Canal，来进行 binlog 解析与同步。Canal 会伪装成 MySQL 的从库，然后解析好行格式的 binlog，再以更容易解析的格式（如 JSON）发送到消息队列。

由下游的 Kafka 消费者负责把上游数据表的自增主键作为 Elasticsearch 的文档的 ID 进行写入，这样可以保证每次接收到 binlog 时，对应 ID 的数据都被覆盖更新为最新数据。MySQL 的 Row 格式的 binlog 会将每条记录的所有字段都提供给下游，所以实际上在向异构数据目标同步数据时，不需要考虑数据是插入还是更新，只要一律按 ID 进行覆盖即可。

这种模式同样需要业务遵守数据表规范，即表中必须有唯一主键 ID 来保证进入 Elasticsearch 的数据不会发生重复。一旦不遵守该规范，就会在同步时导致数据重复。当然，你也可以为每一张需要的表去定制消费者的逻辑，这就不属于通用系统讨论的范畴了。

6.5 负载均衡

本节将会讨论常见的分布式系统负载均衡手段。

6.5.1 常见的负载均衡思路

如果我们不考虑均衡的话，假设现在有 n 个服务节点，那么完成业务流程实际上只需要从这 n 个服务节点中挑出其中的一个。有以下两种思路。

（1）按顺序挑：例如上次选了第一台，那么这次就选第二台，下次选第三台，如果已经到了最后一台，那么下一次再从第一台开始。这种情况下我们可以把服务节点信息都存储在数组中，每次请求完成下游节点之后，将一个索引后移即可。在移到尽头时再移回数组开头处。

（2）随机挑一台：每次都随机挑，真随机伪随机均可。假设选择第 x 台机器，那么 x 可描述为 `rand.Intn()%n`。

根据某种权重，对下游节点进行排序，选择权重最大/最小的那一个。

当然了，实际场景我们不可能简单轮询或者简单随机，如果对下游请求失败了，我们还需要某种机制来进行重试，如果是纯粹的随机算法，存在一定的可能性使你在下一次仍然随机到这次的问题节点。

我们来看一个生产环境的负载均衡案例。

6.5.2 基于洗牌算法的负载均衡

考虑到我们需要随机选取每次发送请求的节点，同时在遇到下游返回错误时换其他节点重试。所以我们设计一个和节点数组大小一致的索引数组，每次来新的请求，对索引数组做洗牌，然后取第一个元素作为选中的服务节点，如果请求失败，那么选择下一个节点重试，依此类推：

```
var endpoints = []string {
    "100.69.62.1:3232",
    "100.69.62.32:3232",
    "100.69.62.42:3232",
    "100.69.62.81:3232",
    "100.69.62.11:3232",
    "100.69.62.113:3232",
    "100.69.62.101:3232",
}

// 重点在这个 shuffle
func shuffle(slice []int) {
    for i := 0; i < len(slice)/2; i++ {
        a := rand.Intn(len(slice))
        b := rand.Intn(len(slice))
        slice[a], slice[b] = slice[b], slice[a]
    }
}

func request(params map[string]interface{}) error {
    var indexes = []int {0,1,2,3,4,5,6}
    var err error

    shuffle(indexes)
    maxRetryTimes := 3

    idx := 0
    for i := 0; i < maxRetryTimes; i++ {
        err = apiRequest(params, indexes[idx])
        if err == nil {
            break
```

```
            }
            idx++
        }

        if err != nil {
            // logging
            return err
        }

        return nil
    }
```

我们按照 `slice` 长度的 1/2 进行循环，两两交换，这个和我们平常打牌时常用的洗牌方法类似。看起来似乎没有什么问题。

1. 错误的洗牌导致的负载不均衡

真的没有问题吗？实际上还是有问题的。这段简短的程序里有两个隐患:

没有随机种子。在没有随机种子的情况下，`rand.Intn()`返回的伪随机数序列是固定的。

洗牌不均匀，会导致整个数组第一个节点被选中的概率最大，并且多个节点的负载分布不均衡。

第一点比较简单，应该不用在这里给出证明了。关于第二点，我们可以用概率知识来简单证明一下。假设每次挑选都是真随机，假设第一个位置的节点在 `len(slice)`次交换中都不被选中的概率是$((6/7)\times(6/7))^3 \approx 0.40$。而分布均匀的情况下，我们肯定希望第一个元素在任意位置上分布的概率均等，所以其被随机选到的概率应该等于 1/7≈0.14。

显然，这里给出的洗牌算法对任意位置的元素来说，有 40%的概率不对其进行交换操作。所以所有元素都倾向于留在原来的位置。因为我们每次对 `shuffle` 数组输入的都是同一个序列，所以第一个元素有更大的概率会被选中。在负载均衡的场景下，也就意味着节点数组中的第一台机器负载会比其他机器高不少（大约是 3 倍）。

即使我们将循环次数从 `len(slice)/2` 修改为 `len(slice)`，依然可以证明第一个节点被选中的概率远大于其他节点，读者可以自行证明。

2. 修正洗牌算法

从数学上得到过证明的还是经典的 Fisher-Yates 算法，主要思路为每次随机挑选一个值，放在数组末尾。然后在 n−1 个元素的数组中再随机挑选一个值，放在数组末尾，依此类推。

```
func shuffle(indexes []int) {
    for i:=len(indexes); i>0; i-- {
        lastIdx := i - 1
        idx := rand.Intn(i)
        indexes[lastIdx], indexes[idx] = indexes[idx], indexes[lastIdx]
    }
}
```

在 Go 的标准库中实际上已经为我们内置了该算法:

```go
func shuffle(n int) []int {
    b := rand.Perm(n)
    return b
}
```

在当前的场景下，我们只要用 `rand.Perm()`就可以得到我们想要的索引数组了。

6.5.3 ZooKeeper 集群的随机节点挑选问题

本节中的场景是从 n 个节点中选择一个节点发送请求，初始请求结束之后，后续的请求会重新对数组洗牌，所以每两个请求之间没有什么关联。因此，上面的洗牌算法理论上不初始化随机库的种子也不会出什么问题。

但在一些特殊的场景下，例如使用 ZooKeeper 时，客户端初始化从多个服务节点中挑选一个节点后，是会向该节点建立长连接的。之后客户端请求都会发往该节点。直到该节点不可用，才会在节点列表中挑选下一个节点。在这种场景下，初始连接节点选择就要求必须是“真”随机了。否则，所有客户端启动时，都会去连接同一个 ZooKeeper 的实例，根本无法达到负载均衡的目的。如果在日常开发中，你的业务也是类似的场景，就务必考虑一下是否会发生类似的情况。为 `rand` 库设置种子的方法:

```go
rand.Seed(time.Now().UnixNano())
```

之所以会有上面这些结论，是因为某个使用较广泛的开源 ZooKeeper 库的早期版本就犯了上述错误，直到 2016 年早些时候，这个问题才得以解决。

6.5.4 负载均衡算法效果验证

这里不考虑加权负载均衡的情况，既然名字是负载“均衡”，那么最重要的就是均衡。我们把开篇中的洗牌算法和之后的 Fisher-Yates 算法的结果进行简单的对比：

```go
package main

import (
    "fmt"
    "math/rand"
    "time"
)

func init() {
    rand.Seed(time.Now().UnixNano())
}

func shuffle1(slice []int) {
    for i := 0; i < len(slice); i++ {
        a := rand.Intn(len(slice))
        b := rand.Intn(len(slice))
        slice[a], slice[b] = slice[b], slice[a]
    }
}

func shuffle2(indexes []int) {
```

```
    for i := len(indexes); i > 0; i-- {
        lastIdx := i - 1
        idx := rand.Intn(i)
        indexes[lastIdx], indexes[idx] = indexes[idx], indexes[lastIdx]
    }
}

func main() {
    var cnt1 = map[int]int{}
    for i := 0; i < 1000000; i++ {
        var sl = []int{0, 1, 2, 3, 4, 5, 6}
        shuffle1(sl)
        cnt1[sl[0]]++
    }

    var cnt2 = map[int]int{}
    for i := 0; i < 1000000; i++ {
        var sl = []int{0, 1, 2, 3, 4, 5, 6}
        shuffle2(sl)
        cnt2[sl[0]]++
    }

    fmt.Println(cnt1, "\n", cnt2)
}
```

输出为：

```
map[0:224436 1:128780 5:129310 6:129194 2:129643 3:129384 4:129253]
map[6:143275 5:143054 3:143584 2:143031 1:141898 0:142631 4:142527]
```

分布结果和我们推导出的结论是一致的。

6.6　分布式配置管理

在分布式系统中，常困扰我们的还有上线问题。虽然目前有一些优雅重启方案，但实际应用中可能受限于我们系统内部的运行情况而没有办法做到真正的“优雅”。例如我们为了对流向下游的流量进行限制，在内存中堆积一些数据，并对堆积设定时间或总量的阈值。在任意阈值达到之后将数据统一发送给下游，以避免频繁的请求超出下游的承载能力而将下游打垮。这种情况下重启要做到优雅就比较难了。

所以我们的目标还是尽量避免采用或者绕过上线的方式，对线上程序做一些修改。比较典型的修改内容就是程序的配置项。

6.6.1　场景举例

1. 报表系统

在一些偏 OLAP 或者离线的数据平台中，经过长期的迭代开发，整个系统的功能模块已经渐渐稳定。可变动的项只出现在数据层，而数据层的变动大多可以认为是 SQL 的变动，架构师们自然而然地会想到把这些变动项抽离到系统外部。例如，本节所述的配置管理系统。

当业务提出了新的需求时，我们的需求是将新的 SQL 录入到系统内部，或者简单修改一下旧的

SQL。不对系统进行上线，就可以直接完成这些修改。

2. 业务配置

大公司的平台部门服务众多业务线，在平台内为各业务线分配唯一 ID。平台本身也由多个模块构成，这些模块需要共享相同的业务线定义（要不然就乱套了）。当公司新开产品线时，需要能够在短时间内打通所有平台系统的流程。这时候每个系统都走上线流程肯定是来不及的。另外需要对这种公共配置进行统一管理，同时对其增减逻辑也做统一管理。这些信息变更时，需要自动通知到业务方的系统，而不需要人力介入（或者只需要很简单的介入，例如点击审核通过）。

除业务线管理之外，很多互联网公司会按照城市来铺展自己的业务。在某个城市未开城之前，理论上所有模块都应该认为带有该城市 ID 的数据是脏数据并自动过滤掉。而如果业务开城，在系统中就应该自己把这个新的城市 ID 自动加入到白名单中。这样业务流程便可以自动运转。

再举个例子，互联网公司的运营系统中会有各种类型的运营活动，有些运营活动推出后可能出现了超出预期的事件（比如公关危机），需要紧急将系统下线。这时候会用到一些开关来快速关闭相应的功能。或者快速将想要剔除的活动 ID 从白名单中剔除。在 5.9 节中也提到，有时需要有这样的系统来告诉我们当前需要放多少流量到相应的功能代码上。我们可以像 5.9 节中那样，用远程 RPC 来获取这些信息，但同时，也可以结合分布式配置系统，主动地拉取到这些信息。

6.6.2 使用 etcd 实现配置更新

我们使用 etcd 实现一个简单的配置读取和动态更新流程，以此来了解线上的配置更新流程。

1. 配置定义

简单的配置，可以将内容完全存储在 etcd 中。比如：

```
etcdctl get /configs/remote_config.json
{
    "addr" : "127.0.0.1:1080",
    "aes_key" : "01B345B7A9ABC00F0123456789ABCDAF",
    "https" : false,
    "secret" : "",
    "private_key_path" : "",
    "cert_file_path" : ""
}
```

2. 新建 etcd client

etcd 的 client 初始化也比较简单，代码如下：

```
cfg := client.Config{
    Endpoints:               []string{"http://127.0.0.1:2379"},
    Transport:               client.DefaultTransport,
    HeaderTimeoutPerRequest: time.Second,
}
kapi := client.NewKeysAPI(cfg)
```

直接使用了 etcd `client` 包中的结构体和初始化函数。

3. 配置获取

有了 client 实例之后，便可以通过该实例访问 etcd 中存储的配置：

```
resp, err = kapi.Get(context.Background(), "/path/to/your/config", nil)
if err != nil {
    log.Fatal(err)
} else {
    log.Printf("Get is done. Metadata is %q\n", resp)
    log.Printf("%q key has %q value\n", resp.Node.Key, resp.Node.Value)
}
```

使用 etcd KeysAPI 的 Get()方法比较简单。

4. 配置更新订阅

当然，配置在线上可能随时被更改，配置变动时，希望能实时地感知到，所以要监听对应的路径：

```
kapi.Watcher("/path/to/your/config", nil)
go func() {
    for {
        resp, err := w.Next(context.Background())
        log.Println(resp, err)
        log.Println("new values is ", resp.Node.Value)
    }
}()
```

通过订阅 config 路径的变动事件，在该路径下内容发生变化时，客户端可以收到变动通知，并收到变动后的字符串值。

5. 整合起来

把上面几部分代码简单整合在一起，就是一个完整的例子了：

```
package main

import (
    "log"
    "time"

    "golang.org/x/net/context"
    "github.com/coreos/etcd/client"
)

var configPath =  `/configs/remote_config.json`
var kapi client.KeysAPI

type ConfigStruct struct {
    Addr           string `json:"addr"`
    AesKey         string `json:"aes_key"`
    HTTPS          bool   `json:"https"`
    Secret         string `json:"secret"`
```

```
    PrivateKeyPath string `json:"private_key_path"`
    CertFilePath   string `json:"cert_file_path"`
}

var appConfig ConfigStruct

func init() {
    cfg := client.Config{
        Endpoints:               []string{"http://127.0.0.1:2379"},
        Transport:               client.DefaultTransport,
        HeaderTimeoutPerRequest: time.Second,
    }

    c, err := client.New(cfg)
    if err != nil {
        log.Fatal(err)
    }
    kapi = client.NewKeysAPI(c)
    initConfig()
}

func watchAndUpdate() {
    w := kapi.Watcher(configPath, nil)
    go func() {
        // 监视该点下的每次变化
        for {
            resp, err := w.Next(context.Background())
            if err != nil {
                log.Fatal(err)
            }
            log.Println("new values is ", resp.Node.Value)

            err = json.Unmarshal([]byte(resp.Node.Value), &appConfig)
            if err != nil {
                log.Fatal(err)
            }
        }
    }()
}

func initConfig() {
    resp, err = kapi.Get(context.Background(), configPath, nil)
    if err != nil {
        log.Fatal(err)
    }

    err := json.Unmarshal(resp.Node.Value, &appConfig)
    if err != nil {
        log.Fatal(err)
    }
}
```

```
func getConfig() ConfigStruct {
    return appConfig
}

func main() {
    // init your app
}
```

如果业务规模不大，使用本节中的例子就可以实现功能了。

这里只需要注意一点，我们在更新配置时，进行了一系列操作，如监听响应、JSON 解析，这些操作都不具备原子性。当单个业务请求流程中多次获取配置文件（config）时，有可能因为中途配置发生变化而导致单个请求前后逻辑不一致。因此，在使用类似这样的方式来更新配置时，需要在单个请求的生命周期内使用同样的配置。具体实现方式可以是只在请求开始的时候获取一次配置，然后依次向下透传等，具体情况具体分析。

6.6.3 配置膨胀

随着业务的发展，配置系统本身所承载的压力可能也会越来越大，配置文件数量可能成千上万。客户端同样上万，将配置内容存储在 etcd 内部便不再合适了。随着配置文件数量的膨胀，除了存储系统本身的吞吐量问题，还有配置信息的管理问题。我们需要对相应的配置进行权限管理，需要根据业务量进行配置存储的集群划分。如果客户端太多，导致了配置存储系统无法承受瞬时大量的 QPS，那可能还需要在客户端侧进行缓存优化等。

这也就是为什么大公司都会针对自己的业务额外开发一套复杂配置系统的原因。

6.6.4 配置版本管理

在配置管理过程中，难免出现用户误操作的情况，例如在更新配置时，输入了无法解析的配置。这种情况下我们可以通过配置校验来解决。

有时错误的配置可能不是格式上有问题，而是在逻辑上有问题。例如，写 SQL 时少了 `select` 的一个字段，更新配置时不小心丢掉了 JSON 字符串中的一个字段，导致程序无法理解新的配置而进入诡异的逻辑。为了快速止损，最快且最有效的办法就是进行版本管理，并支持按版本回滚。

在配置进行更新时，我们要为每份配置的新内容赋予一个版本号，并将修改前的内容和版本号记录下来，当发现新配置出问题时，能够及时地回滚回来。

常见的做法是，使用 MySQL 来存储配置文件或配置字符串的不同版本内容，在需要回滚时，只要进行简单的查询即可。

6.6.5 客户端容错

在业务系统的配置被剥离到配置中心之后，并不意味着我们的系统可以高枕无忧了。当配置中心本身宕机时，我们也需要有一定的容错能力，至少保证在其宕机期间，业务依然可以运转。这要求我们的系统能够在配置中心宕机时，也能拿到需要的配置信息，哪怕这些信息不够新。

具体来讲，在给业务提供配置读取的 SDK 时，最好能够将拿到的配置在业务机器的磁盘上也缓存一份。这样远程配置中心不可用时，可以直接用硬盘上的内容来做兜底。当重新连接上配置中心时，再把相应的内容进行更新。

加入缓存之后务必需要考虑的是数据一致性问题，当个别业务机器因为网络错误而与其他机器配置不一致时，我们也应该能够从监控系统中知晓。

我们使用一种手段解决了我们配置更新痛点，但同时可能因为使用的手段而带给我们新的问题。实际开发中，我们要对每一步决策多多思考，以使自己不在问题到来时手足无措。

6.7　分布式爬虫

互联网时代的信息爆炸是很多人倍感头痛的问题，应接不暇的新闻、信息、视频，无孔不入地侵占着我们的碎片时间。但另一方面，在我们真正需要数据的时候，却感觉数据并不是那么容易获取的。比如我们想要分析现在人在讨论些什么，关心些什么。甚至有时候，可能我们只是暂时没有时间去一一阅览心仪的小说，但又想能用技术手段把它们存在自己的资料库里，哪怕是几个月或一年后再来回顾。再或者我们想要把互联网上某些稍纵即逝的有用信息保存起来，例如某个非常小的论坛中聚集的同好们的高质量讨论，在未来某个时刻，即使这些小众的聚集区无以为继时，依然能让我们从硬盘中翻出当初珍贵的观点来。

除去情怀需求，互联网上有大量珍贵的开放资料，近年来深度学习如雨后春笋一般火热起来，但机器学习很多时候并不是苦于我的模型是否建立得合适，我的参数是否调整得正确，而是苦于最初的起步阶段：没有数据。

作为收集数据的前置工作，有能力去写一个简单的或者复杂的爬虫，对我们来说依然非常重要。

6.7.1　基于 colly 的单机爬虫

《Go 语言编程》一书给出了简单的爬虫示例，经过了多年的发展，现在使用 Go 语言写一个网站的爬虫要更加方便，例如，用 colly 来实现爬取某网站（虚拟站点，这里用 abcdefg 作为占位符）在 Go 语言标签下的前 10 页内容：

```
package main

import (
    "fmt"
    "regexp"
    "time"

    "github.com/gocolly/colly"
)

var visited = map[string]bool{}

func main() {
    // Instantiate default collector
```

```
    c := colly.NewCollector(
        colly.AllowedDomains("www.abcdefg.com"),
        colly.MaxDepth(1),
    )

    // 我们认为匹配该模式的是该网站的详情页
    detailRegex, _ := regexp.Compile(`/go/go\?p=\d+$`)
    // 匹配下面模式的是该网站的列表页
    listRegex, _ := regexp.Compile(`/t/\d+#\w+`)

    // 所有 a 标签上设置回调函数
    c.OnHTML("a[href]", func(e *colly.HTMLElement) {
        link := e.Attr("href")

        // 已访问过的详情页或列表页，跳过
        if visited[link] && (detailRegex.Match([]byte(link)) || listRegex.Match([]byt
e(link))) {
            return
        }

        // 既不是列表页，也不是详情页
        // 那么不是我们关心的内容，要跳过
        if !detailRegex.Match([]byte(link)) && !listRegex.Match([]byte(link)) {
            println("not match", link)
            return
        }

        // 因为大多数网站有反爬虫策略
        // 所以爬虫逻辑中应该有 sleep 逻辑以避免被封杀
        time.Sleep(time.Second)
        println("match", link)

        visited[link] = true

        time.Sleep(time.Millisecond * 2)
        c.Visit(e.Request.AbsoluteURL(link))
    })

    err := c.Visit("https://www.abcdefg.com/go/go")
    if err != nil {fmt.Println(err)}
}
```

6.7.2 分布式爬虫

想象一下，你们的信息分析系统运行非常之快。获取信息的速度成了瓶颈，虽然可以用上 Go 语言所有优秀的并发特性，将单机的 CPU 和网络带宽都用满，但还是希望能够加快爬虫的爬取速度。

在很多场景下，速度是有意义的。

（1）对价格战期间的电商们来说，希望能够在对手价格变动后第一时间获取到其最新价格，再靠机器自动调整自家的商品价格。

（2）对于类似头条之类的 Feed 流业务，信息的时效性也非常重要。如果我们慢吞吞地爬到的新闻是昨天的新闻，那对用户来说就没有任何意义。

所以，我们需要分布式爬虫。从本质上来讲，分布式爬虫是一套任务分发和执行系统。而常见的任务分发，因为上下游存在速度不匹配问题，必然要借助消息队列。

爬虫工作流程如图 6-15 所示。

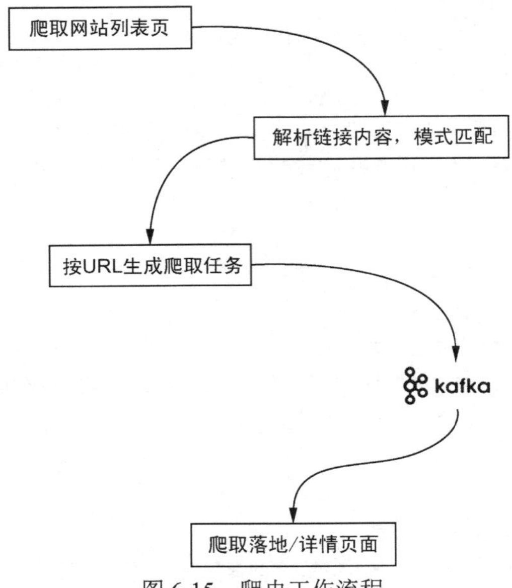

图 6-15　爬虫工作流程

上游的主要工作是根据预先配置好的起点来爬取所有的目标“列表页”，列表页的 HTML 内容中会包含所有详情页的链接。详情页的数量一般是列表页的 10 到 100 倍，所以我们将这些详情页链接作为“任务”内容，通过消息队列分发出去。

针对页面爬取，在执行时是否偶尔会有重复其实不太重要，因为任务结果是幂等的（这里我们只爬页面内容，不考虑评论部分）。

我们来简单实现一个基于消息队列的爬虫，本节我们使用 nats 来做任务分发。实际开发中，应该针对自己的业务对消息本身的可靠性要求和公司的基础架构组件情况进行选型。

1. nats 简介

nats 是 Go 实现的一个高性能分布式消息队列，适用于高并发高吞吐量的消息分发场景。早期的 nats 以速度为重，没有支持持久化。从 2016 年开始，nats 通过 nats-streaming 支持基于日志的持久化，以及可靠的消息传输。为了演示方便，本节中只使用 nats。

nats 的服务器端项目是 gnatsd，客户端与 gnatsd 的通信方式为基于 TCP 的文本协议，非常简单。向名为 tasks 的主题发消息，如图 6-16 所示。

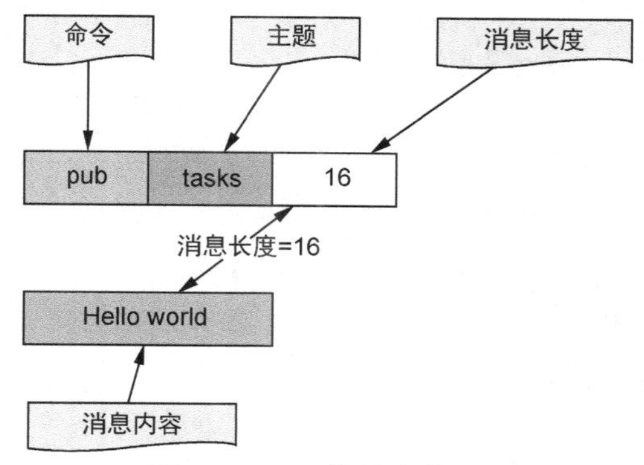

图 6-16 nats 协议中的 pub

以名为 workers 的队列从 tasks 主题订阅消息，如图 6-17 所示。

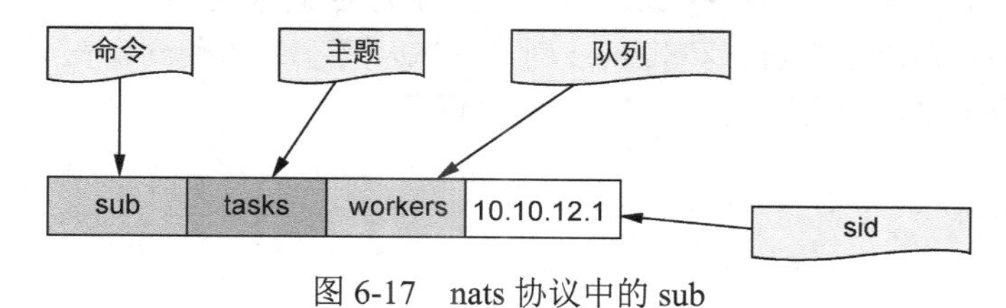

图 6-17 nats 协议中的 sub

其中的队列参数是可选的，如果希望在分布式的消费端进行任务的负载均衡，而不是所有人都收到同样的消息，那么就要给消费端指定相同的队列名字。

2. 基本消息生产

生产消息只要指定主题即可：

```
nc, err := nats.Connect(nats.DefaultURL)
if err != nil {return}

// 指定主题为 tasks，消息内容随意
err = nc.Publish("tasks", []byte("your task content"))

nc.Flush()
```

3. 基本消息消费

直接使用 nats 的 subscribe API 并不能达到任务分发的目的，因为 pub/sub 本身是广播性质的。所有消费者都会收到完全一样的所有消息。

除了普通的订阅，nats 还提供了队列订阅的功能。只要提供一个队列组名字（类似 Kafka 中的消费者组），即可均衡地将任务分发给消费者。

```
nc, err := nats.Connect(nats.DefaultURL)
```

```
    if err != nil {return}

    // 队列订阅相当于在消费者之间进行任务分发的分支均衡
    // 前提是所有消费者都使用 workers 这个队列
    // nats 中的队列概念上类似于 Kafka 中的消费者组
    sub, err := nc.QueueSubscribeSync("tasks", "workers")
    if err != nil {return}

    var msg *nats.Msg
    for {
        msg, err = sub.NextMsg(time.Hour * 10000)
        if err != nil {break}
        // 正确地消费了消息
        // 可用 nats.Msg 对象处理任务
    }
```

6.7.3 结合 nats 和 colly 的消息生产

我们为每一个网站定制一个对应的 collector，并设置相应的规则，如 abcdefg、hijklmn（虚构的），再用简单的工厂方法来将该 collector 和其 host 对应起来，每个站点爬到列表页之后，需要在当前程序中把所有链接解析出来，并把落地页的 URL 发往消息队列。

```
package main

import (
    "fmt"
    "net/url"

    "github.com/gocolly/colly"
)

var domain2Collector = map[string]*colly.Collector{}
var nc *nats.Conn
var maxDepth = 10
var natsURL = "nats://localhost:4222"

func factory(urlStr string) *colly.Collector {
    u, _ := url.Parse(urlStr)
    return domain2Collector[u.Host]
}

func initABCDECollector() *colly.Collector {
    c := colly.NewCollector(
        colly.AllowedDomains("www.abcdefg.com"),
        colly.MaxDepth(maxDepth),
    )

    c.OnResponse(func(resp *colly.Response) {
        // 做一些爬完之后的善后工作
        // 比如页面已爬完的确认存进 MySQL
```

```
    })

    c.OnHTML("a[href]", func(e *colly.HTMLElement) {
        // 基本的反爬虫策略
        link := e.Attr("href")
        time.Sleep(time.Second * 2)

        // 正则 match 列表页的话，就 visit
        if listRegex.Match([]byte(link)) {
            c.Visit(e.Request.AbsoluteURL(link))
        }
        // 正则 match 落地页的话，就发消息队列
        if detailRegex.Match([]byte(link)) {
            err = nc.Publish("tasks", []byte(link))
            nc.Flush()
        }
    })
    return c
}

func initHIJKLCollector() *colly.Collector {
    c := colly.NewCollector(
        colly.AllowedDomains("www.hijklmn.com"),
        colly.MaxDepth(maxDepth),
    )

    c.OnHTML("a[href]", func(e *colly.HTMLElement) {
    })

    return c
}

func init() {
    domain2Collector["www.abcdefg.com"] = initV2exCollector()
    domain2Collector["www.hijklmn.com"] = initV2fxCollector()

    var err error
    nc, err = nats.Connect(natsURL)
    if err != nil {os.Exit(1)}
}

func main() {
    urls := []string{"https://www.abcdefg.com", "https://www.hijklmn.com"}
    for _, url := range urls {
        instance := factory(url)
        instance.Visit(url)
    }
}
```

6.7.4 结合 colly 的消息消费

消费端就简单一些了，我们只需要订阅对应的主题，并直接访问网站的详情页（落地页）即可。

```
package main

import (
    "fmt"
    "net/url"

    "github.com/gocolly/colly"
)

var domain2Collector = map[string]*colly.Collector{}
var nc *nats.Conn
var maxDepth = 10
var natsURL = "nats://localhost:4222"

func factory(urlStr string) *colly.Collector {
    u, _ := url.Parse(urlStr)
    return domain2Collector[u.Host]
}

func initV2exCollector() *colly.Collector {
    c := colly.NewCollector(
        colly.AllowedDomains("www.abcdefg.com"),
        colly.MaxDepth(maxDepth),
    )
    return c
}

func initV2fxCollector() *colly.Collector {
    c := colly.NewCollector(
        colly.AllowedDomains("www.hijklmn.com"),
        colly.MaxDepth(maxDepth),
    )
    return c
}

func init() {
    domain2Collector["www.abcdefg.com"] = initABCDECollector()
    domain2Collector["www.hijklmn.com"] = initHIJKLCollector()

    var err error
    nc, err = nats.Connect(natsURL)
    if err != nil {os.Exit(1)}
}

func startConsumer() {
    nc, err := nats.Connect(nats.DefaultURL)
    if err != nil {return}
```

```
    sub, err := nc.QueueSubscribeSync("tasks", "workers")
    if err != nil {return}

    var msg *nats.Msg
    for {
        msg, err = sub.NextMsg(time.Hour * 10000)
        if err != nil {break}

        urlStr := string(msg.Data)
        ins := factory(urlStr)
        // 因为最下游拿到的一定是对应网站的落地页
        // 所以不用进行多余的判断了，直接爬内容即可
        ins.Visit(urlStr)
        // 防止被封杀
        time.Sleep(time.Second)
    }
}

func main() {
    startConsumer()
}
```

从代码层面上来讲，这里的生产者和消费者其实本质上差不多。如果日后我们要灵活地支持增加、减少各种网站的爬取的话，应该思考如何将这些爬虫的策略、参数尽量地配置化。

6.6 节中已经讲了一些配置系统的使用，读者可以自行尝试，这里就不再赘述了。

6.8 补充说明

分布式是很大的领域，本章中的介绍只能算是对领域的管中窥豹。因为大型系统流量大、并发高，所以往往很多朴素的方案会变得难以满足需求。人们为了解决大型系统场景中的各种问题，开发出了各式各样的分布式系统。有些系统非常简单，例如，本章中介绍的分布式 ID 生成器，而有一些系统则可能非常复杂，比如本章中的分布式搜索引擎（当然，本章中提到的 Elasticsearch 不是 Go 实现）。

无论是简单的还是复杂的系统，都会在特定的场景中体现出它们重要的价值，希望读者可以多多接触开源，积累自己的工具箱，从而站在巨人们的肩膀之上。

附录 A

使用 Go 语言常遇到的问题

这里列举的使用 Go 语言常遇到的问题都是符合 Go 语言语法的，可以正常编译，但是可能出现运行结果错误，或者是有资源泄漏的风险。

A.1 可变参数是空接口类型

当参数的可变参数是空接口类型时，传入空接口的切片时需要注意参数展开的问题：

```
func main() {
    var a = []interface{}{1, 2, 3}

    fmt.Println(a)
    fmt.Println(a...)
}
```

不管是否展开，编译器都无法发现错误，但是输出是不同的：

```
[1 2 3]
1 2 3
```

A.2 数组是值传递

在函数调用参数中，数组是值传递，无法通过修改数组类型的参数返回结果：

```
func main() {
    x := [3]int{1, 2, 3}

    func(arr [3]int) {
        arr[0] = 7
        fmt.Println(arr)
    }(x)
```

```
    fmt.Println(x)
}
```

必要时需要使用切片。

A.3 map 遍历时顺序不固定

map 是一种散列表实现，每次遍历的顺序都可能不一样：

```
func main() {
    m := map[string]string{
        "1": "1",
        "2": "2",
        "3": "3",
    }

    for k, v := range m {
        println(k, v)
    }
}
```

A.4 返回值被屏蔽

在局部作用域中，命名的返回值被同名的局部变量屏蔽：

```
func Foo() (err error) {
    if err := Bar(); err != nil {
        return
    }
    return
}
```

A.5 recover()必须在 defer 函数中运行

recover()捕获的是祖父级调用时的异常，直接调用是无效的：

```
func main() {
    recover()
    panic(1)
}
```

直接调用 defer 也是无效的：

```
func main() {
    defer recover()
    panic(1)
}
```

defer 调用时多层嵌套依然无效：

```
func main() {
    defer func() {
        func() { recover() }()
    }()
    panic(1)
}
```

必须在 defer 函数中直接调用才有效：

```
func main() {
    defer func() {
        recover()
    }()
    panic(1)
}
```

A.6 main()函数提前退出

后台 Goroutine 无法保证完成任务：

```
func main() {
    go println("hello")
}
```

A.7 通过 Sleep()来回避并发中的问题

休眠并不能保证输出完整的字符串：

```
func main() {
    go println("hello")
    time.Sleep(time.Second)
}
```

类似的还有通过插入调度语句：

```
func main() {
    go println("hello")
    runtime.Gosched()
}
```

A.8 独占 CPU 导致其他 Goroutine 饿死

Goroutine 是协作式抢占调度，Goroutine 本身不会主动放弃 CPU：

```
func main() {
    runtime.GOMAXPROCS(1)

    go func() {
        for i := 0; i < 10; i++ {
            fmt.Println(i)
```

```
        }
    }()

    for {} // 占用 CPU
}
```

解决的方法是在 `for` 循环中加入 `runtime.Gosched()` 调度函数：

```
func main() {
    runtime.GOMAXPROCS(1)

    go func() {
        for i := 0; i < 10; i++ {
            fmt.Println(i)
        }
    }()

    for {
        runtime.Gosched()
    }
}
```

或者是通过阻塞的方式避免 CPU 占用：

```
func main() {
    runtime.GOMAXPROCS(1)

    go func() {
        for i := 0; i < 10; i++ {
            fmt.Println(i)
        }
        os.Exit(0)
    }()

    select{}
}
```

A.9 不同 Goroutine 之间不满足顺序一致性内存模型

因为在不同的 Goroutine，`main()` 函数中无法保证能打印出“`hello, world`”：

```
var msg string
var done bool

func setup() {
    msg = "hello, world"
    done = true
}

func main() {
    go setup()
```

```
    for !done {
    }
    println(msg)
}
```

解决的办法是用显式同步：

```
var msg string
var done = make(chan bool)

func setup() {
    msg = "hello, world"
    done <- true
}

func main() {
    go setup()
    <-done
    println(msg)
}
```

msg 的写入是在通道发送之前，所以能保证打印“hello, world”。

A.10 闭包错误引用同一个变量

下面的代码最终将输出相同的值：

```
func main() {
    for i := 0; i < 5; i++ {
        defer func() {
            println(i)
        }()
    }
}
```

改进的方法是在每轮迭代中生成一个局部变量：

```
func main() {
    for i := 0; i < 5; i++ {
        i := i
        defer func() {
            println(i)
        }()
    }
}
```

或者是通过函数参数传入：

```
func main() {
    for i := 0; i < 5; i++ {
        defer func(i int) {
            println(i)
```

```
        }(i)
    }
}
```

A.11　在循环内部执行 defer 语句

defer 在函数退出时才能执行，在 for 执行 defer 会导致资源延迟释放：

```
func main() {
    for i := 0; i < 5; i++ {
        f, err := os.Open("/path/to/file")
        if err != nil {
            log.Fatal(err)
        }
        defer f.Close()
    }
}
```

解决的方法可以在 for 中构造一个局部函数，在局部函数内部执行 defer：

```
func main() {
    for i := 0; i < 5; i++ {
        func() {
            f, err := os.Open("/path/to/file")
            if err != nil {
                log.Fatal(err)
            }
            defer f.Close()
        }()
    }
}
```

A.12　切片会导致整个底层数组被锁定

切片会导致整个底层数组被锁定，底层数组无法释放内存。如果底层数组较大会对内存产生很大的压力：

```
func main() {
    headerMap := make(map[string][]byte)

    for i := 0; i < 5; i++ {
        name := "/path/to/file"
        data, err := ioutil.ReadFile(name)
        if err != nil {
            log.Fatal(err)
        }
        headerMap[name] = data[:1]
    }

    // do some thing
```

```
}
```

解决的方法是将结果克隆一份，这样可以释放底层的数组：

```
func main() {
    headerMap := make(map[string][]byte)

    for i := 0; i < 5; i++ {
        name := "/path/to/file"
        data, err := ioutil.ReadFile(name)
        if err != nil {
            log.Fatal(err)
        }
        headerMap[name] = append([]byte{}, data[:1]...)
    }

    // do some thing
}
```

A.13 空指针和空接口不等价

例如，返回了一个错误指针，但是并不是空的 `error` 接口：

```
func returnsError() error {
    var p *MyError = nil
    if bad() {
        p = ErrBad
    }
    return p // Will always return a non-nil error.
}
```

A.14 内存地址会变化

Go 语言中对象的地址可能发生变化，因此指针不能从其他非指针类型的值生成：

```
func main() {
    var x int = 42
    var p uintptr = uintptr(unsafe.Pointer(&x))

    runtime.GC()
    var px *int = (*int)(unsafe.Pointer(p))
    println(*px)
}
```

当内存发生变化的时候，相关的指针会同步更新，但是非指针类型的 `uintptr` 不会做同步更新。同理 CGO 中也不能保存 Go 对象地址。

A.15 Goroutine 泄漏

Go 语言带有内存自动回收的特性，因此内存一般不会泄漏。但是 Goroutine 确实存在泄漏的情况，同时泄漏的 Goroutine 引用的内存同样无法被回收。

```
func main() {
    ch := func() <-chan int {
        ch := make(chan int)
        go func() {
            for i := 0; ; i++ {
                ch <- i
            }
        } ()
        return ch
    }()

    for v := range ch {
        fmt.Println(v)
        if v == 5 {
            break
        }
    }
}
```

上面的程序中后台 Goroutine 向通道输入自然数序列，`main()`函数中输出序列。但是当`break`跳出`for`循环的时候，后台 Goroutine 就处于无法被回收的状态了。

我们可以通过`context`包来避免这个问题：

```
func main() {
    ctx, cancel := context.WithCancel(context.Background())

    ch := func(ctx context.Context) <-chan int {
        ch := make(chan int)
        go func() {
            for i := 0; ; i++ {
                select {
                case <- ctx.Done():
                    return
                case ch <- i:
                }
            }
        } ()
        return ch
    }(ctx)

    for v := range ch {
        fmt.Println(v)
        if v == 5 {
            cancel()
```

```
                break
            }
        }
    }
```

当 main()函数在 break 跳出循环时，通过调用 cancel()来通知后台 Goroutine 退出，这样就避免了 Goroutine 的泄漏。

附录 B 有趣的代码片段

本附录中收集了一些比较有意思的 Go 程序片段。

B.1 自重写程序

“UNIX/Go 语言之父”Ken Thompson 在 1983 年的图灵奖演讲“Reflections on Trusting Trust”就给出了一个 C 语言的自重写程序。

最短的 C 语言自重写程序是 Vlad Taeerov 和 Rashit Fakhreyev 的版本：

```
main(a){printf(a="main(a){printf(a=%c%s%c,34,a,34);}",34,a,34);}
```

下面的 Go 语言版本自重写程序是 Russ Cox 提供的：

```
/* Go quine */
package main

import "fmt"

func main() {
    fmt.Printf("%s%c%s%c\n", q, 0x60, q, 0x60)
}

var q = `/* Go quine */
package main

import "fmt"

func main() {
    fmt.Printf("%s%c%s%c\n", q, 0x60, q, 0x60)
}

var q = `
```

在 golang-nuts 中还有很多版本：

```
package main;func main(){c:="package main;func main(){c:=%q;print(c,c)}";print(c,c)}
package main;func main(){print(c+"\x60"+c+"\x60")};var c=`package main;func main(){pr
int(c+"\x60"+c+"\x60")};var c=`
```

如果你有更短的版本欢迎告诉我们。

B.2　三元表达式

Go 语言缺少三元表达式，不过我们可以用以下的函数模拟：

```
func If(condition bool, trueVal, falseVal interface{}) interface{} {
    if condition {
        return trueVal
    }
    return falseVal
}

a, b := 2, 3
max := If(a > b, a, b).(int)
println(max)
```

B.3　禁止 main() 函数退出的方法

Go 语言中 main() 函数退出将导致程序退出。在很多时候希望阻止 main() 函数提前退出，以下的代码可以实现这个功能：

```
func main() {
    defer func() { for {} }()
}

func main() {
    defer func() { select {} }()
}

func main() {
    defer func() { <-make(chan bool) }()
}
```

B.4　基于通道的随机数生成器

随机数的一个特点是不好预测。如果一个随机数的输出是可以简单预测的，那么一般会被称为伪随机数。

可以基于 select 的语言特性构造随机数生成器：

```
func main() {
    for i := range random(100) {
```

```
            fmt.Println(i)
        }
    }

    func random(n int) <-chan int {
        c := make(chan int)
        go func() {
            defer close(c)
            for i := 0; i < n; i++ {
                select {
                case c <- 0:
                case c <- 1:
                }
            }
        }()
        return c
    }
```

B.5 用 Assert()测试断言

C 语言中有 assert()断言函数，我们可以在 Go 语言的单元测试中也定义一个 Assert()断言函数：

```
type testing_TBHelper interface {
    Helper()
}

func Assert(tb testing.TB, condition bool, args ...interface{}) {
    if x, ok := tb.(testing_TBHelper); ok {
        x.Helper() // Go 1.9+
    }
    if !condition {
        if msg := fmt.Sprint(args...); msg != "" {
            tb.Fatalf("Assert failed, %s", msg)
        } else {
            tb.Fatalf("Assert failed")
        }
    }
}

func Assertf(tb testing.TB, condition bool, format string, a ...interface{}) {
    if x, ok := tb.(testing_TBHelper); ok {
        x.Helper() // Go 1.9+
    }
    if !condition {
        if msg := fmt.Sprintf(format, a...); msg != "" {
            tb.Fatalf("Assertf failed, %s", msg)
        } else {
            tb.Fatalf("Assertf failed")
        }
```

```
    }
}

func AssertFunc(tb testing.TB, fn func() error) {
    if x, ok := tb.(testing_TBHelper); ok {
        x.Helper() // Go 1.9+
    }
    if err := fn(); err != nil {
        tb.Fatalf("AssertFunc failed, %v", err)
    }
}
```